简明自然科学向导丛书

奇妙的造纸术

主 编 张金声

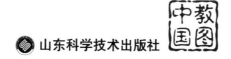山东科学技术出版社

主　编　张金声

副主编　牟洺铭

编　委　王桂卿　杨其玉　岳巍巍

前言

　　造纸术是中国古代的四大发明之一，是我国劳动人民智慧的结晶。造纸术的发明距今已有 1900 多年的历史。造纸术的发明和发展，促进了人类社会的进步和生产力的提高。据史料记载，公元 105 年，东汉和帝时的尚书令蔡伦，在总结民间造纸经验的基础上，改进了技术，成功地用树皮、破布、旧渔网、麻头等植物纤维原料，造出了当时著名的"蔡侯纸"，首次使我国的手工造纸成为了一种工艺技术，使纸的产量和质量都有了大幅度提高。从此造纸技术在全国得到了推广，纸被广泛应用。公元 384 年，造纸术由山东传入朝鲜，公元 610 年传到日本，在随后的几百年间，我国蔡伦发明的造纸术传遍世界，对世界文化和经济发展起到了巨大的推动作用，对人类文明和生产力的提高做出了巨大贡献。

　　造纸工业的发展水平标志着一个国家或一个地区经济实力的高低。伴随着我国经济的快速发展和人民生活水平的提高，我国造纸工业的发展产生了新的飞跃。目前我国纸和纸板的产量和消费总量已居全世界第一位。造纸工业快速、健康和可持续发展，带动了相关产业的发展。我国的现代造纸工业在国民经济建设中占有重要地位。

　　为了使人们特别是广大青少年更好地了解造纸工业，普及造纸技术基础知识，我们编写了本书。

本书由张金声研究员担任主编,牟洺铭研究员担任副主编。其中,概论、植物纤维原料、备料、碱法制浆、碱回收、亚硫酸盐法制浆、浆料的洗涤、筛选和净化、浆料的漂白与精制由张金声研究员编写;半化学浆和化学机械浆、废纸制浆、打浆、调料由牟洺铭研究员编写;机械法制浆、纸机前的供浆系统、纸和纸板的抄造由杨其玉高工编写;常见纸病与处理、加工纸由王桂卿研究员编写;造纸化学助剂由岳巍巍工程师编写。

本书为造纸技术普及读物,既可供普通读者阅读,也可作为制浆造纸技术人员的参考书。

由于编者水平有限,加之编写时间仓促,书中难免有不当之处,恳请读者多提宝贵意见,以便再版时改正。

编　者

目录

十三、调　料

十六、加 工 纸

十七、造纸化学助剂

一、概　论

制浆造纸的概念

纸在人类的文化发展中发挥着极其重要的作用。通过纸这一载体，人类的各种知识得到了迅速传播和妥善保存，使悠久的历史遗产得到了继承和发展，从而推动了人类文化和科学技术的不断进步。

人们习惯所说的造纸工业，实际上由制浆和造纸两大部分组成。制浆部分是将纤维原料通过化学方法、机械方法、半化学半机械方法或其他方法分离成纤维，因为分离成的纤维，多以水为介质，成为浆状，故称浆料。浆料除供造纸用外，还可以作为重要的化工原料，用以生产塑料、喷漆、乳化剂、玻璃纸、胶片、固体酒精、绝缘材料以及人造丝、人造棉和人造毛等。造纸部分是将浆料通过打浆、调成等工艺处理配成抄纸用的纸料，再经纸机的成形、脱水、压榨、干燥、整饰等工艺处理，制成可供书写、印刷或其他用途的薄片，即称"纸"或"纸板"。

纸和纸板是国民经济不可缺少的物质，随着现代科学技术的发展，其用途已扩展到国民经济的各个部门，如文化用纸、生活用纸、工业用纸、农业用纸、医疗用纸、科学技术用纸、包装材料等等。纸和纸板还可以进行各种加工或处理，制成特殊用途的纸和纸板，通常称为"加工纸"或"加工纸板"。

造纸术的发明、传播和发展

造纸术是我国古代四大发明之一。造纸术的发明促进了人类社会的进步和生产力的提高，促进了国民经济的不断发展。造纸术的发明距今已有

1 900多年。在此之前漫长的年代里,由于生产力非常落后,人类只能用堆石记事、结绳记事、刻片记事的方法来记录劳动收获和劳动成果分配。随着人类的进步和生产力的不断发展,对记录文字的材料产生了强烈的需求,造纸术才应运而生。

据史料记载,公元105年,东汉和帝时的尚书令蔡伦,在总结民间经验的基础上,改进技术,成功地运用树皮、破布、旧渔网、麻头等植物纤维原料,造出了当时非常著名的"蔡侯纸",首次使我国古代的手工造纸成为了一种工艺技术,使纸的产量、质量得到大幅度提高,从此纸在全国普遍得到使用。蔡伦对发明造纸术所做的贡献得到了世界的敬重。

我国发明的造纸术,在公元384年,由山东传入朝鲜,公元610年传入日本,7世纪传入越南、缅甸和印度。公元751年,中国的造纸术传入阿拉伯,阿拉伯人于1150年将造纸术传入西班牙,1278年传入意大利,15世纪再渡海传入英国。美洲各国造纸是由欧洲传入的,1575年传入墨西哥,1690年传入美国,1803年进入加拿大。我国造纸术传遍世界,对世界文化和经济发展起到了巨大的推动作用,对人类文明和生产力的提高做出了巨大贡献。

造纸工业在国民经济中的地位和作用

纸在人类文化、科学、工业、国防和商业等各个方面的发展进程中具有极其重要的作用,占有重要的地位。通过纸的应用,人类的各种知识得到了更好的记载和保存,使人类文明和悠久的历史得到了传播,从而推动了人类科学文化和经济的不断进步和发展。

纸是重要的生活资料和生产资料,现代社会的文明和发展都离不开纸。因此,造纸工业是关系到国计民生的重要工业,在国民经济中具有重要地位。随着经济的发展,科学的进步和人们生活水平的不断提高,纸和纸板的需求将日益增加,其应用范围不断扩大。

纸和纸板除应用于印刷、书写和生活等方面之外,现已应用到电力、电子、电讯、机械、建材、纺织、农业、食品、医药、军工和科研等诸多领域。随着特殊用途的需求,还开发了防水、防潮、防油、防锈、绝缘、隔离、耐热、耐压、过滤等多种用途的特种纸和纸板。随着国民经济的快速发展,纸和纸板被大量地用作包装材料,其比重约占总量的60%,其用途和应用范围还日益扩大。众所周知,纸还是人们重要的生活必需品,卫生纸、餐巾纸等家庭生活用纸的需求量正在迅速增长,使用范围更加广泛。因此,造纸工业的发展程度反映了一个国家经济发展和人民生活水平的程度。从某种意义上讲,也是一个国家的文明发展程度的标志。

同时,造纸工业的发展,也可以带动工业、农业、林业、电力、电子、化工、钢铁、机械制造等行业的发展。

我国造纸工业的现状和发展趋势

自蔡伦发明造纸术以后,由于经历了历代的封建统治,特别是帝国主义的侵略和官僚买办阶级的摧残,我国造纸工业的发展受到了较大的阻碍。直至新中国成立前,我国造纸工业技术装备落后,产量低,质量差,品种少,主要制浆造纸设备及器材尚需大量进口。

新中国成立以后,党和国家非常重视造纸工业的发展,但是由于底子薄,基础差,1949 年纸和纸板的产量仅为 10.8 万吨,到 1952 年纸和纸板的产量也只有 37.2 万吨。而至 1985 年,我国纸和纸板的产量为 911 万吨,已跃升至世界纸和纸板产量的第六位。特别是改革开放以来,我国造纸工业发展迅猛,纸和纸板的产量目前已居全世界第一位,消费量也居世界第一位。2012 年,我国纸和纸板的产量已超过 10 250 万吨,规模生产企业 2 748家,纸和纸板消费总量已超过 10 048 万吨,并且仍保持快速发展的势头。

纸的品种已从单一的文化包装用纸发展到工农业用纸、科学技术用纸、国际军工用纸等特殊纸种,各个方面都得到了大量的开发和应用。在造纸技术发展的同时,纤维原料也得到了大量的研究、开发、应用,绝大部分纸浆能自给。制浆、碱回收、造纸设备以及铜网、毛毯、自动装置都能自行制造和设计,摆脱了依靠进口的局面。制浆造纸技术、装备都有较大幅度的提高。目前,我国现有的制浆造纸设备部分已达世界先进水平,如连续蒸煮、连续漂白、二氧化氯制备,制浆过程自动控制,以及高档化学品应用等。现有机台最大抄宽已达 10 米以上,最大车速已达 2 000 米/分钟,并且依靠技术进步,采用了新技术、新工艺、新设备,建立了一批大型骨干企业。随着国民经济的发展,我国造纸工业的生产、科研、教育、设计、制造和安装等诸方面都有较大提高,引起了世界造纸界的广泛关注。

新中国成立以来,我国的制浆造纸工业虽然增长速度较快,但人均占有量和人均消费量与世界发达国家相比,还有很大差距,特别是产品的质量和档次还有待提高,一些特殊品种的纸和纸板尚需进口。

目前,我国造纸工业的发展还存在一些问题急待解决,如原料问题、水资源问题、深层次环保问题、资金问题、高新技术问题、人才问题以及研究投入和先进科技成果转化问题等等。

国外造纸工业现状及发展趋势

据资料介绍,目前全世界纸和纸板的产量已超过 3 亿吨,消费量与产量基本持平,纸和纸板的产量及消费量主要集中在北美、欧洲和亚洲。北美、北欧和西欧,制浆造纸工业较发达,纸浆、纸和纸板生产量较大,生产技术基本上代表世界先进水平。

国外造纸工业发展趋势主要表现在以下几个方面:

(1) 原料方面:木材为生产纸和纸板的主要纤维原料,占 93% 以上。国外发达国家非常重视原料基地的建设,大力发展速生林和造纸专用林。发展全树利用(包括根、枝丫等)制浆技术,充分利用木材加工厂和林区的废材制浆。重视废纸的回收和利用,一些发达国家废纸回收利用率达 60% 以上,并不断研究、开发制浆新技术、新工艺、新设备,近几年也非常重视非木材纤维原料的开发利用。

(2) 制浆造纸技术方面:国外制浆技术的研究主要集中在提高浆的得浆率和利用率,以及节能、节水、减少污染等方面,大力发展高得率制浆,重点发展使用边料、废材的木片磨木浆和预热木片磨木浆。在化学浆方面,碱法制浆仍占主要地位。连续蒸煮、连续漂白得到广泛应用。漂白方面多采用连续多段漂白。二氧化氯漂白、氧－碱漂白、过氧化物漂白已普遍采用。置换漂白、无氯和少氯等无污染和低污染的漂白备受重视。

(3) 打浆造纸技术方面:国外普遍采用磨浆机处理浆料。制浆造纸化学品的应用较普遍,非常重视制浆造纸化学品的开发和应用。纸和纸板的表面施胶和涂布技术发展很快。洗涤、筛选、漂白及打浆工艺普遍采用高浓、高效设备和工艺。印刷、书写纸向低定量方向发展。

(4) 废液综合处理和利用方面:国外碱法浆厂都采用碱回收和热能回收

系统,碱回收率达90％以上。降低用水量,节约资源,降低能耗,降低成本,提高质量和档次,为生产企业追求的目标。生产系统正向封闭循环和半封闭循环方向发展。

(5) 制浆造纸专业设备方面:国外制浆造纸设备已向大型化、高速化、连续化、自动化方向发展。制浆设备普遍采用连续蒸煮、连续漂白、连续打浆等大型、高效设备,并实现全程微型机自动控制。目前,先进抄纸机的车速已达2 400米/分钟,抄宽已达10米以上,自动化、连续化水平较高。

总之,尽管近20年来,我国造纸工业发展速度较快,但与国外发达国家相比,还有较大差距。因此,我们必须大力研究开发应用新技术、新设备、新工艺,为赶超国外先进水平努力奋斗。

纸和纸板的分类

利用纤维和辅料经打浆、调成、抄造、整饰等加工处理成均匀的纤维薄层,称为纸或纸板。习惯上,把定量小于160克/平方米的称为纸,160克/平方米至250克/平方米的称为板纸,大于250克/平方米的称为纸板。有些纸和纸板根据其用途,尚需进行各种方式加工处理,这些用来加工处理的纸和纸板称为原纸或原纸板,加工后的产品称为加工纸或加工纸板。

纸和纸板的种类很多,根据其性质、特点和用途,分类方法也不相同。根据最新的"纸和纸板的分类及命名",常把纸和纸板分为六大类。现将六类纸和纸板的主要品种介绍如下:

(1) 印刷用纸和纸板类:如新闻纸、出版印刷纸、胶版印刷纸、凹版印刷纸、书皮纸、铜版印刷纸、招贴纸、票证纸、扑克牌纸、封面纸板等等。

(2) 书写、制图及复制用纸和纸板类:如书写纸、有光纸、打印纸、邮政明信片纸、描图纸、绘画纸、图画纸、静电复印纸、热敏复印纸、水写纸等等。

(3) 技术用纸和纸板类:如转移印花纸、砂纸原纸、纸绳纸、柏油原纸、深井防水记录纸、海图纸、力感记录纸、气象记录纸等等。

(4) 包装用纸和纸板类:如水泥袋纸、手提袋纸、中性包装纸、感光材料包装纸、火柴纸、糖果包装纸、炸药包装纸、黄纸板、箱纸板、瓦楞纸板等等。

(5) 生活、卫生及装饰纸和纸板类:如卫生纸、妇女卫生巾、尿布纸、餐巾纸、面巾纸、灭鼠纸、衬裙纸、壁纸、蜡光纸等等。

（6）加工纸原纸类：如热敏记录原纸、心电图原纸、钢纸原纸、羊皮原纸、皱纹原纸、白棉纸、玻璃卡纸原纸、铜版纸原纸、无碳复写纸原纸、装饰纸原纸、耐磨纸原纸、石膏护面板纸原纸、瓦楞原纸等等。

以上是依据纸和纸板的用途的分类。除此之外，还有其他的分类方法，如按加工方法分类，按定量大小分类和按纸和纸板的外观质量分类等等，在此不一一列举。

二、植物纤维原料

造纸用植物纤维原料的分类

植物纤维原料种类很多,分类也较复杂。但造纸工业常用的植物纤维原料大体上可分为四大类。

(1)木材纤维原料类:木材类纤维原料可分为针叶木和阔叶木两大类,针叶木有云杉、冷杉、红松、白松、落叶松、马尾松等;阔叶木有白杨、青杨、桦木、枫木、桉木、榉木等。

(2)禾本科纤维原料类:这类纤维原料一类以叶为原料,如龙须草、香蕉叶、剑麻、菠萝叶等;另一类以秆为原料,如稻草、麦草、甘蔗渣、芦苇、芦竹、竹子、高粱秆、玉米秆、田菁等。

(3)韧皮纤维原料类:这类原料主要包括棉秆皮、桑皮、构皮、檀皮等。

(4)棉麻纤维原料类:这类原料主要包括棉花、棉短绒、大麻、青麻、亚麻、黄麻等。

植物纤维原料种类很多,具体选择原则应以植物纤维原料的纤维特性、纤维的成纸特性及经济适用性来考虑。我国造纸工业使用的主要原料为木浆、草浆、废纸浆等。近几年来,速生林制浆、废纸制浆发展较快。木浆:废纸浆:草浆大约比例为15:60:25。随着我国林纸结合项目的实施和废纸使用比例的加大,草浆所占比例会逐步减少。由于我国森林资源缺乏,以木材为主制浆造纸尚需做出较大努力。使用非木材纤维原料造纸有利于节省木材,使资源充分利用,增加农民收入,而且草类纤维原料资源丰富,不可忽视。

二次纤维原料和废纸回收利用的意义

二次纤维字面上是指第二次利用的纤维原料,但实际上,由于废纸的多次反复使用,不仅限于只用第二次,因而二次纤维这个概念只不过是一种习惯叫法,它泛指重复使用的纤维原料,尤其是指废纸的回收利用。

由于当今世界环境日趋恶化,人们的环保意识也日益增强,为了节约能源,节省资源,减少污染负荷,减少森林砍伐,养息森林,全球各个国家,尤其是发达国家都非常重视废纸的回收利用。

目前,全球纸和纸板的消费量如按 3 亿吨/年计算,若 60％回收再利用,每年可回收废纸 1.8 亿吨,按 80％的出浆率,可生产废纸浆 1.44 亿吨浆。我国 2011 年纸和纸板消费量 9 752 万吨左右,如按回收率 60％,得浆率80％计算,可节约纸浆 4 680 万吨,如此计算可节省纸浆 2 800 万吨,接近全年用浆量的一半,这个数字是非常可观的。因此,废纸等二次纤维的回收利用具有非常大的经济效益和环境效益,具有非常重要的意义。

植物纤维原料的化学成分

造纸植物纤维原料的化学成分比较复杂,各种原料和同一种原料的不同部位化学成分相差较大,植物纤维原料由主要成分和次要成分组成。其主要成分包括木素、纤维素、半纤维素。其次要成分包括树脂、脂肪、淀粉、果胶、单宁、色素、灰分等;灰分成分主要是钾、钠、钙、镁、磷、硫、硅的无机盐类。

(1) 木素:木素主要存在于植物胞间层和细胞壁中,它像胶水一样把纤维一根根相互粘在一起,支撑植物体,木素是以苯丙烷结构单元连接成的网状大分子结构。木素的性质比较活泼,能与氯、烧碱、亚硫酸盐等化学药品作用而溶解。在化学制浆过程中,就是用化学药品与木素反应而除去木素。木素对纸张强度有不良影响,而且木素的存在易使纸张返黄,所以,除了在蒸煮过程中除去大部分木素以外,还要在漂白过程进一步除去残留木素,以保证成浆质量。

(2) 纤维素:纤维素存在于植物细胞壁内,大多数植物纤维素与木素和半纤维素共存在一起。纤维素是由葡萄糖基通过化学键连接成的直键大分子碳水化合物,其分子式可简写为 $(C_6H_{10}O_5)_n$,其中 n 代表葡萄糖基个数,称为聚合度,如蔗渣纤维中的纤维素聚合度为 3 000 左右,而木材纤维的聚合度高达 10 000。

纤维素是纤维细胞壁的主要组成部分,是纸浆中的主要成分,因此,在制浆过程中应避免强烈条件,以减少纤维素分子链的裂断,尽力保留纤维

素,以提高浆的质量。

(3)半纤维素:半纤维素是指植物纤维原料中,除果胶和淀粉以外的所有低分子碳水化合物的总称。它与纤维素不同,分子带有支链,因而更易与化学药品反应。

半纤维素存在于植物细胞壁中,它的主要成分为多戊糖和多己糖等,半纤维素易在水中润胀,有利于打浆,从造纸的角度来看,在制浆过程中应尽量保留半纤维素,以提高浆的某些性能和浆的收获率。

(4)其他成分:其他成分主要指树脂、脂肪、蜡类、淀粉、果胶、单宁、色素、灰分。树脂、脂肪、蜡类在制浆过程中应尽量除去,免得在抄纸过程中产生糊网、粘辊子、纸面有树脂点等障碍。单宁和色素主要存在于韧皮纤维类原料,因其溶于水,制浆过程中易被除去。单宁和色素的存在,使浆料颜色变深,影响浆的白度,一般在热碱液中易被除去。植物纤维原料的灰分主要是钾、钠、钙、镁、磷、硫、硅的无机盐类。灰分一般对造纸影响不大,但由于稻麦草的硅含量较高,对其黑液回收有不利影响,特别是在蒸发设备中易结垢,堵塞管道,严重时可带来较大危险,故草浆的黑液碱回收应进行除硅处理。

木材纤维原料

木材纤维原料类分为针叶木和阔叶木两大类。

(1)针叶木:针叶木又称软木,如云杉、冷杉、臭杉、马尾松、落叶松、红松等等。其木质部由 95% 左右的管胞构成,其余 5% 左右为髓线细胞及树脂道。针叶木纤维长度一般为 1.1~5.6 毫米,宽度为 0.03~0.075 毫米。

针叶木的杂细胞较少,且一般都能在洗涤、抄纸过程中流失。针叶木浆比较纯净,纤维长,能制造强度高的高级纸张。

(2)阔叶木:阔叶木又称硬木,如白杨、青杨、桦木、枫木、榉木、桉木等等。阔叶木与针叶木不同,木质部有较多的导管。阔叶木的纤维长度为 0.7~1.7 毫米,宽度为 0.02~0.04 毫米。

阔叶木纤维较针叶木纤维短,且含有较多的杂细胞,因而,成纸强度稍低,成纸比较疏松,吸收性强,不透明度高,特别适于做印刷、书写纸类纸张。

我国造纸植物纤维原料的现状

我国是多种造纸原料并用的国家。我国造纸原料选用的方针是:草木

并举,因地制宜,逐步增加木材比重。

近几年来,由于纸和纸板产量的快速增长,生产和技术水平的不断提高,随着高档纸种比重的增大,以及环境治理力度的加大,关停了大批小型草浆造纸厂。草浆的产量基本维持较稳定的水平,木浆比例不断加大,废纸制浆造纸应用范围不断扩大,致使木浆和废纸浆比例大大增加。目前,草浆∶废纸浆∶木浆大约为14∶62∶24。木浆增加的原因是进口木浆数量增加,并且造纸企业利用速生丰产林和林业边角材制浆的数量增加,废纸浆增加的原因主要是利用废旧报纸生产新闻纸的比例增加,新上板纸生产线多使用进口和国产废纸和废纸箱。从发展的角度来看,随着我国林纸结合,大批速生丰产林进入砍伐期和废纸进口、回收比例的加大,整体上木浆和废纸的比例仍然还会有较大幅度的增加,而草浆的生产将保持在一个稳定的水平上。

我国使用禾本科造纸纤维原料,北方和西北主要是以芦苇、麦草、稻草等为主,南方主要以竹子、蔗渣等为主。

速生丰产林造纸,北方主要以杨木为主,包括白杨、青杨、三倍体毛白杨等;南方主要以桉木和相思树等为主。

据有关专家预测,到2020年,我国纸和纸板产量将达到1亿吨,按每吨纸需浆量为900千克计算,届时我国需纸浆9 000万吨。如此大的原料需求量,势必造成原料供不应求。因此,除大力发展速生丰产林造纸,加大废纸回收利用的力度外,还应因地制宜,开发多种造纸纤维原料,特别是保持目前适度的草浆规模是非常必要的。草类纤维原料的应用,不但能解决造纸用纤维原料的短缺问题,还可大大增加农民的收入,避免燃烧秸秆造成环境污染和火灾发生。但应避免小型制浆厂遍地开花,应集中制浆,扶持大型制浆造纸厂,以利解决草类纤维原料蒸煮废液处理问题,更有利于造纸行业健康和可持续发展。因此,造纸纤维原料的正确选择,意义重大。

造纸行业是传统的"朝阳行业",造纸工业的发展,可带动农业、林业、机械制造、电子、电力、钢铁、化工、自动化、仪表等相关行业发展。我国是纸和纸板消费大国,应将造纸行业作为国民经济发展的支柱产业。

三、备　料

备料的目的和要求

　　备料是制浆过程中的重要环节之一。备料的好坏直接影响浆和纸的质量和产量,影响原料的消耗和能量的消耗,以及生产过程的操作。所谓备料是指蒸煮或磨浆之前对原料的初步加工。一般包括原料的收集、运输、贮存、切断、筛选、除尘等部分。原料不同,其备料方法不同,生产流程也不同。生产不同类型、不同质量的产品,对备料的要求也不一样。如草类纤维原料、木材纤维原料、废纸纤维原料备料过程相差较大。

　　备料的目的是:对纤维原料进行初步加工和处理,从而满足蒸煮和磨碎的要求,以生产合格的浆料。

　　备料过程要求如下:

　　(1)为了确保工厂的连续生产,原料必须有一定的贮存量。

　　(2)对原料进行适当的切断,以便除尘、输送和蒸煮或磨浆。其中木材还需要削皮、锯木、劈木、除节、削片等;蔗渣原料还需除髓;芦苇原料必要时还应除去苇穗等。

　　(3)备料中,必须除去影响制浆的杂质及腐朽部分。如树皮、树节、烂草、苇膜、苇穗、蔗髓、泥沙等。在备料过程中为除去这类杂质,需选用适合的设备进行加工处理,以保证制取良好的浆料。

原料贮存的作用及对原料场的要求

　　(1)原料贮存的作用:原料贮存的作用包括以下几个方面:

① 维持正常的连续的生产需要贮存一定数量的原料,贮存量的大小要根据生产能力来计算。

② 为了改进原料质量,必须将原料贮存一定时期。如草类原料要堆存4~6个月。由于草类原料中含有果胶、淀粉、蛋白质和脂肪等能够自然发酵的物质,蒸煮贮料时药液渗透和脱木素较新草容易,可降低药液和能量消耗。蔗渣初渣出时含水分50%左右,含糖分3%左右,贮存3个月后,通过自然发酵和蒸发,水分可降至25%左右,糖分可降到0.05%左右。木材通过贮存后可大大降低有害树脂的含量,有利于制浆。

③ 防止收购不及时或农作物歉收带来的原料紧缺。

④ 有利于原料水分的平衡,便于制浆而得到较均一的浆料。

(2) 对原料场的要求:一般造纸厂的原料场面积都较大,往往大于生产区所占面积。原料场设在厂内的叫厂内原料场。也可分散设在厂外原料收购地附近,叫厂外原料场。对原料场的要求是:① 要有防火安全设施;② 要求运输方便;③ 要求排水通畅;④ 要求通风良好。

(3) 贮存方式:

① 草类原料:草类原料堆垛方式多采用草房式,每垛长为20~30米,宽为8~12米,高为9~13米,顶部呈45°角,堆垛时要压紧,垛顶要封好,防止漏水。

② 蔗渣原料:蔗渣贮存一般采用打包成件堆垛存放,蔗渣在堆放过程中,一些无用成分会发酵,有利于制浆。但应注意,保管不当,会使蔗渣发红、变酸及霉烂变质,甚至不可使用。

③ 木材原料:原木在陆地上贮存,多采用层叠式和平列式堆垛法。对于短原木和枝丫材可用散堆法堆垛。近年来,国内外多采用水上贮木,如我国南方使用马尾松为原料,为了防止蓝变菌侵染使木材发蓝变色,也采用水上贮木。

(4) 备料的基本过程:备料一般包括原料的收集、贮存、去除杂质、破碎、筛选、除尘等基本过程,并因原料品种和制浆要求不同而异。

木材原料的备料

(1) 备料基本过程:常用制浆造纸用木材一般有原木、废材料、边材、枝丫材和树皮等,按制浆方法和浆的质量不同,对原料有不同要求。木材原料的一般备料过程包括原木贮存、锯木、去皮、除节、削片、筛选、除尘和输送、木片贮存等几个部分。对原木磨木浆来讲不须削片,只须锯木和劈木等部分。

常见原木备料流程见图 3-1:

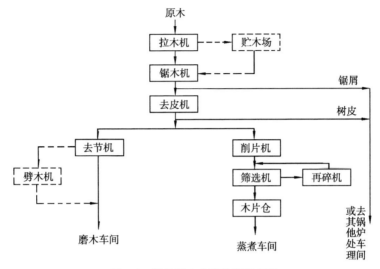

图 3-1　常见原木备料流程示意图

(2) 去皮、锯木和除节:锯木的目的是将长短不齐的原木锯成一定规格的木段,以便于去皮机、削片机和磨木机处理。锯木设备分为单圆锯、多圆锯和带锯三种。锯木机的选择应根据工厂的生产能力和原料种类计算选择。原木直径小于 500 毫米时,多选用圆锯;原木直径大于 550 毫米时,多选用带锯。

去皮的目的是为了降低药品消耗,减少浆中的尘埃,提高成浆质量。去皮方法一般有人工去皮、机械去皮和化学去皮等方法。树皮多送锅炉作为燃料燃烧处理。

除节的目的是除去坚硬的树节,减少磨木时磨石的损伤或蒸煮时药液的浪费,防止渗透困难,提高成浆质量。除节设备目前多采用类似电锯的除节机,有的工厂也利用小圆锯除节。

木材原料的劈木和削片要求及木片的筛选和再碎

(1) 劈木和削片:劈木的目的是将较大直径的原木劈开,并把腐材劈除,便于磨木和削片。劈木设备有立式劈木机和卧式劈木机两种。立式劈木机又分单劈斧和双劈斧两种。

制造化学木浆、高得率半化浆和木片磨木浆等都必须对木材原料进行削片,然后再进行蒸煮或磨浆,以利提高成浆质量。木片的质量对成浆质量有较大影响,一般木片规格要求长度 15～25 毫米,厚度 3～5 毫米,宽度 10 毫米左右。木片合格率要求在 85％以上。

(2) 筛选与再碎:木片筛选的目的是把从削片机出来的木片,经过筛选设备将合格木片与粗大木片、木条、木屑、木节等分离开来,以便得到较均匀的木片,以利磨木或蒸煮。筛选设备有圆筛和平筛两种,其原理是利用木片和杂质几何形状大小不同而使之分离,筛选过程无法分开质量较差的木片。

粗大木片和木条再碎的目的是经过再碎或再次削片,达到合格要求,以便提高浆的质量和原料利用率,实际生产中可视实际情况,设置再碎机或送回削片机重新削片。

削好的木片多用带式运输机、斗式提升机或风送机输送到木片仓或蒸煮器。木片的贮存是为了保证连续生产,一般工厂设有木片贮存仓,以供蒸煮或磨木。木片的计量多以送入原木进行推算,或根据堆积情况估算。现代制浆系统多采用皮带秤进行计量。

稻、麦草的备料

(1) 特点:稻、麦草纤维比较集中地存在于茎部,而叶、节、穗等部位的纤维比较短小,木素、二氧化硅、杂细胞含量较高,加之稻、麦草中较易夹杂谷稗和杂草,对生产带来以下不良影响:

① 在化学法制浆过程中,节、叶、穗、谷稗、杂草、泥沙、腐草等会增加化学药品的消耗,降低得率,导致成本增加。

② 节、穗、谷稗组织坚硬、紧密,在蒸煮时不易蒸解,在抄纸时易形成黄、黑色尘埃。

③ 由于叶、节、穗、杂草等杂细胞含量高,降低浆料滤水性能,影响浆料的洗涤,在抄纸过程中纸页脱水困难,影响纸机车速的提高,且易糊网、粘辊、粘毛毯,降低成纸强度,成纸发脆易返黄。

④ 由于节、穗、叶等灰分含量高,主要成分是二氧化硅,碱回收蒸发过程

中易结垢,影响碱回收效率,严重时易发生事故。

因此,稻、麦草备料过程中应尽量除去节、叶、穗、谷秤、尘土等,以提高浆的质量,降低成本。

(2)收集与运输:稻、麦草为季节性农副产品,为了满足生产需要,要有一定的贮存量,贮存也有利于蒸煮,降低蒸煮药品用量。由于稻、麦草较松散,为了便于输送装运、贮存,一般收采时要压紧打捆,每捆规格为100厘米×60厘米×40厘米,重量为30～50千克。

目前,企业收购稻草采取两种方式,较近的地区边收边切草;较远地区,打捆运输。贮料场亦可分为厂内料场和厂外料场。

(3)备料生产流程:见图3-2。

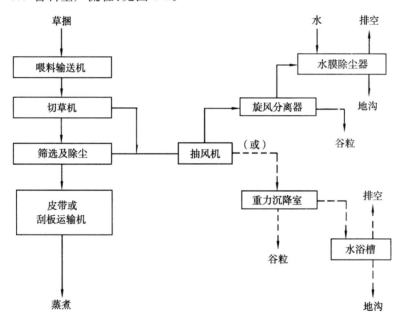

图 3-2 稻、麦草备料流程示意图

稻、麦草切草的目的和要求

稻、麦草切草的目的是便于运输、筛选、除尘,有利于药液的渗透,增加装锅量,使蒸煮质量均匀一致,提高成浆质量,降低蒸煮成本。

草片的长度一般控制在25～40毫米,过长药液渗透困难,影响装锅量;过短浪费动力,切草效率低,切草过程中要求草片合格率在80%以上。

影响切草的主要因素有:原料水分,一般控制15%以下;飞刀和底刀间隙,一般控制在0.3～0.5毫米;喂料辊的线速与飞刀辊的转速相配合;喂料时料层应薄厚一致,保证切草质量,草层厚度一般不超过250毫米,调节好第二喂料辊距离,控制草片长度。

我国常用的切草设备为刀辊式和圆盘式切草机,目前麦草浆厂使用7～8吨/小时切草机较多,新建生产线多采用12吨/小时切草机。

切好的草片要进行筛选除尘,目的是除去草节、草屑、谷粒、泥沙、叶、灰尘等杂质,以提高草片质量。目前,我国多采用六辊羊角除尘器,同时筛选除尘,并配有除尘系统,降低切草过程中对环境的污染,对除去的灰尘进行综合利用。

稻麦草备料常见有三种方法:干法、湿法、干—湿法。目前,我国中小型纸厂多采用干法,这种方法设备简单,能耗低,便于操作,但环境污染较大,草片质量较差;大中型企业及新上生产线多采用干—湿设备,并与下一工序连蒸、连漂配套,干—湿法备料,除尘较彻底,草片质量好,更有效地除去砂土,减少了蒸煮黑液的硅含量,更有利于碱回收,但生产过程中能耗、水耗较大,设备投资较大,较适合于生产能力较大的生产线。

蔗渣备料

蔗渣是蔗糖厂的副产品,是我国南方广泛使用的造纸原料。蔗渣的备料主要包括除糖和除髓两大部分。

一般机榨蔗渣中含有3%～5%的糖分,糖分的存在使蒸煮过程中,消耗药品量增加,且不易蒸煮,特别碱法蒸煮过程中,糖与碱作用后,生成棕色物质,浆料难漂白,备料过程中必须进行除糖处理。

蔗渣原料中皮层纤维占55%左右,髓细胞占25%左右,维管束占20%左右。髓细胞的大量存在易造成蒸煮困难,备料过程中必须对蔗渣进行除髓处理,一般除髓率为30%～40%。蔗渣的除髓有干法、半湿法、湿法三种,除髓设备常用锤式除髓机和水力碎浆机,我国南方采用蔗渣制浆的造纸企业多采用水力碎浆机除髓,两台串联使用,效果更好。

蔗渣原料的备料,除了需采用除糖、除髓部分以外,其备料流程与其他禾本科植物纤维原料的备料流程类似,不再赘述。

芦苇备料

芦苇是我国主要的非木材纤维原料之一,在我国北方和西北的造纸企业,有丰富的芦苇制浆造纸的经验。

芦苇原料主要利用的部分为茎秆,而其梢、节、穗、膜等部分多含薄壁细胞,易使成纸产生淡黄点或掉毛现象。苇片上的苇膜不易除掉,因此芦苇备料过程中常选用风选机。特别是酸法制浆,苇膜障碍难以解决。

芦苇的备料流程中切料设备多选用圆盘切草机和风选除尘,其他部分类似稻麦草备料流程。近年来,山东一些麦草制浆流程,也照样使用芦苇做原料,生产效果也很好。芦苇备料主要也包括:运料、开捆、切苇、风选、旋风分离除尘、筛选、运输苇片、贮存苇片等等。具体流程见图 3-3。

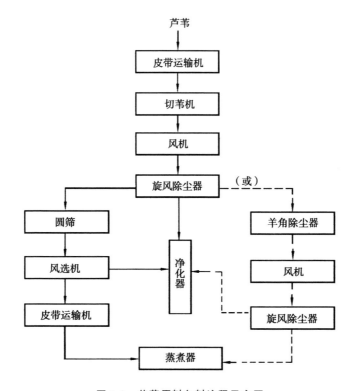

图 3-3　芦苇原料备料流程示意图

17

我国大多数芦苇浆厂采用圆盘切苇机切断芦苇,从切苇机出来的苇片,夹带苇膜、苇节、苇穗、苇屑和尘土等杂质,对蒸煮有不利影响,必须加强筛选、净化除尘。筛选除尘一般采用风选机。风选机是利用苇片与杂质的比重不同而分开的。这样才能保证去蒸煮部分的苇片质量,以提高成浆质量。

棉麻纤维原料备料

造纸用棉纤维原料包括旧棉、短绒、破布等等,对于旧棉和破布备料,要经人工拣选,去除杂质,特别是破布应把难以除色的红色等重色破布拣出,另行处理。破布旧棉要适当切断,以利制浆,或制特种浆。如炸药卷纸用浆,不必蒸煮,直接先打半浆,再进行打浆等处理即可使用。对于棉短绒多数用于高档浆种,要将棉捆打散、拣选。

用于麻类制浆主要包括两种原料:一是破旧麻制品;二是全秆麻原料。破旧麻制品可采用类似破布、旧棉的备料方法,须经拣选、切断、筛选、除尘;全秆麻类纤维原料备料过程类似其他草类纤维原料,也须运输、破捆、切断、筛选、除尘、贮存。但应注意的是全秆麻的切断较稻麦草难度要大得多,特别应注意麻的种子对制浆过程十分不利,应尽量除去,有利于提高成浆质量。

旧棉、破布、麻制品、全秆麻都可选择合适的辊刀式切料机。旧棉、破布备料时应注意消毒处理,避免对工人健康的损害。旧棉、破布、旧麻制品多需喷水润湿后再切料,避免灰尘污染环境。

四、碱法制浆

碱法制浆的分类

碱法制浆就是用碱性化学药剂的水溶液处理各种植物纤维原料,除去其中的木素,使纤维离解成浆的一种制浆方法。目前,我国化学法制浆中绝大多数采用碱法制浆方法。碱法制浆主要包括石灰法、烧碱法和硫酸盐法等。

石灰法制浆化学药剂的有效成分为氢氧化钙[$Ca(OH)_2$],这是一种较古老的制浆方法。目前,除特殊品种或低档品种有少量应用外,很少使用该种制浆方法。因其药液含碱性较弱,脱木素能力差,故不宜用于木素含量高的原料。但用在处理破布、废棉、麻类制品时,脱色、脱脂、去油污、脱胶能力很强。有时为提高蒸煮的速度也加入少量纯碱或烧碱,制造各种质地优良的手工纸用浆,如宣纸等。

烧碱法制浆的药剂主要成分为氢氧化钠($NaOH$),这种制浆方法适用于处理非木材纤维原料(如稻草、麦草等)和阔叶木材纤维原料(如杨木、桉木等),但不宜处理针叶木材纤维原料。目前,我国的草浆造纸厂多采用这种方法。近几年,蒸煮助剂的大量使用,使该种方法制浆的效率和质量有较大提高。这种方法制出的浆料具有松软、吸水性好、成纸不透明度高等优点,而且具有制浆设备简单、操作容易、建厂投资少等特点,已成为我国造纸企业普遍选用的方法,特别是连续蒸煮器的使用,使烧碱法制浆更具生命力。

硫酸盐法制浆的主要药剂为氢氧化钠和硫化钠($NaOH + Na_2S$),其有效成分主要为氢氧化钠和硫化钠分子中的钠离子。这种制浆方法适用范围较广,适用各种原料,成浆强度大。一些要求强度较大的纸张,如电缆纸、水泥袋纸、牛皮纸等,均使用此种制浆方法。蒸煮药剂经回收后可重复使用,不足部分可用廉价的芒硝补充。这种制浆方法更有利于废液和化学药品回收,以及废液的综合利用。与酸法制浆相比,得率高,成本低,工艺简单,便于操作,蒸煮设备等无特殊要求。但这种制浆方法制得的浆料颜色深,难漂白。目前,国外的针叶木原料蒸煮多采用此法。国内以前草类原料和阔叶木原料也采用这种方法,现多改为烧碱法制浆。

碱法制浆的生产流程

烧碱法和硫酸盐法制浆工艺流程如图 4-1、图 4-2 所示。

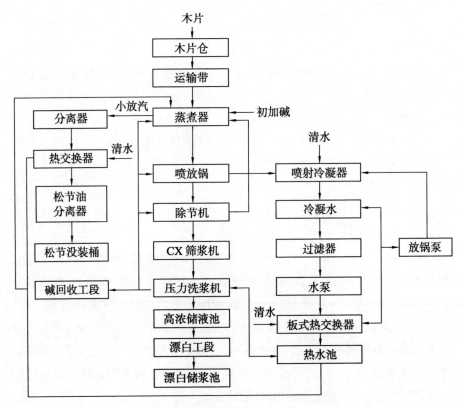

图 4-1　硫酸盐法制浆生产流程示意图

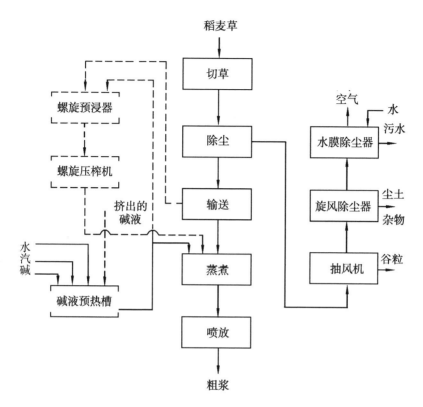

图 4-2 碱法草浆生产流程示意图

国内石灰法制浆应用较少,不做介绍,重点介绍一下烧碱法和硫酸盐法制浆工艺流程。这两种制浆方法的工艺技术、工艺流程基本类似,只不过烧碱法相对硫酸盐法稍简单一些。

碱法制浆常用术语

(1)绝干原料和风干原料:绝干原料是指不含水分的纤维原料,风干原料是指含10%水分的植物纤维原料。

(2)蒸煮液:蒸煮液指蒸煮时加入蒸煮器里所有液体总和,包括原料中所含水分和蒸汽中所含水分。

(3)黑液:黑液指蒸煮后从浆料中分离出来的残液,一般呈棕黑色,故称黑液,黑液中尚含有一部分残余的碱,称残碱。

(4)液比:液比指蒸煮过程中加入蒸煮器总液量之总重量(一般以体积

表示)与绝干纤维原料重量之比。

(5) 总碱量:烧碱法指 $NaOH + Na_2CO_3$,硫酸盐法指 $NaOH + Na_2S + Na_2CO_3 + Na_2SO_4 + Na_2SO_3$,均以 Na_2O(或 $NaOH$)表示。

(6) 总可滴定碱:总可滴定碱指碱液中可滴定的总碱,烧碱法指 $NaOH + Na_2CO_3$,硫酸盐法指 $NaOH + Na_2S + Na_2CO_3 + Na_2SO_3$,均以 Na_2O(或 $NaOH$)表示。

(7) 活性碱:烧碱法指 $NaOH$,硫酸盐法指 $NaOH + Na_2S$,均以 Na_2O(或 $NaOH$)表示。

(8) 活性度:活性度指碱液中活性碱含量占总可滴定碱含量的百分比,即

$$活性碱 = \frac{活性碱}{总可滴定碱} \times 100\%$$

(9) 有效碱:烧碱法指 $NaOH$,硫酸盐法指 $NaOH + Na_2S$,均以 Na_2O(或 $NaOH$)表示。

(10) 硫化度:硫化度指硫酸盐药液中 Na_2S 含量占活性碱 $NaOH + Na_2S$ 含量的百分比,即

$$硫化度 = \frac{Na_2S}{NaOH + Na_2S} \times 100\%$$

计算时 Na_2S 与 $NaOH$ 均换算为 Na_2O(或 $NaOH$)表示。

(11) 用碱量:用碱量指蒸煮时所需活性碱量与绝干原料重量的百分比,活性碱以 Na_2O(或 $NaOH$)表示。

(12) 装锅量:装锅量指每立方米锅容所装绝干或风干纤维原料的重量,单位为千克/立方米。

(13) 浆料得率:在实际生活中,浆料得率可分为粗浆得率和细浆得率。粗浆得率指蒸煮后所得到的绝干(或风干)粗浆重量与蒸煮前绝干(或风干)植物纤维原料重量的百分比。细浆得率是指粗浆经筛选后所得的绝干(或风干)细浆重量与蒸煮前绝干(或风干)植物纤维原料重量的百分比。计算如下:

$$粗浆得率 = \frac{蒸煮后粗浆重量}{蒸煮前原料重量} \times 100\%$$

$$细浆得率 = \frac{筛选后细浆重量}{蒸煮前原料重量} \times 100\%$$

(14) 浆料硬度:浆料硬度是表示植物纤维原料经蒸煮后浆料中尚残留

木素的程度。一般说来,硬度大的浆料表示木素含量高,其蒸解度低;硬度小的浆料则表示木素含量低,其蒸解度高。浆料硬度的测定,由于所用氧化剂和测定条件的不同,测定方法也不同,常用的测定方法有以下几种,使用数据时应标明测定方法。

① 利用高锰酸钾溶液来测定的有高锰酸钾值(K 值)、贝克曼价和卡伯值。

② 利用次氯酸盐溶液测定的有氯价法等。

国内常用的有高锰酸钾值(K 值)和卡伯值,其他方法很少使用。

碱法制浆的蒸煮原理

(1) 蒸煮目的:碱法蒸煮的主要目的是利用碱性化学药剂与植物纤维原料中的木素反应,保留纤维素,尽量保留半纤维素,并使纤维原料离解成浆。植物纤维原料种类不同,其化学组成也不同,其化学反应各异。在蒸煮过程中由于强烈的蒸煮条件,植物纤维原料不仅木素与化学药剂参加反应,其他成分也参加反应,因此,必须严格控制蒸煮条件,才能获得高质量的浆料。

(2) 蒸煮的物理机理:蒸煮过程中原料与药液接触时,药液向料片内渗透与木素接触,产生化学反应。药液的渗透主要包括主体渗透和扩散渗透两种方式。主体渗透即为常称的毛细管作用渗透,主要借助外加的压力或表面张力产生的压力作用渗透,蒸煮液在压力的作用下通过料片的毛细管向其内部渗透。原料的种类、切片的大小、药液的浓度,都影响药液的渗透速度和效果。扩散渗透是指在植物纤维原料得到充分浸渍后,靠药液浓度差造成的离子浓度梯度的推动力,使蒸煮液中的离子扩散浸入切片内部的过程。原料充分浸渍以后,主要是通过扩散作用渗透。扩散渗透的速率取决于离子浓度梯度和有效毛细管截面积。在碱性溶液中,毛细管的有效截面积与溶液的 pH 值有关。草片结构疏松容易渗透,木片的结构紧密,渗透较难,切片时应严格控制木片规格。

(3) 蒸煮过程中的化学反应机理:在碱法制浆过程中,碱液主要消耗在:与木素反应、与纤维素反应、与半纤维素反应、与原料中的树脂产生皂化反应、与反应过程中产生的有机酸起中和反应,还有少量的碱吸附在纤维的表面。

碱液与木素的反应是非常重要的反应,其结果使木素的大分子断裂,生成碱木素或硫化木素而溶除,使纤维分离成浆。对于木材纤维原料,除以上反应外,在硫酸盐法制浆过程中,与木素苯环上脱落的甲氧基反应,生成少量的甲硫醇,这是硫酸盐法制浆有一股恶臭气味的原因。

碱与纤维素作用主要发生剥皮反应、终止反应、碱性水解反应。所谓剥皮反应是指在碱法蒸煮过程中,纤维素大分子上的葡萄糖末端基被逐个剥落溶于蒸煮液的反应。剥皮反应是有害的,它可使纤维素聚合度变小,浆的得率降低,碱耗增加。终止反应是指在纤维素发生剥皮反应的同时进行的与其相反的反应。终止反应是将纤维素大分子中的不稳定葡萄糖末端基转变成稳定的末端基。碱性水解反应是纤维素大分子在强碱高温条件下,在碱性水溶液中由一个长链大分子变成几个短链小分子的反应。纤维素在碱性水解反应后生成新的不稳定的葡萄糖末端基,更有利于剥皮反应进行,对保护纤维素有害,故蒸煮过程中应严格控制工艺条件。

碱与半纤维素的反应类似纤维素,但由于半纤维素的分子链较短,且每个分子链上都有支链,比纤维素更易反应,除纤维素与碱液的几个反应外,还易发生乙酰基水解,甲氧基和葡萄糖尾酸基的脱落,碳水化合物无化学反应的碱溶解,有时半纤维素小碎片吸附在纤维素上。除此之外,阔叶木、草类纤维原料中的脂肪在碱性条件下,还可发生皂化反应,生成皂化物,使浆料生产泡沫。

总之,蒸煮过程中的化学反应非常复杂,有些机理目前还不明确,这里不再赘述。

影响碱法蒸煮的主要因素

在碱法制浆过程中,有许多因素直接或间接影响蒸煮成浆的质量,其主要影响因素有:原料品种、原料规格与质量、用碱量及药液组成、药液浓度、硫化度、液比、蒸煮压力和温度、蒸煮时间等等。

(1)原料品种:大多数植物纤维原料可以选用碱法制浆,但各种原料的性质不同,蒸煮条件不同,其成浆得率和质量也不同。

① 草类纤维原料的种类很多,但都具有组织疏松、木素含量少、碱液容易渗透、温度低、时间短、得率低的特点。

② 木材纤维原料中的针叶木组织紧密,木素含量高,需要较高的温度,较多的化学药液,蒸煮时间长,但成浆质量较好。

③ 阔叶木、竹子、芦苇其组织相对于针叶木较疏松,相对于稻麦草又较

紧密,因此其蒸煮条件介于针叶木与稻麦草纤维原料之间。

因此,在制浆过程中,针叶木、竹子等原料多选择硫酸盐法制浆方法,其他原料多选用烧碱法制浆。

(2)原料规格与质量:从原料规格来看,料片越小,越易蒸煮,越厚越大越不易蒸煮,特别是组织疏松的草类原料、阔叶木原料,较易渗透蒸煮,而针叶木、竹子等组织紧密的原料,不易渗透蒸煮。因此,为了得到质量均一的浆料,必须严格控制切片工艺条件。

(3)用碱量:碱法蒸煮过程中用碱量的大小主要取决于原料的化学组成、原料组织结构及对成浆质量的要求,同时,还应考虑原料的规格、质量、蒸煮时间和温度等。一般说来,硫酸盐木浆用碱量为 $13\% \sim 28\%$(Na$_2$O 计)(针叶木高于阔叶木),硫酸盐竹浆用碱量为 $13\% \sim 18\%$(Na$_2$O 计),荻、苇为 $11\% \sim 17\%$(Na$_2$O 计),稻、麦草为 $7\% \sim 9\%$(Na$_2$O 计),烧碱法稻、麦草浆为 $8\% \sim 11\%$(Na$_2$O 计)。一般生产纸板类的半料浆取下限,本色浆取中间值,制取漂白浆取上限。最终黑液残碱应保持在 5～10 克/升。

(4)药液浓度和液比:在碱法蒸煮过程中,用碱量、药液浓度、液比是密切相关的,当其中两个参数确定以后,第三个参数也就确定了。所以,当用碱量一定时,液比大则碱液浓度低,液比小则碱液浓度高。碱液浓度大,虽然蒸煮速度快,可以增加总的产浆量,但纤维素、半纤维素受到损伤较大,最终影响成浆质量和浆的得率。除此之外,还易造成其他蒸煮障碍。因此,在选择蒸煮液比和药液浓度时,一般应考虑到蒸煮方式、蒸煮器类型、原料品种以及成浆质量要求。

(5)硫化度:硫化度是硫酸盐法蒸煮控制的参数。在用碱量一定及其他条件相同时,在一定范围内增加硫化度,能缩短蒸煮时间,降低浆中木素含量,提高浆得率。但当硫化度超过 40%,则会因有效碱下降而影响反应速度,有时结果会相反。一般情况下,针叶木硫化度控制在 $25\% \sim 35\%$,阔叶木应控制在 $15\% \sim 25\%$,竹材应控制在 $20\% \sim 30\%$,而草类纤维原料应控制在 $10\% \sim 20\%$。

(6)蒸煮温度和蒸煮时间:蒸煮温度和蒸煮时间是相互影响、相互制约的两个参数,在化学反应中,通常温度每提高 10℃,其化学反应速度可增加 1 倍左右,这个规律也适用于蒸煮过程的化学反应。因此,实践中通常通过提高蒸煮温度来缩短蒸煮时间。有时因气压不足,温度达不到时,可相应延长

时间来保证蒸煮质量。当然,蒸煮时间和温度还受用碱量、硫化度、液比等其他因素影响,所以实践中要综合考虑制定蒸煮工艺条件。

常见的蒸煮设备

(1) 分类常见的蒸煮器种类较多,主要分类如下:

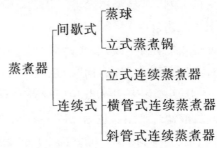

(2) 间歇式蒸煮设备:常见的间歇式蒸煮设备有蒸球和立式蒸煮锅两种,一般中小型企业多用蒸球,大中型企业多用立式蒸煮锅,两种设备各有其优缺点。

① 蒸球:蒸球是一种回转式间歇蒸煮设备,本体为球形,是由球体、机座、传动装置等主要部分组成的,也是中小型纸厂应用较多的一种蒸煮设备。其结构如图4-3。

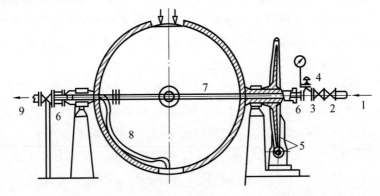

图4-3 蒸球

1、7—进气管 2、3—截止阀 4—安全阀 5—涡轮蜗杆传动系统
6—逆止阀 8—喷放弯管 9—喷放管

蒸球是一种薄壁压力容器,球体采用锅炉钢板或A3钢板以及复合不锈钢板焊接或铆接制成。最大工作压力为784千帕(8千克/平方厘米),最高

工作温度175℃。蒸球有8立方米、14立方米、25立方米、40立方米等几种。目前,造纸企业常用25立方米、40立方米,其装球量视原料种类、装料方式和成浆要求而定。一般稻草装球量为100~140千克/立方米,麦草为110~150千克/立方米,蔗渣为110~130千克/立方米,针叶木为150~180千克/立方米,阔叶木为170千克/立方米以上。蒸球与立式蒸煮锅相比,原料与药液混合较均匀,成浆质量比较均一。液比小,药液浓度高,可缩短蒸煮时间,结构简单,体积小,易于安装和维护。由于球体转动,容积不能太大,采用直接通气,药液浓度变化大,特别是在蒸煮后期,药液浓度较低。蒸球多用于中小型造纸厂或生产能力较低的生产线。

②立式蒸煮锅:立式蒸煮锅多用于大中型企业,广泛用来蒸煮木材、竹子、荻、芦苇等植物纤维原料。立式蒸煮锅由锅体、循环系统、支座等部分组成,如图4-4所示。

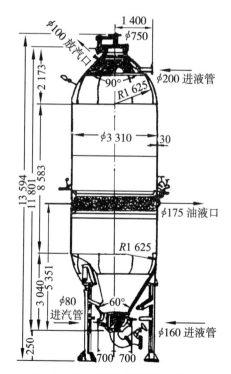

图4-4　75立方米硫酸盐蒸煮锅

立式蒸煮锅与蒸球相比,锅的容积大,每立方米锅容单位时间产浆量大,劳动生产率高。与同容积的蒸球相比,占地面积小。但附属设备多,投资费用大,设备结构复杂,制造技术要求较高。立式蒸煮锅的附属设备有蒸汽装锅器(或机械装锅器,或简易装锅器)、喷放设备、药液循环系统等。常见的立式蒸煮锅有 50 立方米、75 立方米、110 立方米等。喷放仓的选择一般为 2 台,轮换使用,以利贮浆。喷放锅的总容积应为蒸煮锅总容积的 1.5~1.8 倍,每台喷放锅的容积应为每台蒸煮锅容积的 2.5~3 倍,可视具体情况而定。

　　③ 连续蒸煮器:连续蒸煮器为现代制浆主体设备。它的出现使制浆工业实现了连续化和自动化。目前,国际上应用的连续蒸煮器至少有十几种。主要有立式、横管式、斜管式等,见图 4-5、图 4-6。国内所用的是横管式和立式较多,特别是近几年一些大型企业普遍采用横管式连续蒸煮器,蒸煮麦草、芦苇、阔叶木等原料,效果较好。

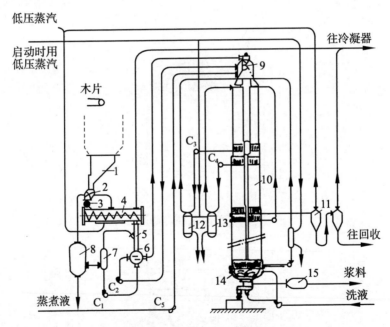

图 4-5　水力型卡米尔连续蒸煮器流程

1—木片仓　2—计量器　3—低压给料器　4—汽蒸器　5—溜槽　6—高压喂料器

7—过滤器　8—液位平衡槽　9—进料装置　10—蒸煮器　11—闪急汽化罐

12、13—加热器　14—排料器　15—网式浓缩器　C_1—溜槽循环泵　C_2—上循环泵

C_3、C_4—药液循环泵　C_5—白液泵

连续蒸煮器与间歇蒸煮器相比,特点是:由于连续生产,便于实现自动化,劳动强度低,单位锅容产量高,占地面积小,汽、电、蒸煮液和原料消耗均衡,成浆质量高,且质量均匀,连续放汽放锅,热回收效率高,配置紧凑,大气污染小,易于控制。由于连续生产,黑液提取浓度均匀,有利于黑液碱回收。但其设备复杂,附属设备较多,维修费用高,动力消耗大,设备加工精度要求较高,操作技术水平要求较高。连续蒸煮器的附属设备包括计量器、汽蒸室、高低压喂料器、排料器等。

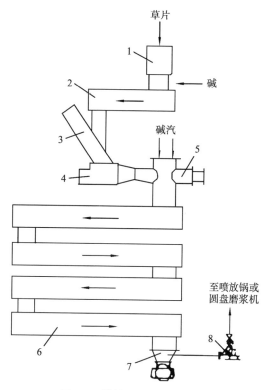

图 4-6　横管式连续蒸煮器流程

1—计量器　2—双辊混合器　3—预压螺旋输送器　4—螺旋给料器
5—进料控制阀　6—蒸煮管　7—翼式出料器　8—排料阀

木材原料的蒸煮

目前,我国用于制浆造纸的木材原料品种中,针叶木主要有马尾松、红松、落叶松、鱼鳞松、沙松、臭松、云南松等;阔叶木主要有杨木、桦木、桉木、榉木等。针叶木因组织紧密,木素含量高,且大部分存在于细胞壁中,故需在较剧烈的条件下,较长时间蒸煮才能成浆。阔叶木与针叶木相比,脱木素的速度较快,所以蒸煮条件比针叶木可缓和一些,蒸煮时间相对较短。

(1)烧碱法蒸煮:烧碱法多用于蒸煮阔叶木原料,一般用碱量为 $16\%\sim18\%$(Na_2O 计),最高温度为 $165\sim170℃$,总蒸煮时间为 $4\sim6$ 小时。这种浆的特点是:纤维短,成浆强度低,易漂白,所生产的印刷纸类具有组织均匀并且平滑度、不透明度、柔韧性和吸收性能都较好的优点。但这种浆成纸紧度低,物理强度较差。

(2)硫酸盐法蒸煮:硫酸盐制浆方法适应性较强,既适应于针叶木,也适应于阔叶木和草类纤维原料,特别适合抄造要求物理强度较高的工业技术用纸,如纸袋纸、电缆纸、浸渍绝缘纸、砂纸原纸等。在提高用碱量和蒸煮温度的条件下,也可生产漂白浆。一般情况下,若生产硫酸盐本色硬浆,用碱量在 $16\%\sim18\%$(Na_2O 计),蒸煮温度(指蒸煮过程中的最高温度)控制在 $168\sim172℃$,蒸煮时间 $4\sim5$ 小时。若生产硫酸盐本色软浆时,用碱量在 $19\%\sim21\%$(Na_2O 计),蒸煮温度控制在 $168\sim172℃$,蒸煮时间为 $5\sim6$ 小时。一般硫化度应控制在 $23\%\sim28\%$。在生产硫酸盐本色软浆的工艺条件基础上,再进行调整,经过多段漂白工艺,可生产半漂浆和全漂浆。

阔叶木硫酸盐木浆,强度较烧碱法高,但易漂性差,可用于生产文化用纸、包装用纸或纸板等。随着工艺技术的改进,以及原料资源缺乏,树皮、枝丫材、树根、锯屑等都可用来制浆。

草类纤维原料的蒸煮

草类纤维原料主要有稻草、麦草、龙须草、玉米秸、高粱秸、篁竹草等,是我国中小型纸厂普遍使用的植物纤维原料。这些原料木素含量少,半纤维含量高,纤维较短,不均匀性突出,杂细胞含量高。因此,可以用较低用碱量、较低蒸煮温度、较短的时间进行蒸煮。一般情况下,烧碱法稻麦草蒸煮用碱量 $8\%\sim12\%$(NaOH 计),液比 $1:2.7\sim1:3.0$,最高温度为 $155\sim165℃$,蒸煮时间 $3\sim4$ 小时,细浆得率 $35\%\sim45\%$。硫酸盐法稻麦草蒸煮用碱量 $9\%\sim15\%$(NaOH 计),硫化度 $10\%\sim20\%$,液比 $1:2.0\sim1:2.8$,蒸煮温度为 155～165℃,蒸煮时间 3～5 小时,粗浆得率 45%～55%。石灰法蒸煮稻麦草用碱量 6%～13%(CaO 计),液比 1∶2.5～1∶3.0,蒸煮温度为 155～160℃,蒸煮时间 3 小时左右,粗浆得率 55%～70%。在实际生产中应掌握麦草蒸煮比稻草蒸煮用碱量高 2% 左右,其他条件基本相同。在北方,麦草制浆较为普遍,是禾本科植物纤维原料中使用最多的品种。一般用来生产文化纸,如印刷纸、书写纸等,也可用于生产拷贝纸、低定量涂布原纸等的配料。

荻苇、芦苇、芒秆、竹材的蒸煮

荻苇、芦苇、芒秆是我国普遍使用的制浆造纸原料。三种原料的工艺条件基本相似,可视具体条件稍调整一下即可。一般情况下,用碱量为 11%～17%(Na$_2$O 计),硫化度 15%～20%,蒸煮温度在 155～165℃,蒸煮时间 3～5 小时。随着制浆工艺的改进和制浆造纸化学助剂的应用,蒸煮时间大大缩短,提高生产效率。

竹材制浆造纸在我国有着悠久的历史,我国南方使用竹材原料较多。它最适宜于碱法制浆,特别是硫酸盐法制浆。

采用竹材造纸多用 5 年生长期以下的竹子,称嫩竹。其木素含量较低,纤维素含量较高,容易蒸煮。但其含水量大,易虫蛀腐烂变质,不易贮存。5 年以上的老竹,组织结构更紧密,木素含量有所增加,纤维素含量有所下降,较难蒸煮,需采用较强烈的蒸煮条件。竹材的纤维形态和化学组成介于木材和草类原料之间,它的相对密度比木材大,一般为 0.6～0.8,个别老竹在 0.9 以上,而阔叶木为 0.43～0.64,针叶木为 0.38～0.55。蒸煮用碱量硬浆一般为 15%～16%(NaOH),软浆一般为 18%～26%(NaOH),硫化度为 15%～30%,最高温度 165±2℃,蒸煮时间 4～6 小时,浆料得率硬浆 62%～63%,软浆 40%～55%。

竹浆纤维长而柔软,交织力好,成纸强度较高,具有多孔性,可增加辅料的留着率,吸墨性较好,可以生产打字纸、胶版印刷纸、有光纸等;也可以与木浆配抄牛皮纸、纸袋纸等,在某种程度上可代替木浆。

棉、麻原料的蒸煮

(1) 棉原料蒸煮:制造棉浆的主要原料有破棉布、废棉、棉短绒、旧布鞋等,棉浆主要用于抄造高档纸种和特殊品种,如证券纸、钞票纸、滤纸、打字纸。棉原料蒸煮的主要目的是除去棉纤维中的蜡、脂肪、污脏物质和棉籽皮等。因蒸煮的目的不一,所以蒸煮的方法也不相同。一般棉短绒、旧棉主要用烧碱法蒸煮,以除去蜡质、脂肪、油污等。一般用碱量为 8%～10%。

破布制浆则按类别不同,可采用石灰法、烧碱法、纯碱法进行蒸煮。石灰法是用石灰乳液蒸煮,石灰乳液具有破坏染料的能力,脱色效果好,煮出的浆颜色较好,故常用于处理破布,石灰用量一般为 5%～20%不等,视原料的具体情况而定。其缺点是石灰乳液中的 $Ca(OH)_2$ 可能与蛋白质、油脂、脂肪等生成不溶解的沉淀物,这些沉淀物或黏附于纤维上,使成浆较硬,或堵塞造纸铜网与毛毯,且吸墨性较差。为了克服这些缺点,常采用石灰——烧碱法、石灰——纯碱法处理破布,效果较好。一般石灰与烧碱或纯碱的比例为 3∶1～5∶1。

(2)麻原料的蒸煮:麻浆多用于抄造卷烟纸、钞票纸、证券纸等,其特点是纤维长,物理强度大,纤维素含量高,且燃烧时无焦味,耐久性强。制造麻浆的主要原料有废麻袋、麻绳头、麻屑及麻质破布。近年来,麻原料蒸煮多采用碱性亚硫酸钠法,蒸煮剂为 Na_2SO_3、Na_2CO_3、$NaOH$ 等。用碱量 Na_2SO_3 15%～17%,$NaOH$ 3%～5%,液比 1∶2.0～1∶2.5,蒸煮时间 7～9 小时,蒸煮温度 165℃左右,粗浆得率 75%,硬度为高锰酸钾值 20～22。

碱法蒸煮技术的改进

近几年来,为了解决碱法制浆的污染和提高浆的质量和得率,对碱法制浆的改进和发展进行了大量的研究试验和实践,一些研究成果经实践应用均取得了较好的效果,并得到了普遍应用。

(1)多硫化钠法:多硫化钠法制浆是以提高蒸煮成浆得率为目的,因为它能使碳水化合物的还原性末端基氧化而变成羧基,进而脱羧生成对碱稳定的末端基,其反应是:

$$R_纤CHO + S_2^{-2} + 3OH^- \longrightarrow R_纤COO^- + 2S^{-2} + 2H_2O$$

多硫化钠蒸煮液的制备有多种方法,最直接的方法是向白液或绿液中加入元素硫,使白液中硫化钠部分的氧化成多硫化物,反应如下:

$$Na_2S + S \longrightarrow Na_2S_2$$
$$Na_2S_2 + S \longrightarrow Na_2S_3$$

也可采用硫化钠溶液中加入元素硫的方法制取,使元素硫以不同比例与硫化物溶液化合,反应生成多硫化物,再用已制得的溶液在100℃条件下预浸料片,然后再进行蒸煮。也可以把硫加入氢氧化钠溶液中,生成多硫化钠,但此法与硫化钠相比反应慢,而且转化率低。

为了避免由于碱性分裂反应而生成新的末端基,多硫化钠制浆时应采用缓慢升温,蒸煮温度最好低于160℃。多硫化钠法也可采用多级蒸煮,一般采用二级蒸煮,第一级采用多硫化钠处理,第二级再用低硫化度的硫酸盐法蒸煮,多硫化物的硫加入量为12%时,浆料得率可由50%提高到60%。但应注意,这种制浆方法有产生臭气、药品制备费用高、腐蚀性大等缺点,应再进行改进。

（2）烧碱蒽醌法:烧碱蒽醌（AQ）法是目前我国草浆和阔叶木制浆普遍采用的方法,在这方面的研究和实践具有国际领先水平。特别是烧碱蒽醌（NaOH—AQ）法麦草制浆的研究和生产实践进展很快,并得以大规模推广应用。山东这方面处于全国领先水平。近几年来,蒸煮助剂应用较成熟,品种较多,很少再直接用蒽醌,而是用其衍生物或复合物。

蒸煮助剂的应用,改善了烧碱法制浆的质量,缩短了蒸煮时间,提高了浆的得率,效果良好。

对于麦草浆用碱量,一般在10%～14%,蒸煮助剂用量0.03%～0.05%,蒸煮温度165℃左右,蒸煮总时间3～5小时,粗浆得率45%以上,细浆得率40%左右,漂白浆得率38%左右,硬度为高锰酸钾值10～14,漂率6%～9%。

（3）预水解硫酸盐法:预水解硫酸盐法是作为特殊的制浆工艺而用于制造高纯度的精制浆（人造丝浆）,此种浆的质量指标比一般造纸用浆要求高,具有 α-纤维素含量高、半纤维素含量低的特点。主要用于人造丝、玻璃纸及特殊纸张。

这种方法制浆一般分两步,首先对原料进行预水解处理,然后再用硫酸盐法进行蒸煮。常用的预水解法有三种:

① 酸预水解法:用无机酸如盐酸、硫酸、硝酸、亚硫酸作为预水解剂处理

原料,常用硫酸处理,价格便宜,一般酸的浓度 0.3％~0.5％,温度控制在 100~125℃。

② 水预水解法:用清水对纤维进行预水解处理,原料在热水中分离出乙酰基与甲酰基,形成乙酸和甲酸,得以提供氢离子进行酸水解作用。一般水预水解温度控制在 140~180℃,时间 20~180 分钟不等,视具体情况而定。

③ 汽预水解法:以饱和蒸汽作为预水解剂,在高温下进行原料预水解,其作用原理与水预水解法相同。由于汽水解液比小,水解中氢离子浓度大,作用速度快,升温时间短,一般只需 10~30 分钟。

上述三种方法,水、汽预水解都可在硫酸盐蒸煮器内进行,应用比较广泛。

预水解后的原料,再采用低硫化度的硫酸盐法蒸煮。这种预水解硫酸盐法制得的浆,具有半纤维素含量低,α-纤维素含量高,具有较高的黏度和聚合度等特点。

(4) 氧—碱制浆法:氧—碱法制浆是目前国内外研究的热门课题,这种制浆方法与硫酸盐法相比,无硫对环境的污染,与 NaOH 法相比,可减少 NaOH 的用量,是一种污染较小的现代制浆方法。

氧—碱法制浆的特点:优点是可消除或减少对环境的污染,成浆得率高,碱耗低,投资省,浆料易漂白;缺点是氧向料片渗透困难,动力消耗高,氧气有爆炸危险,且难以回收。

氧—碱法制浆常见有两类:一类是单段蒸煮,另一类是二段蒸煮。氧—碱法蒸煮的反应机理是原料在碱性条件下,强制加入氧气,使氧与原料中的木素反应,直至溶除。同时,氧也与纤维素、半纤维素及其他成分反应,但可生成稳定末端基,从而保护了纤维素和半纤维素,故制浆得率高,浆的强度好。

影响氧—碱法制浆的主要因素有用碱量,视原料品种而定,可参考烧碱法和硫酸盐法制浆条件。温度一般控制在 100~120℃,最高不要超过 140℃。浓度一般控制在 10％~17％。氧气压力一般不超过 690 千帕。

总之,氧—碱法制浆在我国正处于研究和初步使用阶段,有很多问题尚待研究。

五、碱 回 收

碱回收的目的和意义

随着国民经济的快速发展和人民生活水平的不断提高,保护环境,创造良好的生存环境,越来越重要。资源是不可再生的,特别是矿物资源的节约,已成为国内外的一个重要议题。造纸工业是资源消耗的重点行业,造纸过程若不进行环境污染治理,是不可想象的人类灾难。

在硫酸盐和烧碱法制浆过程中,大约有 50％ 的纤维原料物质溶解于蒸煮液中,成为黑液。黑液中有 30％～35％ 的无机物,主要成分是氢氧化钠、碳酸钠、硫化钠、硫酸钠与有机物结合生成的盐类;有 65％～70％ 的有机物质,主要成分是木素盐类、树脂、淀粉和低分子化合物等。碱回收的目的就是将这些盐类转化成氢氧化钠和硫化钠,再回到生产中使用。同时,回收有机物燃烧时放出的热量,产生蒸汽供本系统使用。

一般说来,生产一吨浆料就可产生一吨有机物以及 400 多千克碱类、硫化物溶解于黑液中。对这些碱性强、泡沫多、消耗水中的溶解氧严重的黑液,如不回收处理,任其排入江、河、湖、海,不仅造成资源的极大浪费,而且严重污染水源,给工农业生产、渔业生产和人民健康带来严重危害。近几年,我国非常重视环境保护工作,关停了大量不能治理环境污染的小型造纸业,造纸工业的环境污染状况得到了较大的改善。随着制浆方法和碱回收技术的发展,目前,我国现存制浆造纸企业绝大多数都建有碱回收系统,特别是烧碱法麦草浆的碱回收的研究和生产,已达到世界领先水平,有力地支持草类纤维原料制浆造纸的发展。到目前为止,碱回收所有设备我国都能自行设计和生产。

碱回收的工艺流程

目前,国内外碱法制浆厂的碱回收,都是采用传统的燃烧法,首先将蒸煮过程中产生的黑液提取,通过蒸发进行浓缩,然后再到碱回收燃烧炉中燃烧,生成碳酸钠(或硫化钠)无机盐,再制成水溶液,澄清加入石灰苛化,将碳酸钠转化成氢氧化钠,并将生成的碳酸钙白泥分离出去,得到由氢氧化钠(或硫化钠)的蒸煮药液,也就是常说的白液。分离出来的白泥,再进行煅烧,生成石灰,可在生产中循环使用。碱回收系统与蒸煮制浆系统是封闭循环的,生产过程中只需补充损失掉的碱即可。

碱回收系统主要包括四个主要部分,即黑液提取、黑液蒸发、黑液燃烧、绿液苛化和澄清。有些工厂还有白泥煅烧和黑液综合利用部分。生产过程见图 5-1。

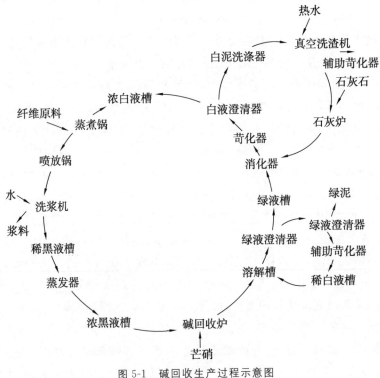

图 5-1 碱回收生产过程示意图

碱回收常用术语

（1）黑液：指碱法制浆蒸煮后的浆料中分离出来的废液。

（2）绿液：指黑液在碱回收炉内燃烧后流出的熔融物，溶于稀白液或水中得到的液体。

（3）白液：指绿液加石灰苛化后得到的澄清液体。

（4）稀白液：指用热水洗涤白泥所得到的浓度较稀的液体。

（5）稀绿液：指用热水洗涤绿泥所得到的浓度较稀的液体。

（6）白泥：指白液澄清沉淀后所得到的泥浆。

（7）绿泥：指绿液澄清沉淀后所得到的泥浆。

（8）苛化度：指溶液中碳酸钠转变为氢氧化钠的程度，国内常用的计算方法。

$$苛化度 = \frac{NaOH}{NaOH + Na_2CO_3} \times 100\%（以 Na_2O 计）$$

（9）芒硝还原率：这是硫酸盐蒸煮黑液的常用术语，具体计算如下：

$$芒硝还原率 = \frac{熔融物中 Na_2S}{熔融物中 Na_2S + Na_2SO_4} \times 100\%（以 Na_2O 计）$$

（10）黑液提取率：指从蒸煮后的浆中提取的黑液量占浆中黑液总量的百分比。

（11）碱回收率：指蒸煮用的碱经回收后（不包括硫酸盐法补加芒硝量）得到的碱量占蒸煮用碱量的百分比。

（12）自给率：指经碱回收后所得到的碱量（包括补充芒硝在内）占蒸煮用碱量的百分比。

黑液的组成与性质

（1）黑液的组成：黑液是由水和固形物组成。固形物的成分十分复杂，有些成分至今尚不清楚。大体上固形物包括有机物和无机物两大部分。有机物占 70% 左右，主要是木素、半纤维素和纤维素的降解物和有机酸等。无机物占 30% 左右，主要是游离的氢氧化钠、硫化钠、碳酸钠、硫酸钠及有机化合物的钠盐、二氧化硅等。上述主要成分在黑液固形物中的含量分别为：木素盐含量 20%～30%，有机酸 6%～10%，总钠盐为 20%～26%，总硫量为 2%～3%（硫酸盐法）。

（2）黑液的性质：

① 黑液的浓度：黑液的浓度指黑液中固形物含量的多少,常用波美度或相对密度（比重）来表示。黑液固形物相同时,测得的波美度或相对密度与温度高低呈反比例关系。

② 黑液黏度：流体流动时有产生本身内摩擦的特性,称为黏性。衡量流体黏性大小的物理量称为黏度。表示黑液黏性大小的物理量称黑液的黏度。黑液的黏度对黑液流送和蒸发效率等影响很大,在生产中必须很好地控制。影响黑液黏度的因素很多,在诸多因素中,黑液的浓度和温度对黑液黏度影响较大,当黑液浓度一定时,温度对黑液黏度有决定性的影响,因此,实践中为了更好地流送和蒸发,要尽量保持黑液的温度。

③ 黑液的比热容：黑液的比热容随浓度增加而减少,随温度的提高而增大。

④ 黑液的沸点升高：沸点升高指溶液沸点较溶剂沸点高出的温度。黑液沸点升高随黑液的浓度与液面压力增加而增加。

⑤ 黑液的表面张力：黑液的表面张力表示黑液与气体接触面单位长度上使表面收缩的力。黑液的表面张力越小,起泡性越大,黑液不仅具有表面张力小的性质,还含有一些能形成稳定泡沫的性质。黑液这一性质容易造成蒸发时的"跑黑水"现象,加热面污染,破坏蒸发器正常工作。

⑥ 黑液的腐蚀性：黑液对设备的碱性腐蚀很小,而酸性腐蚀很严重。酸性腐蚀的产生,主要在蒸发过程中,黑液的二次蒸汽及其冷凝水中含有挥发性的有机酸和各种酸性硫化物（硫酸盐法制浆）。

除此之外,黑液还具有胶体性质和易被氧化性质等。

黑液蒸发的目的和过程

黑液蒸发的目的是除去稀黑液中的水分,以满足下一工序燃烧的需要。从提取工序来的黑液含水分大约 80% 左右。木浆黑液大约 8 波美度,草浆黑液大约 6 波美度,这样的黑液不能燃烧,必须蒸发浓缩。

黑液蒸发的基本原理是：借加热作用把黑液中的水分汽化逸出,使黑液浓缩。完成这过程必须具备两个条件：其一,不断供给热量,使黑液能处于沸腾状态,进行水分的不断汽化。其二,水分汽化所产生的二次蒸汽必须不断地被排除,否则,蒸汽与溶液渐趋平衡,以致蒸发操作无法进行。

蒸发方法有间接蒸发和直接蒸发两种。间接蒸发只能将黑液浓缩到含固形物 50%，如果高于 50%，蒸发条件恶化，蒸发困难，因此必须采用第二次直接蒸发，生产中用碱回收炉出来的热烟气来完成。

黑液蒸发流程有：顺流、逆流和混流三种。详见图 5-2、图 5-3、图 5-4。

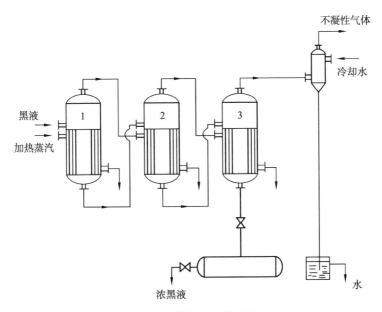

图 5-2　顺流式蒸发流程

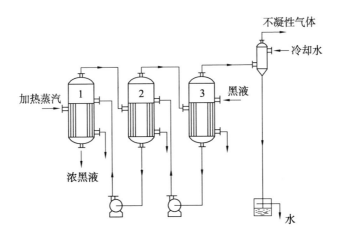

图 5-3　逆流式蒸发流程

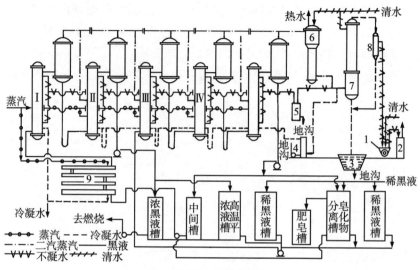

图 5-4　混流式蒸发流程

1—真空泵　2—气水分离器　3—水封槽(臭水池)　4—真空收集箱
5—不凝气罐　6—管式冷凝器　7—大气压冷凝器　8—捕集器　9—预热器

常见的蒸发设备由蒸发器和辅助设备组成。蒸发器是蒸发系统的主体设备。一般由煮沸器和分离器组成。蒸发器的种类很多,按其结构不同可分为列管式和平板式蒸发器。按黑液在蒸发器内的流动方向不同可分为升膜、降膜和升降膜蒸发器。按黑液运行方式不同可分为自然循环和强制循环蒸发器。蒸发器的改进主要目的是为了提高蒸发器传热系数,使其更适应蒸发高浓度、高黏度和易结垢的黑液需要。

辅助设备主要有预热器、冷凝器、真空泵、阻汽排水器、各种仪表、液槽等。

实践中,稀黑液经过多效蒸发器蒸发后,浓度达到 50% 左右,再用圆盘蒸发器继续浓缩,达到燃烧所需的浓度,送燃烧炉燃烧。

黑液燃烧的基本原理及燃烧过程

黑液燃烧是将经过蒸发浓缩的黑液固形物在碱回收炉中使之燃烧裂解以回收黑液中的碱和热能,燃烧过程将钠化合物转变成碳酸钠,同时,回收燃烧过程产生的热能,供生产中使用。

黑液燃烧过程分为三个阶段:第一阶段,黑液蒸发阶段;第二阶段,黑液燃烧和热裂解阶段;第三阶段,无机物熔融和芒硝还原阶段(指硫酸盐法)。

黑液燃烧过程中必须控制以下参数:黑液的组成和性质,黑液浓度喷液量和黑液粒度,空气的供给量,燃烧温度和炉床垫层。

常用的碱回收炉有喷射炉和回转炉两种。目前,采用较多的是喷射炉,其优点是生产能力大,碱回收率高,便于自动控制等。见图5-5、图5-6。

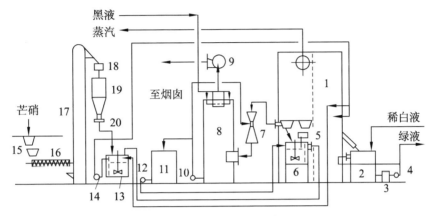

图 5-5　回转炉黑液燃烧流程

1—喷射炉　2—溶解槽　3—过滤器　4—绿液泵　5—碱灰粉碎机　6—碱灰混合器

7—文丘里管　8—旋风分离器　9—引风机　10—循环泵　11—浓黑液槽　12—黑液泵

13—芒硝黑液混合器　14—供液泵　15—粉碎机　16—螺旋输送器　17—提升机

18—芒硝筛　19—芒硝仓　20—圆盘给料器

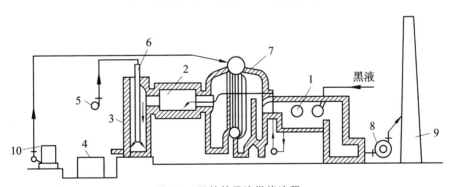

图 5-6　回转炉黑液燃烧流程

1—圆盘蒸发器　2—回转炉　3—熔炉　4—溶解槽　5—鼓风机　6—风管

7—余热锅炉　8—引风机　9—烟囱　10—锅炉水箱

黑液燃烧炉的辅助设备主要有高压黑液系统、静电除尘系统、圆盘蒸发器等。

绿液的澄清苛化及白泥的回收

（1）绿液苛化、澄清：黑液燃烧后从燃烧炉流出的熔融物，溶解于稀白液或水中，称为绿液。它的主要成分：硫酸盐法为碳酸钠和硫化钠；烧碱法为碳酸钠。将石灰加入绿液中，使碳酸钠转化为氢氧化钠的过程，称为苛化。

苛化反应分为两步：第一步生石灰消化，即生石灰中的氧化钙加水转变成氢氧化钙，并放出热量；第二步，碳酸钠苛化转变为氢氧化钠，这个反应为可逆反应，反应的进程用苛化度来表示，苛化度反映了溶液中的碳酸钠转变成氢氧化钠的程度。

影响苛化过程的主要因素有：石灰的加入量，为加速苛化，提高苛化度，石灰的加入量应控制在 $105\% \sim 110\%$，即稍过量加入，但不能过量太大，否则，造成石灰浪费，且白液不易澄清；绿液浓度，绿液总碱浓度一般控制在 $100 \sim 110$ 克/升，稀白泥浓度应控制在 20 克/升以下；消化温度一般控制在 $92 \sim 95℃$，苛化后期温度应控制在 100℃ 以上。苛化时间为 2 小时左右。绿液苛化以后即为白液，初始白液和白泥为乳状，需继续澄清，才能使白液与白泥分离。得到的白液再次用于蒸煮工序。白泥可回收，生产生石灰循环使用。

苛化工艺流程可分为连续苛化工艺流程（图 5-7）和间歇苛化工艺流程（图 5-8）。实际生产中，大型企业多采用连续苛化工艺流程，中小型企业多采用间歇苛化工艺流程。苛化设备主要有石灰消化器、连续苛化器、澄清器、洗涤器、真空过滤机、膜泵等。

（2）白泥回收：苛化过程中生成的碳酸钙沉渣称为白泥。每吨浆大约产生 500 千克左右，经过洗涤，降低残碱，提高干度以后，再煅烧成石灰送回苛化工序再用。目前，回收方法有回转炉法、流化床沸腾炉法和闪急炉回收法。实际生产中采用回转炉的企业较多，另外两种方法为近年研究试验的新方法，应用白泥回收方法尚待成熟。

回转炉法煅烧白泥分为干燥、预热和煅烧三个阶段。干燥阶段要求进入转炉白泥的水分一般控制在 40% 左右，白泥在煅烧炉中形成颗粒状。干燥后的白泥颗粒受到高温烟气预热到分解的温度，当温度到 600℃ 时，$CaCO_3$ 开始分解生成 $CaO + CO_2$。回转炉白泥回收工艺流程见图 5-9。

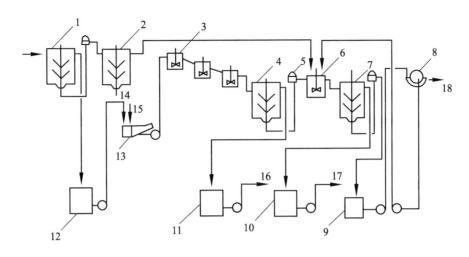

图 5-7　连续苛化工艺流程示意图

1—绿液澄清器　2—绿泥洗涤器　3—苛化器　4—白液澄清器　5—膜泵　6—辅助苛化器

7—白泥洗涤器　8—真空洗渣机　9—沉渣搅拌器　10—稀白液槽　11—浓白液槽　12—绿液槽

13—消化分离器　14—绿泥　15—石灰　16—送液泵　17—送燃烧工段　18—送石灰炉

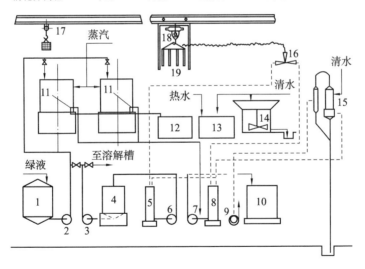

图 5-8　间歇苛化工艺流程示意图

1—绿液槽　2—绿液泵　3、6—稀白液泵　4—稀白液槽　5—稀白液收集槽

7—浓白液泵　8—浓白液收集槽　9—真空泵　10—浓白液槽　11—苛化槽

12—吸滤槽　13—洗涤槽　14—白泥稀释槽　15—大气压冷凝器　16—三通阀

17—石灰吊车　18—五吨吊车　19—叶片真空吸滤机

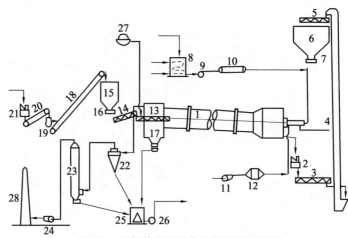

图 5-9　回转炉白泥回收工艺流程示意图

1—石灰回转炉　2、19、21—粉碎机　3、5、13、14—螺旋输送机　4—斗式提升机　6—石灰仓
7、16—圆盘给料机　8—油槽　9—油泵　10—加热器　11—鼓风机　12—预热器　15—石灰仓
17—沉降室　18、20—皮带运输机　22—旋风除尘器　23—水膜除尘器　24—排烟机　25—砂罐
26—砂泵　27—真空洗渣机　29—烟囱

　　苛化生产排出的白泥是回转炉的主要原料。白泥的质量对白泥回收生产过程有重要影响。白泥含碱要求在 0.5%～1.0%,如含碱量多,在高温情况下,对炉子耐火材料有腐蚀作用,严重时会使炉衬发生剥落现象,而且出料端易产生结圈和炉瘤,造成操作困难,烧出的石灰含钠盐高,妨碍消化过程。白泥含碱量少,小于 0.5%时,炉内粉尘多,飞失大。一般白泥要求杂质不应超过 10%～12%。杂质太多,炉内易产生硬块结圈。为了补充石灰损失,生产中可加入一部分石灰石。煅烧白泥最好以重油或天然气作为燃料。

　　炉中的温度控制应注意:在长炉中一般控制在 1 090℃,在短炉中一般应控制在 1 250℃,炉尾温度一般控制在 150～205℃,最高不超过 260℃,防止链条烧坏。供风控制在一次风 20%～40%,二次风 70%左右。为保证燃烧完全,过剩空气量应在 5%～10%,烟气中一氧化碳含量不超过 1%～1.5%。炉尾出口处烟气一般为负压,抽力太小影响烟气排出,对燃烧不利;抽力太大会增加热量和石灰的损失。沉降室抽力一般控制在 100～150 帕。

　　对于烧碱法麦草浆碱回收过程中产生的白泥回收,目前正在研究试验阶段,国内某大学和某厂合作,已取得了基本成功,主要生产沉淀碳酸钙,经煅烧生产生石灰还有一定难度,有待继续研究。

六、亚硫酸盐法制浆

亚硫酸盐法制浆的分类及特点

把切成片的植物纤维原料和亚硫酸盐混在一起蒸煮以制取浆料的过程,称为亚硫酸盐法制浆,简称亚硫酸制浆或酸法制浆。按蒸煮液的主要组成成分和 pH 值的不同,亚硫酸盐法制浆可分为四类:

(1) 酸性亚硫酸盐法:pH 值为 $1\sim2$,药液中除含亚硫酸氢盐外,还含有过量亚硫酸,亦即溶解 SO_2。由于 pH 值低,易使半纤维素水解而受损伤较大,一般草类纤维原料不宜采用,同时,此法还易使木素发生缩合,或使木素与木材中所含的多酚类物质缩合,故使适应的材种受到限制。

所用的盐基通常用钙盐,也可用镁、钠、铵等盐基,本法主要用于制取化学木浆或化学工业用浆。

(2) 亚硫酸氢盐法:pH 值为 $2\sim6$,其药液的组成主要是亚硫酸氢盐,还可能有亚硫酸盐、亚硫酸及溶解 SO_2。在 pH 值 $\leqslant4.5$ 范围内,一般对半纤维素损伤较大;而在 pH 值 $\geqslant4.5$ 时,对半纤维素的损伤较小。草类纤维原料可采用这种方法,而且木素不易缩合,适用的材种较酸性亚硫酸盐法广。可用镁、钠、铵盐基等,通常用于阔叶木浆和草浆生产。

(3) 中性亚硫酸盐法:pH 值为 $6\sim9$,药液的主要组成为亚硫酸盐和部分碳酸盐,本法对半纤维素损伤较小,由于药液中 pH 值较高,一般用来蒸煮草类原料,也常用于阔叶木半化浆或化学机械浆。

常用盐基为钠盐和铵盐,但在 pH 值偏向 6 时,也可以采用镁盐基。

(4) 碱性亚硫酸盐法:pH 值大于 10,药液组成主要有亚硫酸盐和碱,可适用于各种原料,盐基只能用钠、铵盐基,本法多用于多级蒸煮。

亚硫酸盐法制浆的特点及生产流程

(1) 特点:与硫酸盐法相比,亚硫酸盐法制浆有以下特点:

① 优点:本色浆颜色浅,易漂白,漂白剂及其他化学药品消耗量较低,且在蒸解度相同时,得率高一些,也较容易打浆;制造精制浆不需预水解,生产过程简单;制浆废液可以用来生产酒精、饲料、酵母、香兰素、黏合剂等。

② 缺点:蒸煮时由于原料磺化需一定时间,故蒸煮时间长;需耐酸设备和管道,需配备制酸车间;钙盐基蒸煮液的完全回收尚未解决,对水源及空气污染较大;对原料品种、质量选择性强,一般含心材较多或树脂含量高的木材,特别是含多酚类的纤维原料不适合亚硫酸盐法蒸煮。

(2) 工艺流程:亚硫酸盐法制浆的生产过程主要包括蒸煮酸的制备和蒸煮两部分。蒸煮酸的制备首先制取塔酸,然后用塔酸再吸收在蒸煮过程中排除的 SO_2,使之成为浓度符合要求的蒸煮酸,并加热酸液送入蒸煮锅进行蒸煮。塔酸的制取是把硫铁矿焙烧,制取 SO_2,并将炉气冷却及净化,除去炉气中的矿尘,SO_3 以及升华硫、碘、砷、汞、镉等有害物质,再用吸收剂吸收而成。

亚硫酸盐法的生产流程见图 6-1。

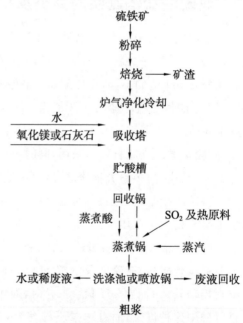

图 6-1 亚硫酸盐制浆工艺流程示意图

酸液的组成及表示

所谓酸液组成,是指存在于酸液中 SO_2 的形态和盐基的种类。对中性和碱性亚硫酸盐尚包括缓冲剂。SO_2 的存在形式主要有三种:一是游离

H_2SO_3，包括溶解在酸液中的 SO_2；二是形成氢盐 HSO_3^-；三是形成正盐的 SO_2。不同 pH 值时，SO_2 存在的形态不同。酸液中所含 SO_2 的总量称为总 SO_2 或总酸，以 T·A 表示。以亚硫酸盐形式存在的一部分 SO_2，例如 $CaSO_3$、Na_2SO_3、$(NH_4)_2SO_3$ 等的 SO_2，称为化合 SO_2 或化合酸，以 C·A 表示。总 SO_2 减去化合 SO_2，所得之余数，称之为游离或游离酸，以 F·A 表示，三者之间关系为：T·A＝C·A＋F·A。另外，把按物理作用方式溶解于酸中的 SO_2，称为溶解 SO_2 或称过剩游离酸。过剩游离酸（或溶解 SO_2）＝T·A－2C·A。

酸液中的盐基则常以它们各自的氧化物或易见形式如 CaO、MgO、Na_2O、NH_3 等来表示。

现以钙盐基为例，其组成和表示说明如下：

$CaSO_3＋H_2SO_3＋SO_2＋H_2O$ 可视为：

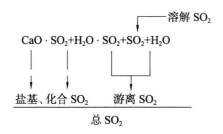

酸液浓度一般采用 SO_2 百分率表示，即 100 毫升酸液中含 SO_2 的克数。如总酸为 4％，即指 100 毫升酸液中含 SO_2 为 4 克，可记为 T·C4％。

对 Na_2SO_3 及 $(NH_4)_2SO_3$，酸液的组成和含量习惯上常以它们的百分浓度表示。

制备塔酸

塔酸的制备过程包括含硫原料的准备，硫铁矿的焙烧，炉气的净化冷却和输送等几个部分。当使用氧化镁时不要粉碎设备和筛选设备，也不用冷冻水。使用石灰石时，不要粉碎设备，但要用冷冻水和高塔。对铵盐基药液的制备，可采用焙烧硫磺或硫铁矿生成 SO_2，然后用氨水吸收制取，也可用氨水或碳酸铵吸收化工厂排出的 SO_2 尾气制取。

含硫原料包括原硫铁矿、浮选硫铁矿和含煤硫铁矿，要求原料含硫 30％以上，含水分 6％以下，含硒 0.012％以下，砷 0.50％以下，锌和铅均 1％以下,氟化物 $0.03\%\sim0.05\%$,矿粉要求粒度在 4 毫米以下,粒度要均匀,含水量大的硫铁矿要干燥处理。

硫铁矿焙烧分两个阶段:第一个阶段生成硫化亚铁和硫蒸气;第二个阶段硫化亚铁进行燃烧,生成三氧化二铁和二氧化硫,反应是放热反应,只需点火时加燃料,以后可以由反应放出的热量维持燃烧。反应过程中还有一些副反应,如生成四氧化三铁、三氧化硫等。硫铁矿的焙烧设备主要是沸腾炉和附属设备,硫铁矿在沸腾炉燃烧受矿粉质量、焙烧温度、通风量、风压、风速、沸腾层高度等诸多因素影响。沸腾炉的操作包括烘炉、点火、正常生产及紧急事故处理等几个方面,这里不一一介绍。

焙烧后得到的炉气需要净化冷却,再进行输送。净化主要是除去 SO_2 以外的杂质。净化包括干法净化和冷却、旋风分离器除尘、湿法净化及冷却、除尘等部分,应视具体情况,选定净化冷却系统和设备。炉气的输送主要是将净化和冷却以后的炉气进行输送。输送炉气的离心式鼓风机应选择防腐蚀材料和进行特殊处理,避免对风机和管道产生腐蚀。

亚硫酸盐药液的制备

(1) SO_2 的吸收:SO_2 用石灰石乳液或其他吸收剂吸收,制成亚硫酸盐溶液,其过程包括物理吸收和化学吸收。当吸收剂采用钙盐基时,由于钙盐的溶解度很低,药液要有相当高的游离酸才能稳定,而游离酸只有靠 SO_2 大量溶解才能形成。因此,只有降低温度或提高吸收剂表面 SO_2 分压的情况下,SO_2 才能溶解得好。如吸收剂采用镁盐基和钠盐基,由于这两种盐基溶解性好,主要是化学反应,因而提高温度有利于化学反应速度加快,吸收速度加快。铵盐基的反应介于钙盐基和镁、钠盐基之间。习惯上,称铵盐为可溶性盐基,钠、镁盐为易溶性盐基,钙盐为难溶性盐基。SO_2 吸收分为三个阶段:其一,SO_2 溶于水生成亚硫酸;其二,亚硫酸溶液与盐基作用生成亚硫酸盐;其三,亚硫酸盐溶液进一步吸收 SO_2 制成塔酸。

SO_2 的吸收是在吸收塔中进行的。吸收塔吸收法又分为高塔法、低塔法和湍动塔法,也有使用文丘里管吸收法。其中高塔法又分单塔法、双塔法和三塔法。影响塔中 SO_2 吸收的主要因素有:温度、用水量、SO_2 浓度、盐基的品种和质量、炉气速度、吸收剂的循环量及喷淋情况等。

（2）亚硫酸盐蒸煮液的制备：由于吸收塔制备的塔酸常含有矿尘、升华硫、$CaCO_3$、$CaSO_4$ 及未反应的 MgO（或其他盐基）、酸不溶物等杂质，会使酸液混浊，也降低了酸液的稳定性。因此，塔酸都要贮存澄清，澄清是在贮存槽中进行的。贮存槽要用耐酸材料，而且要加盖，以防止酸液的污染和氧化。为了满足生产要求，贮存槽的容积应使塔酸液的澄清时间不小于 36 小时。

由于从制酸工序制得的塔酸，其浓度及组成尚不能满足蒸煮要求，必须要进一步调节，使之变为蒸煮酸。

对 pH 值为 1～2 的木浆用钙盐基蒸煮液，总酸要求 7%～8%，化合酸 1.0%～1.2%，而塔酸的总酸浓度仅为 3.5%～4%，化合酸却达到 1.3%～1.5%。为使塔酸能达到蒸煮酸的要求，通常将塔酸在回收锅中吸收从蒸煮锅大、小放汽排出来的 SO_2，并回收蒸煮时的多余药液，而达到蒸煮酸液的要求。对 pH 值为 1～3 的镁盐基蒸煮液，常将 pH 值为 4.5 左右的塔酸冷却澄清后再吸收 SO_2。对 pH 值为 6 的镁盐基蒸煮液，其总酸与原酸浓度相近，为 3%～4% 之间，但要求化合酸与游离酸之比大于等于 2，故在送液时，可将 MgO 均匀地与蒸煮液一起加入蒸煮锅内，提高化合酸的比例，以达到规定的酸比，满足生产要求。

亚硫酸盐蒸煮的原理

亚硫酸盐蒸煮的目的，是用亚硫酸盐蒸煮液与纤维原料中的木素作用，生成木素磺酸或木素磺酸盐，溶于蒸煮液中而除去，从而分离纤维，制取亚硫酸盐浆料。在蒸煮过程中，如工艺条件控制不当，木素将会发生缩合，难以溶出。纤维素和半纤维素也可能产生水解，因此，亚硫酸盐法蒸煮的关键是使木素溶出的同时，尽量避免木素的缩合和纤维素、半纤维素的水解。

整个蒸煮过程一般认为分为渗透磺化和溶出两个阶段。所谓渗透磺化阶段是指药液充分而均匀地渗透到纤维原料内部，并与木素发生磺化反应。溶出阶段是指磺化后的木素溶出并扩散到蒸煮液中，这是纤维原料的成浆阶段。两个阶段不能截然分开，只不过是某一个阶段的反应主次不同，前期以木素磺化为主，而后期以磺化木素溶出为主。

药液向原料中渗透有压力渗透和自然渗透两种形式。压力渗透主要是以料片内外的压力差为推动力，使药液进入料片的内部。压力差大小取决于毛细管作用和料片外部加压大小;自然渗透主要依靠料片内外药液浓度差所引起的扩散作用来进行。浓度差越大,扩散作用越大。扩散作用的大小除与药液浓度有关外,还与药液的种类、温度的高低等因素有关。

影响药液渗透的主要因素有:纤维原料的结构与性质、切片规格、料片水分、蒸煮液温度、蒸煮压力、药液的组成等。

蒸煮过程除了药液的物理渗透外,更重要的是药液与原料成分的化学反应。在蒸煮过程中,木素主要产生两种化学反应:一种是磺化反应,另一种是缩合反应。磺化反应是指木素与蒸煮液中的磺化剂反应,生成木素磺酸或木素磺酸盐溶于溶液中,从而使纤维结构松弛,纤维相互分离成浆。缩合反应是指木素与木素结合成更大分子的木素,一般说来,产生缩合反应的木素分子,不再容易被磺化,而且难以溶出。缩合反应严重时会使纸浆和废液的颜色变黑,产生在亚硫酸盐法蒸煮过程中特有的"蒸黑"现象,严重时不能成浆,造成浪费。

半纤维素的吸湿性和润胀性都较纤维素高,其聚合度又较纤维素低,在亚硫酸盐蒸煮中,半纤维素更容易酸性水解,使其聚合度降低,严重时可生成有机酸和水,影响浆的得率和质量。

纤维素在亚硫酸盐蒸煮过程中的主要不良反应,是酸性水解,特别是木素大量溶出之后,纤维失去木素的保护,更易受到损伤。特别是在较低的 pH 值条件下,纤维素的酸性水解溶出更快,因此,应特别注意工艺条件的严格控制。

亚硫酸盐法蒸煮过程的主要影响因素有:蒸煮温度、蒸煮压力、液比、盐基种类等。除此之外,纤维原料的种类、水分含量、料片的规格等,对蒸煮过程也有影响。

亚硫酸盐法制浆常用设备及操作

(1) 蒸煮设备:亚硫酸盐蒸煮设备主要是立式蒸煮锅和药液循环设备及附件。

立式蒸煮锅与硫酸盐法立式蒸煮锅类似,只是为了使锅体在工作时不受药液腐蚀,锅壁必须用耐酸砖或耐酸钢板做成耐酸衬里。

为使锅内各处温度比较均匀,必须设有循环设备,通常称为外循环,即在锅外设循环泵,将药液从锅的中上部或中下部抽出经循环泵和加热器,再分别从锅的上锥部送入锅内,一般在最后保温开始即停止循环。泵的能力需使药液循环次数不低于 5 次/小时,循环泵的流量以每立方米锅容取 0.05～0.08 立方米/分钟,扬程一般为 15～20 米,其立式蒸煮锅结构见图 6-2。

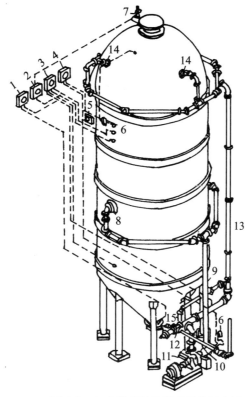

图 6-2 立式蒸煮锅及循环系统示意图

1—蒸煮器时间周期温度控制器 2—蒸煮器时间周期压力控制器 3—蒸煮器压力与温度记录器
4—蒸煮器蒸汽流量与液位记录器 5—压力转换器 6—转换器 7—蒸煮器顶部排气阀
8—吸液管 9—吸液下降管 10—陶质分离器 11—循环泵 12—加热器
13—回至顶部管路 14—圆顶部(循环药液)入口配件 15—回至底部管路

(2)蒸煮操作:蒸煮的操作过程基本上包括装锅、送液与酸循环,第一段通汽与保温,第二段通汽与保温,移液或转注,蒸煮终点的确定,放汽与放锅等。

装锅的要求是使锅内各部分原料松紧均匀一致,以保证酸液循环时能均匀流动,从而得到质量均匀一致的浆料,装锅的方法有多种,一般采用自然装锅和蒸汽装锅两种。

对于亚硫酸盐法蒸煮,由于酸液中有 SO_2 气体挥发,刺激气味大,故送液

51

是在装锅完毕盖上锅盖后才进行的,这点与碱法蒸煮不同。药液经送液泵,再经加热器加热至 80～90℃后,再从蒸煮锅的中下部送入。一般送液到70％～80％时,开始循环。

送液完毕,即开始第一段通汽,第一段通汽约 1.5 小时,开始保温,目的是使药液进一步均匀地在原料中渗透,保温时间 20～30 分钟。然后进行第二阶段通汽,直至蒸煮最高温度,按工艺要求进行第二次保温。为了充分使药液更好地在第一阶段渗透,第一阶段要加入过量药液。过量药液在第一次升温结束后,即第一次保温时,开始回收,回收温度应在 125℃以下,不能超过 130℃,否则,因回收药液中有机酸及硫酸盐增高,药液不稳定,影响下一锅蒸煮。判断蒸煮终点时,可根据本锅次药液颜色的深浅及酸液浓度的下降情况,与上锅次进行对比,结合上一锅的浆料质量情况来判定。

蒸煮达到终点时,即进行大放汽(俗称大瓦斯)。目的在于降低锅内压力和回收 SO_2 及热量。大放汽完毕,即进行放锅。放锅是利用锅内余压将浆料喷放至喷放锅内。

亚硫酸盐法制浆的新进展

亚硫酸盐法制浆有硫酸盐和烧碱法制浆难以比拟的优点。由于对减少环境污染和节省原料的要求越来越高,因而亚硫酸盐法制浆也有很大的改进与发展。主要包括:采用可溶性盐基,亚硫酸盐法多段蒸煮,亚硫酸盐的连续蒸煮等等。

采用可溶性盐基的原因是因为可溶性盐基(如钠、钾、镁等)的溶解度高,蒸煮的 pH 值可在大范围内(镁盐基只能在 pH 值小于 7)使用,从而可以消除盐基的沉淀堵塞事故,在生产上并可以根据实际的需要,选定蒸煮的pH 值,以控制成浆中的半纤维素含量或防止原料中某些微量成分造成不良影响,提高浆料的质量和得率,并减轻蒸煮液对设备和管道的腐蚀。采用经济上合适的盐基回收途径或直接施放于农田(如铵盐基),以减轻对环境的污染,不同的可溶性盐基又有其各自不同的特点。

实际生产中,高档纸种用浆和半化浆多采用钠盐基,如棉、麻制浆或BCTMP 浆。低档纸种用浆多采用铵盐基,如生产瓦楞纸和箱板纸、低档文化纸用浆等。目前,山东一些纸厂用亚铵法半化浆生产瓦楞纸,具有挺度好、环压强度好等特点。有些纸厂用亚铵法麦草半化浆掺入废纸浆,生产高档瓦楞纸和箱板纸,效果较好。其制浆黑液可生产黏合剂,减轻了对环境污染,具有良好的经济效益。

亚硫酸盐法的多级蒸煮是对亚硫酸盐法制浆的改进,针对原料的特点和产品的要求,采用不同 pH 值对同一原料进行多次蒸煮,即称多级蒸煮。目前,常用的多级蒸煮是 2～3 级。第一级、第二级在酸性盐基中进行,采用钠盐基,第三级在碱性盐基中进行,采用镁盐基。其特点是不受原料材种限制,浆料得率高,未漂浆白度高,易打浆。但由于采用多级蒸煮,时间周期长,能量消耗高,操作比较复杂。

由于使用可溶性盐基,亚硫酸盐法制浆也可以采用连续蒸煮。其特点与硫酸盐法和烧碱法制浆类似。但从设备、工艺技术、操作方面来看,要复杂得多。其连续蒸煮工艺流程见图 6-3。

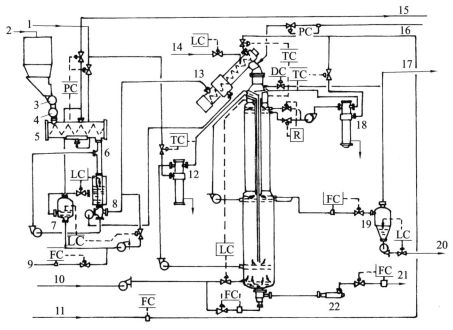

图 6-3　卡米尔式亚硫酸盐连续蒸煮流程示意图

1—低压汽　2—木片　3—木片计量器　4—低压给料器　5—预汽蒸管　6—木片溜槽
7—液位平衡槽　8—高压给料器　9—亚硫酸盐药液　10—洗涤水　11—高压蒸汽
12—洗涤水加热器　13—斜分离器　14—水　15—去冷凝器　16—SO$_2$ 溶液
17—去 SO$_2$ 回收　18—预热器　19—乏汽罐　20—去蒸发器　21—去贮料池　22—喷放装置

七、机械法制浆

高得率制浆的常用术语

用机械方法或者机械方法与其他方法相配合制浆,所制得的纸浆相对于化学法制浆而言,得率要高得多,因此称为高得率浆。根据机械处理的程度不同,高得率浆可分为机械浆、化学机械浆和半化学浆。一般情况下,机械浆得率为 $85\%\sim95\%$,化学机械浆得率为 $80\%\sim90\%$,半化学浆得率为 $65\%\sim80\%$,而化学浆的得率只有 $40\%\sim50\%$。高得率制浆常用的术语如下:

SGW——磨石磨木浆,常压磨木浆。

PGW——压力磨石磨木浆。

TGW——高温磨石磨木浆,磨浆温度大于100℃。

RMP——盘磨机械浆,无预处理,木片在常压下用盘磨磨浆。

TMP——预热盘磨机械浆,木片在大于100℃下预先经过汽蒸,然后常压磨浆。

PRMP——压力盘磨机械浆,木片不经过汽蒸,磨浆温度大于100℃。

CTMP——化学预热机械浆,木片加化学药品汽蒸,然后盘磨磨浆。

TMCP——热磨化学机械浆,先在大于100℃温度下盘磨磨浆,然后经过化学处理,再常压磨浆。

APMP——碱性过氧化氢机械浆。

SCMP——磺化化学机械浆。

BMP——生物机械浆。

SCP——半化学浆。

NSSC——中性亚硫酸盐半化学浆。

ASSC——碱性亚硫酸盐半化学浆。

其中磨石磨木浆用 GW 表示,其他机械浆用 MP 表示。

机械法制浆以及机械木浆的种类

利用机械方法磨解纤维原料,制取所需要的浆料,这种方法叫机械法制浆。所制得的浆料称机械浆。以木材为原料所得的浆料称为机械木浆或磨木浆;以草类为原料所得的浆料称为机械草浆。机械草浆生产厂家较少,正处在研究试验阶段。

机械木浆按照磨浆工艺大体上可分为白色磨木浆、褐色磨木浆两种。白色磨木浆色泽较白,包括普通磨木浆和木片磨木浆。普通磨木浆是将一定长度的原木,在磨木机内磨碎而得;木片磨木浆是将木片用盘磨机磨碎而得。褐色磨木浆是将原木先经汽蒸处理,然后在磨木机上磨碎成浆,这种浆料纤维细长,强度较高,但颜色呈棕黄色。

机械浆如果按照所使用的磨浆设备不同可以分为磨石磨木浆和盘磨磨木浆两大类。磨木浆最早以磨石磨木浆为主,随着盘磨技术的发展,越来越多的使用盘磨磨木浆,目前,盘磨磨木浆的生产量已经超过半数。其原因主要是:盘磨磨木浆可以利用枝丫材和边角料以及锯木厂的木片和锯屑代替原木,所制得纸浆强度较高,降低了人工费用。然而,由于磨石磨木浆具有较低的能耗和较高的散射系数等优点,在磨石磨木浆的基础上进一步开发了压力磨石磨木浆,采用高温磨浆,提高了浆的强度及其他性能。盘磨机械浆也同时得到发展,出现了预热盘磨机械浆、压力盘磨机械浆磨浆方式。

(1)磨木浆的优点:

① 生产成本低,不用药品,生产过程简单,成纸吸墨性强、不透明度高、柔软性好、平滑度高、印刷适应性好、松厚度好。

② 木材利用率高,成浆得率高达 95%,而化学浆成浆得率一般只有40%～50%。

③ 不需要化学品,对环境污染小。

(2)磨木浆的缺点:由于纤维是在机械作用下离解,故对纤维的长度有所影响,导致其成浆纤维短,非纤维组分含量高,导致成纸强度低。由于在制

浆过程中,木素和非纤维素并未除去,致使成纸易发脆返黄,不能长久保存。

磨木浆在造纸工业中占有重要地位,白色磨木浆主要用于新闻纸,部分用于配抄胶印书刊纸、低定量涂布纸等,在新闻纸配比中磨木浆一般可以占到70%以上。褐色磨木浆一般用于生产工业、建筑用纸和纸板等。

磨石磨木浆的生产流程及磨浆设备的种类

磨石磨木浆(SGW)是所有浆种中得率最高(一般达到90%~95%)、生产成本最低、环境污染最小的制浆方法,其生产的主要设备是磨木机。

(1)工艺流程:磨石磨木浆是将原木直接送入磨木机内磨成浆料。磨木浆的生产大体包括:备木、磨浆、筛选、净化、浓缩、贮存等部分,其工艺流程见图7-1。

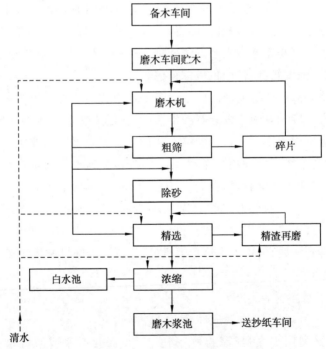

图 7-1 磨石磨木浆生产工艺流程示意图

(2)磨木机的种类:磨木机种类较多,根据压送原木机构的特征和加压方式,可分为机械加压和水力加压两大类。若按其生产操作的方式,可分为间歇式和连续式两大类。具体分类如下:

国内使用的各类磨木机中,链式磨木机是使用最多的一种,它电机负荷稳定,对磨石喷水和刻石方便,由磨碎区除去浆料比较容易,缺点是占地面积较大。其次为双袋式磨木机(卡米尔式),它利用水力加压,压力较为灵敏、稳定,浆料质量容易控制,生产能力较高。环式磨木机因为更换石轮与磨石不方便,需要人工装木,仅有少数厂家使用。

(3)磨石的种类:磨石是磨木机的基本组成部分,它很大程度上决定了磨木机的生产能力、动力消耗、成浆质量及各项技术经济指标等。磨石可分为天然磨石和人造磨石两大类。人造磨石又分为水泥磨石和陶瓷磨石两种。

天然磨石一般含石英矿 80%～85% 和黏土 15%～20%,因为其耐压强度不能满足实际生产,故很少使用。

水泥磨石具有较高的机械强度,并能适应一定范围的温度变化,制造成本较低,可根据用户要求而生产不同规格的磨石,其线速可以达到 19～20 米/秒。但是水泥磨石耐久性差,每块磨石一般只能用 2～3 个月,导致生产作业时间少,并由于刻石频繁,致使浆料质量波动较大。另外,由于制造时间太长和较高的运输和保管条件,故逐步被陶瓷磨石取代。

陶瓷磨石的物理性能良好,能适应骤冷骤热的温度变化,其表面工作层硬度大,机械强度高,线速度可达 20～30 米/秒。其表面使用周期长,一般可达 2～3 年,故可提高生产作业时间。随着磨木机向大型、高速和大动力发展,现在较多采用强度高而耐热性能好的陶瓷磨石。但是陶瓷磨石制造时磨块拼砌技术要求高,生产难度大,易出现掉磨块现象,有待进一步研究改进。

褐色磨木浆的生产

木材在磨解之前,先在蒸煮器内予以汽蒸,然后在磨木机上磨解而成的浆料,称为褐色磨木浆。木材由于经过汽蒸后,其中变的结构松软,容易磨浆,并且所得的浆料纤维较长,分散性较好,强度高,滤水性好。但磨出浆料均呈棕褐色,仅适于生产强度要求较高的包装纸和纸板。

(1)汽蒸过程:汽蒸过程基本上是水解过程,当木材在 120~130℃下汽蒸时,木材的化学组成发生一定的变化,主要是去掉易水解的聚糖和部分挥发性的酸类物质。当温度升高到 160℃或以上时,难水解的糖类也开始水解,但此时纤维组织受到破坏,机械强度下降,故在汽蒸时温度一般不超过 160℃。

汽蒸可分为升温、汽蒸和放汽三个阶段。

① 升温阶段:一般在 0.5~1.5 小时内升到规定的最高温度和压力(一般为 396~589 千帕)。

② 汽蒸阶段(又称保压阶段):在规定的最高温度和压力下进行汽蒸,其汽蒸时间的长短,可根据材径大小和含水量以及生产的浆种而定,通常为 4~18 小时。

③ 放汽阶段(又称减压阶段):汽蒸结束后,排出汽蒸锅内的蒸汽,将装料小车拉出,然后将原材倒入池中,用水趁热洗涤,可使颜色稍变浅。

(2)磨木过程与操作:汽蒸水洗以后的木材,应立即磨木,不宜久置。由于汽蒸后的木材组织变软,不需在高温下磨木。另外,由于有机酸具有腐蚀作用,故对磨木机的某些部件要求具有防腐性能,且磨石也需用耐酸水泥制成。其磨石料的粒度平均为 0.8~1.5 毫米,一般用♯4~♯7 环纹或菱形刻石刀。

磨木时温度不宜过高,由于木材在汽蒸过程中已经松软易磨浆,若提高磨浆温度,虽可提高生产能力和降低动力消耗,但浆料的机械强度反而有所下降,一般其磨浆温度约为 40~45℃。磨木压力不应太大,压力太大易塞满磨纹,降低磨木机的生产能力,其磨浆浓度一般为 2.8%~4.0%。

盘磨机械浆的特性及生产方法

盘磨机械浆是 1962 年才发展起来的一种机械制浆方法。它是在不用化学药品或少量化学药品的情况下,采用圆盘磨分离纤维并精磨而成浆的。由于使用木片为原料所以也叫木片磨木浆。根据制浆工艺过程的不同分为盘磨机械浆(RMP)和预热盘磨机械浆(TMP)两种。RMP 是将洗净后的木片直接送入开口卸料的常压盘磨机磨解成浆;TMP 是将木片经过短时间预

热处理,然后在带压或者常压下用盘磨机磨解得到的纸浆。

由于木片磨木浆使用木片为原料,可以不用原木,扩大了原料的使用范围。木片磨浆使用大功率盘磨机,在高温、高浓、高速的磨浆条件下磨浆,与磨石磨木浆(SGP)相比,浆料中长纤维含量高,强度大,滤水性能好,不透明度和印刷性能高,可减少抄纸过程中的长纤维木浆用量。由于盘磨机生产能力大,占地面积小,自动化程度高,从而大大提高了劳动生产率,降低了生产和建设成本。由于不使用或少量使用化学药品,故污染负荷轻,易治理。缺点是盘磨机械浆的电耗较高,齿盘使用寿命短,设备维修费用高,成纸强度较低,平滑度低,白度稍差。

盘磨机械浆(RMP)是在不加热、不加入化学药品的条件下,直接利用盘磨机将其磨碎。生产中可采用一段或多段盘磨机串联使用,视原料品种和成浆质量要求而定。其流程见图7-2。其生产过程是:经洗涤的木片由运输机送到料仓,再由料仓底部可调速的双螺旋给料器定量向第一段盘磨机给料,并在盘磨机入口处加水,使其浓度为30%左右。经第一段磨后的浆料,再送入第二段,在入口处加水,使其浓度为25%左右。经第二段磨后的浆料用白水稀释并筛选,良浆在离心除渣器中除渣净化后,再浓缩。浓缩后的浆料再进行精磨,贮存在贮浆池中备用。浆渣和二段磨的溢流经挤浆机提高浓度后送入浆渣磨再磨。

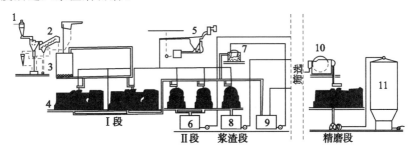

图7-2 生产盘磨机械浆流程示意图

1—木片 2—木片洗涤器 3—木片仓 4—盘磨机 5—热回收设备 6—浆池
7—挤浆机 8—磨碎后浆渣槽 9—浆渣槽 10—脱水机 11—贮浆池

预热盘磨机械浆(TMP)的特性及生产方法

由于盘磨机械浆在磨木过程中能量消耗大,且成浆质量较差,因此,目前生产实际中多采用预热盘磨机械浆(TMP)或化学预热盘磨机械浆

(CTMP)。预热盘磨机械浆(TMP)的生产系统一般由木片洗涤、木片预热、磨浆、成浆精磨等部分组成。其生产过程大致如下：

(1) 木片洗涤：木片经过旋风分离器分离杂质后，由输送带送入木片洗涤器。在热式搅拌器的作用下，将木片强制浸入水中洗涤，除去其中的砂石、泥土金属等杂质。洗涤时间一般 1～2 分钟，洗涤水温 30～50℃。

(2) 木片预热：木片洗涤后送入振动式木片仓，通过仓下面的变速螺旋进料器调节进入木片预热器木片量，同时挤出木片中的水分和空气，形成密封料塞。经压缩的木片进入预热器后，立即吸热膨胀。预热器内蒸汽压力一般为 147～196 千帕，温度 115～135℃，木片一般在加热器中停留 2～5 分钟。

(3) 磨浆：预热后木片经双螺旋输送机以与预热器内相同的压力喂入第一段压力盘磨中磨浆，浆料在压力下喷放至浆汽分离器。浆料经过分离蒸汽后送入第二段盘磨机常压磨浆。磨浆浓度一般 20%～25%。

(4) 成浆精磨：对经过精选、除渣和浓缩的浆料，作最后的磨解，以降低浆中纤维束的含量。

TMP 由于增加了预热处理，浆料的性能有了很大的改进，与 SGW 和 RMP 相比，保留了较多的中长纤维，碎片含量较低，强度性能有了较大改善。但是纤维较硬，松厚度较大，抄出的纸张纸面比较粗糙。TMP 的光散射系数略低于 SGW，但优于 RMP。

TMP 发展很快，已经逐步取代 RMP，其应用范围及用量日益增长，成为现代机械浆的重要浆种之一。目前主要用于新闻纸的生产，通过精磨达到合适的游离度，使纤维充分细纤维化，甚至可以采用 100% 的 TMP 生产新闻纸。由于其强度较好、松厚度高，可以更多的代替化学浆生产印刷纸、低定量涂布纸、薄页纸及纸板等。例如，可以配用 70% 的 TMP 生产低级涂布纸，降低生产成本。也可以利用其滤水性好、碎片含量少的特性制造诸如面巾纸的吸收性纸种。

八、半化学浆和化学机械浆

半化学浆和化学机械浆

高得率半化学浆和化学机械浆都是采用温和的化学处理和机械后处理的两段制浆方法而生产的。二者所不同的是在化学预处理阶段,生产化学机械浆要比生产半化学浆更温和,而在机械处理阶段,生产化学机械浆要比生产半化学浆更剧烈。根据木浆的生产实践,按化学处理的程度不同,得率在 $65\%\sim85\%$ 者,称为半化学浆;得率在 $85\%\sim90\%$ 者,称为化学机械浆。对于草类原料来说,得率比木材要低一些。由于它们的化学预处理均比生产化学浆温和得多,生产半化学浆时只除去原料中 $25\%\sim50\%$ 的木素和 $30\%\sim40\%$ 的半纤维素,而生产普通化学浆要除去原料中 $80\%\sim90\%$ 的木素与 $60\%\sim80\%$ 的半纤维素;生产化学机械浆则基本上保留了原料中的木素,只溶出抽出物和部分短链半纤维素,木浆得率可高达 90%。鉴于它们的生产特点,阔叶木最适合用来生产半化学浆和化学机械浆。因为阔叶木不仅材质密度小,而且木素含量相对比针叶木少,又几乎集中在纤维的胞间层,便于温和的化学处理和机械处理,可生产出合格的浆料。目前,国内一些厂家采用麦草原料半化学制浆和化学机械制浆生产高强瓦楞原纸和箱板纸,取得了较好的效果。

与化学浆相比,由于半化学浆和化学机械浆木素含量高,纤维较挺硬、刚直,磨浆时纤维损伤大,因此纸浆强度差。其次是纤维束较多,影响纸的外观和印刷性能。还有浆料不易漂白到高白度,易返黄。因此,不宜生产高级纸种,可用来生产新闻纸、包装纸或包装纸板,经漂白的半化学浆可用来生产中低档书写纸和杂志纸、卫生纸、涂布原纸、防油纸等。

尽管半化学浆和化学机械浆的使用受到限制,但是生产半化学浆和化学机械浆不仅能充分利用阔叶木和草类纤维原料,而且具有药品用量小、浆料得率高、生产成本低、环境污染小等优点。近几年在国内外发展较快,已成为主要制浆方式。

生产半化学浆和化学机械浆过程中的化学处理和机械处理

纤维原料进行化学处理的目的:一是在保证提高纸料得率的基础上,制造出能满足某些产品性能(包括物理强度和光学性能)的高得率纸浆。二是为了降低成本,少用或不用高价的长纤维化学浆。三是开辟原料来源,充分利用阔叶木和草类原料。四是软化纤维,为提高纸浆强度,减少碎片,改善浆料制造条件。此外,通过化学处理还可节约磨浆能耗,延长磨浆设备的齿盘或磨石的使用寿命。用于对原料进行化学处理、实现纤维软化的化学药品一般是氢氧化钠、碳酸钠、各种不同 pH 值的亚硫酸钠、碱性过氧化氢等。原料经过温和的化学处理,使纤维组织松弛,但基本上还是呈原来的木片或草片状态,要获得符合造纸要求的半化学浆和化学机械浆,尚需进行机械处理。

机械处理的作用有三:一是利用纤维原料与盘磨和纤维与纤维之间相互摩擦产生的热量来加热和软化经过化学处理的料片,进一步削弱纤维间的连接,为离解纤维创造条件。二是利用纤维与盘磨和纤维与纤维之间的相互摩擦使软化的纤维裂开或断裂,使其离解成单根纤维或纤维束。三是利用单根纤维与磨盘和单根纤维与单根纤维之间的摩擦和挤压,使单根纤维和纤维束进一步细化,以利提高纤维之间的结合力和成纸强度。实际生产中,根据成浆要求选择盘磨的段数和工艺控制条件。

半化学浆和化学机械浆的分离有可能发生在胞间层与次生壁外层之间,这与化学处理和机械处理条件有关。经过机械处理,可得到由单根纤维、细小纤维和碎片三种结构组成的浆料。

中性亚硫酸钠法半化学浆的生产

生产普通化学浆的方法均可生产半化学浆,但是中性亚硫酸钠法最适用阔叶木和草类纤维原料生产半化学浆,因为其浆料得率高,颜色浅,滤水性和强度好。生产的过程一般是将阔叶木或草类纤维原料切成合格的料片,在适当的高温下,一般为 170～190℃,用含有缓冲剂的 Na_2SO_3 蒸煮液经过一段时间的蒸煮,最后在盘磨机中进行离解而成浆料。如果生产漂白半化学浆,再经过洗涤后送漂白系统漂白即可。

中性亚硫酸钠法生产半化学浆,是经温和的化学处理,除去原料中少量木素和半纤维,使纤维组织松散,便于盘磨机离解成较多完整的长纤维组分,以利提高浆料的质量。中性亚硫酸钠法半化学浆的蒸煮液是在 Na_2SO_3 溶液中加入一定数量的缓冲剂,控制 pH 值在 7～9 之间,这样可以中和有机酸,既防止设备的腐蚀,又可避免糖类的酸性水解,提高浆料的得率和物理强度。尤其是采用 $NaHCO_3$ 作缓冲剂,不仅有较强的缓冲作用,而且浆料的颜色浅,漂剂的消耗低。

Na_2SO_3 的制备,一般是用 Na_2CO_3 溶液吸收 SO_2。制备过程中控制不同的 pH 值,可得到不同组分的药液。吸收设备可采用填料塔、喷淋塔或文丘里。药液含量一般控制在 120～200 克/升的 Na_2SO_3 和 30～50 克/升的 Na_2CO_3。蒸煮时可用废液或清水稀释到要求浓度。

其蒸煮机理与亚硫酸盐化学浆蒸煮机理相同。蒸煮过程中的主要影响因素有原料性质、药液用量、药液浓度、蒸煮温度、蒸煮时间。

蒸煮时工艺条件:

纸浆得率:纸板用浆 70%～80%,漂白用浆 65%～72%。

药品用量:纸板用浆 Na_2SO_3 为 8%～14%、$NaHCO_3$ 为 4%～5%,漂白用浆 Na_2SO_3 为 15%～20%、$NaHCO_3$ 为 3%～4%。

蒸煮温度:纸板用浆 150～185℃,漂白用浆 160～175℃。

保温时间:纸板用浆 0.3～4 小时,漂白用浆 3～8 小时。

磨碎动力消耗:纸板用浆 220～320 千瓦·小时/吨风干浆,漂白用浆 180～270 千瓦·小时/吨风干浆。

中性亚硫酸盐半化学浆的蒸煮器可以采用蒸球、立式蒸煮锅间歇蒸煮,更适合用连续蒸煮器连续蒸煮。常用的连续蒸煮器有 M－D 型斜管式连续蒸煮器(图 8-1)和汤佩拉－BC 连续蒸煮器(图 8-2)。

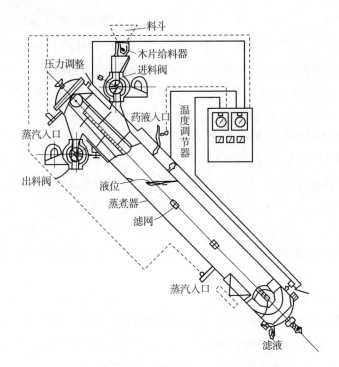

图 8-1 M—D型斜管式连续蒸煮器示意图

经过温和蒸煮的纤维原料只是除去了部分木素和半纤维素,纤维组织变得较为疏松,基本上保持原来的形态,要获得符合造纸要求的半化学浆和化学机械浆,尚需进行机械处理。

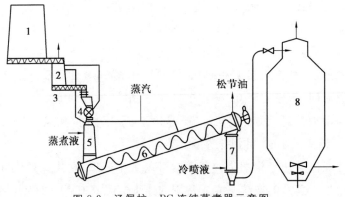

图 8-2 汤佩拉—BC连续蒸煮器示意图

半化学浆的机械处理常采用双盘磨。影响双盘磨工作的因素有磨盘齿纹、磨盘转速、磨浆浓度、磨盘间距、磨盘负荷等。

中性亚硫酸铵法半化学浆的生产

中性亚硫酸铵法半化学浆简称亚铵法半化浆,国外主要是利用阔叶木,并且充分利用板皮、枝丫材及锯末等废材做原料,生产瓦楞纸或箱板纸。国内主要是利用麦草、荻苇、蔗渣、棉秆等原料,生产包装纸、瓦楞纸和箱板纸等。也有少量用于低档文化纸的。亚铵法半化浆蒸煮的条件比较缓和,若在比较强烈的条件下,也可生产漂白浆,用于生产有光纸、书写纸、打字纸、凸版纸及单面胶版纸等,但质量较差。亚铵法制浆得率高,但浆的颜色深,难漂白,漂白用氯量高,其成纸特点是裂断长、挺硬度和透明度高。亚铵法半化浆与亚钠法半化浆一样,需经盘磨处理后,方能用于抄纸。其原理、处理方法与亚钠法基本类似。

应该特别注意的是:亚铵药液与亚钠药液不同,亚铵药液受热后易挥发,给生产带来很大的麻烦。固体亚铵为无色针状晶体,其分子式为 $(NH_4)_2SO_3 \cdot H_2O$,分子量为 134.16。25℃ 时的相对密度为 1.41,易潮解。在水中的溶解度随温度的升高而增加。亚铵的化学性质比较活泼,易发生高温分解、氧化反应,遇强酸、强碱时,分别放出 SO_2 和 NH_3 气;与硫酸氢铵混合时会慢慢自动分解。制备药液时可用氨水吸收 SO_2 来制取。SO_2 可以是化工厂的尾气,也可燃烧硫磺制得。

亚铵法蒸煮原理与亚硫酸盐法蒸煮机理相同,在生产中一般加入缓冲剂,常用氨水、尿素、碳酸氢铵等。蒸煮终点 pH 值应控制在 7 左右。亚铵法蒸煮过程中的影响因素主要有:原料品种和质量、原料规格、亚铵用量、缓冲剂用量、液比、蒸煮的压力和温度、蒸煮的时间等。亚铵法制浆存在最大的问题是设备腐蚀问题,因此设备要求防腐处理,操作应严格控制 pH 值。

中性亚硫酸盐半化学浆的特点

中性亚硫酸盐半化学浆(NSSC)制浆,最适于使用阔叶木材生产半化学浆,在相同利率情况下,它比针叶木材药品消耗量小,磨浆能耗低。一般说来,低密度、低木素含量的山杨和高密度、中等木素含量的桦木,能制出高强度的 NSSC 浆。这种浆的特点是:

(1) 木素保留量高,成纸耐折度低、挺度大:化学木浆的木素含量一般在

3％～7％,而半化学浆木素含量在 10％～20％,适于漂白的半化学浆木素含量在 8％～12％,由于木素含量多,故成纸耐用折度低,挺度大。

(2)半纤维素含量多,容易打浆:由于化学处理比较温和,半纤维素溶出少,浆中聚戊糖含量可达 20％～25％,故容易打浆,有利于得率和强度的提高,磨浆时达到最大强度值的能耗消耗比硫酸盐半化学浆少。

中性亚硫酸盐半化学浆得率在 80％以下时,纸浆的物理强度随着得率的下降而稳定地提高;得率在 70％～80％范围内,中性亚硫酸盐半化学浆可以满足生产瓦楞原纸、低级包装纸、挂面纸板的底浆等要求;得率在 65％～80％时的耐破度和耐折度比硫酸盐半化学浆还要大些,撕裂因子相近。

半化学法制浆的改进

半化学法制浆近几年发展较快,对节省原料资源和减轻环境污染大有益处。除中性亚硫酸盐半化学浆外,酸性亚硫酸盐和亚硫酸氢盐法半化浆、碱法半化浆、绿液法半化浆、无硫半化浆等也得到较快发展。

(1)酸性亚硫酸盐和亚硫酸氢盐法半化浆:利用酸性亚硫酸盐蒸煮木材,采用间歇蒸煮,总酸 4％～6％,化合酸 1％～3％,蒸煮时间 3 小时左右,蒸煮最高温度 140℃,粗浆得率 65％～70％。当得率超过 60％时,纸浆的强度和白度均差。蒸煮后纤维离解和细纤化用双盘磨两段完成制浆。

亚硫酸氢盐法适合连续蒸煮。国外生产桦木半化浆时,木片先预热后,在浸渍管内用 pH 值 5.0～5.5 的亚硫酸氢钠在 130～145℃下浸渍 5～10 分钟,然后在 160～170℃下连续蒸煮 40～60 分钟,并在高温高压下热磨成浆料,得率为 65％～73％,本色浆白度可达 60％。这种浆与中性亚硫酸盐法相比,蒸煮温度较低,蒸煮时间较短,可节省 40％的蒸煮药品。

这两种半化学浆,主要用来替代本色针叶木亚硫酸盐法化学浆,与磨木浆配抄新闻纸。由于亚硫酸氢盐半化学浆白度较高,强度较大,已逐步代替酸性亚硫酸盐法半化学浆。

(2)碱法半化学浆:碱法半化学浆包括硫酸盐法、烧碱法和碱性亚硫酸钠法三种半化学浆。

阔叶木生产硫酸盐半化浆,蒸煮总碱为 4％～7％(Na_2O 计),蒸煮温度 160～185℃,保温时间为 0.3～2 小时,得率可达 70％～75％,但得率保持在

65％以下时,浆料的强度可与中性亚硫酸钠半化浆相同。硫酸盐生产草类半化学浆可大大减少耗碱量,成浆可生产一般文化用纸。

蔗渣烧碱法半化浆的生产国内积累了丰富的经验。除髓条件是:用黑液含残碱为 1.68～3.68 克/升,预煮 40～50 分钟,液比(蔗渣对黑液)为 1∶8～1∶12。蒸煮条件为:用碱量(NaOH)为 9％,蒸煮液比为 1∶5,蒸煮压力为 0.4 兆帕,蒸煮时间为 100 分钟左右,粗浆硬度(卡伯值)为 24～32,粗浆得率大于 65％(对湿法除髓后绝干)。蔗渣半化浆可生产新闻纸和印刷纸等品种。

碱性亚硫酸钠法是在高 pH 值(9～11)的亚硫酸钠溶液中,在蒸煮压力和其他条件与硫酸盐法相似的情况下而制浆的。我国一些中小纸厂采用这种方法生产高粱秆、稻草、麦草等草类半化浆,生产凸版纸、书写纸、有光纸等文化用纸,创造了原料撕碎、热水预浸、低碱、大液比和高温蒸煮的经验,也收到了吨浆耗碱降低 30％～40％,缩短蒸煮时间 30％～60％,得率提高 5％～10％和提高浆料质量的效果。

(3)绿液法半化学浆:这种方法可以利用硫酸盐法浆厂碱回收硫化度为 25％的绿液或移走部分 Na_2CO_3 后得到高硫化度为 50％的绿液作蒸煮剂,适合连续蒸煮,药品消耗仅 7.9％(Na_2O 计,对木材)。阔叶木木片先在 70～80℃,在压力下用绿液进行浸渍,后在 150～160℃的气相中蒸煮 15～20 分钟,得率为 80％～82％,经盘磨机离解成浆料。这种方法与中性亚硫酸盐法半化学浆相比,药品消耗低,浆料性质很相似,但颜色深,白度低,只能用来生产包装纸板和挂面纸板底层等纸种。这种方法可与硫酸盐浆厂联合生产,较为经济。

(4)无硫半化学浆:这种方法是为减少挥发性硫化合物污染空气而新出现的一种方法。利用阔叶木,蒸煮的最好条件是:碳酸钠用量为木材质量的 6％,加热时间性为 2.5 小时,在 170℃下蒸煮 30 分钟,可制成得率为 85％的桦木半化学浆和 88％的山毛榉半化学浆;也可用 3％的 Na_2CO_3、1.35％的 NaOH 和 0.45％的 Na_2SO_3 的混合蒸煮液制成得率为 75％～80％的半化学浆。与中性亚硫酸盐半化学浆相似,可用来生产瓦楞原纸。

生产化学机械浆

化学机械浆是利用阔叶木替代针叶木磨木浆的一种制浆方法。这种方法所得到的浆料比普通机械浆得率高,性能好,因而被广泛采用。化学机械浆的生产方法可以采用原木,也可以采用木片。目前,实际生产中多采用木片制浆。其制浆方法大体上可分为:冷碱法化学机械浆、硫化化学机械浆和化学热磨机械浆等。

(1)冷碱法化学机械浆:冷碱法化学机械浆是用稀冷氢氧化钠溶液在室温下对木片进行常压或加压浸渍,进而进行机械处理离解而制得浆料。浸渍时纤维的次生壁很快润胀,而木素集中的胞间层则略有增大。同时,胞间层木素部分溶解,并且碱液进一步扩散到纤维的次生壁,当纤维受到机械作用主要在次生壁外层裂开而易于得到较多的长纤维浆料。

生产中根据木片的相对密度和水分调节液比碱液,含 NaOH 为 $20\sim40$ 克/升,用碱量为木材的 $2\%\sim10\%$,浸渍温度为 $15\sim35℃$,处理时间为 $20\sim150$ 分钟,后经盘磨二段或三段离解成浆料。得率可高达 $85\%\sim94\%$。这种浆料可用来生产新闻纸、印刷纸、卫生纸和各种纸板。

生产冷碱法化学机械浆的浸渍设备主要有保尔快速蒸煮锅和连续浸渍器两类。连续浸渍器又分为常压浸渍和加压浸渍两类。

(2)磺化化学机械浆:为了取代低得率化学浆和得率在 $50\%\sim75\%$ 的亚硫酸盐高得率化学浆以减轻污染、节约能耗和合理利用木材资源,发展了磺化化学机械浆。这种方法是在磨木之前,原木先经亚硫酸钠溶液浸渍,或在磨木时,由喷水管加入浓度较高的亚硫酸钠溶液($18\%Na_2SO_3$),以收到降低动力消耗、减少纤维损伤、改善浆料质量的效果。但在生产实际中是把含水量大于 30% 的木段送入蒸煮罐,经约 30 分钟的真空处理,然后在保持真空的条件下,注入药液,更有利于药液在原料中的渗透。蒸煮液中 Na_2SO_3 和 Na_2CO_3 的比例为 $6:1\sim3:1$,其适宜浓度为 $160\sim180$ 克/吨,蒸煮温度为 $130\sim150℃$,保温时间为 $0.5\sim6$ 小时不等,蒸煮结束后,降压排出蒸煮液。排出的药液补充新药液后,供下次蒸煮用。其药品消耗量为绝干木材的 $10\%\sim12\%$。

经化学处理的原木,再经磨木机磨木,其方法与磨木浆相同,这样经化学处理的原木比未处理的磨木能耗可节省 50% 左右,而产量为普通磨木浆的 2 倍。根据其材种不同,得率一般为 $85\%\sim90\%$。经预处理后,浆的质量大大改善,其浆类似化学浆,比普通磨木浆脱水快,但又不完全像化学浆那样显示出一定程度的细纤维化。这种浆可以用来生产新闻纸、书写纸、薄页纸及餐巾纸、卫生纸等。

（3）化学热磨机械法制浆：化学热磨机械法制浆又称CTMP法制浆，即在预热木片磨木浆的基础上，加入某些化学药品，对预热木片进行化学预处理，化学处理药剂为 NaOH 或 Na_2SO_3 等，也可以混合使用。若单独用 NaOH，浆的硬度大而不均匀，使用混合溶液处理，成浆裂断长增加，散光系数降低，撕裂度也增加，而碱耗降低，使成浆性能得到改善，化学预处理的料片再同样经盘磨机碎解而制得浆料。

化学热磨机械浆(CTMP)的生产过程和性质

化学热磨机械浆是在预热机械浆(TMP)的基础上发展起来的。它的生产过程简单，生产费用低，污染负荷比化学浆少，生产出来的纸浆性能优良，得率高，可以代替部分化学浆使用。

CTMP 与 TMP 的生产过程，都是采用盘磨机进行磨浆，它们的主要区别在于 CTMP 在磨浆前对木片进行了化学处理。一般针叶材使用亚硫酸钠溶液；阔叶材使用氢氧化钠和亚硫酸溶液浸渍。CTMP 的生产流程如下：

$$\begin{array}{cc} \text{蒸汽} & \text{化学药品} \\ \downarrow & \downarrow \end{array}$$

木片 ⟶ 汽蒸 ⟶ 浸渍 ⟶ 预热 ⟶ 磨浆

在一些生产规模不大的中、小型纸厂，是把木片装入蒸球，加入热碱液通蒸汽，进行浸渍处理，倒料后再送往磨浆机在常压下磨浆。如国内某厂用14 立方米蒸球，装绝干阔叶木片 2 800 千克，NaOH 用量 7％，液比 1：39，碱液加入球内温度 85～90℃，空转 20 分钟，加热到 100 千帕，10 分钟，保温 50 分钟，小放汽，倒料 20 分钟，浸渍总时间 100 分钟。然后通过三段磨浆，抄造瓦楞原纸，磨浆后得率在 85％以上。

CTMP 浆的物理强度高于 TMP 浆，见表 8-1。如果处理得好，它的强度可接近硫酸盐浆(KP)，见表 8-2。

表 8-1　　　　　　　CTMP 浆与化学浆的比较

木材种类	山　杨		云　杉	
浆　　种	CTMP	KP	CTMP	KP
游离度（毫升）	350	400	350	400
裂断长（米）	5 000	5 300	6 000	10 500
耐破指数（千帕·平方米/克）	2.7	2.8	3.7	6.9
撕裂指数（毫牛·平方米/克）	6.5	7.8	9.5	10.7
不透明度（%）	84	74	90	64
得率（%）	88～91	45～50	90～95	40～50
白度（%）	70～82	90	70～80	90

注：KP—硫酸盐法浆。

CTMP 浆的纤维比较柔软，它兼有化学浆和机械浆的优点。长纤维含量比 TMP 浆多，碎片少，结合性能好，改善了湿纸页的成形，纸的白度较高。它与漂白硫酸盐化学浆等相比，它能在高的松厚度下达到一定的强度，有利于改善产品的某些性能，如纸板的松厚度、卫生纸的吸水性、印刷纸的挺度等。针叶材的 CTMP 浆，除在新闻纸中代替部分漂白硫酸盐浆外，还可掺用于生产高级印刷纸、书写纸、卫生纸、液体包装纸板等。特别是不适宜生产 TMP 的阔叶材，经过碱性 Na_2SO_3 浸渍，耐破强度、裂断长等达到了针叶材的水平，撕裂因子也明显增大，扩大了新闻纸的原料资源。

表 8-2　　　　　　　CTMP 与 TMP 浆的比较

木材种类	杨　木		云　杉		
游离度（毫升）			100	100	100
Na_2SO_3 用量（%）	0	3	0	1.7	4.6
NaOH 用量（%）	0	3			
电耗（千瓦时/吨）	2 280	1 750	1 620	1 742	1 865
密度（千克/立方米）			405	438	445
耐破因子	12	23	24	25.8	29.6
裂断长（米）	2 500	4 400	4 200	5 200	5 350
撕裂因子	37	57	88	86	84
光散射系数（平方米/千克）			43.5	40.0	38.0
不透明度（%）	98	97			
白度（%）	53	47	53	56.5	57

九、废纸制浆

进行废纸回收和废纸制浆的意义

由于当今世界环境日趋恶化,人们的环保意识也日益增强,为了节省能源,减少污染负荷,减少森林砍伐,养息森林,废纸的回收利用已引起广泛的重视,特别是废纸利用后带来的节省投资、降低成本等方面的好处更给废纸的回收利用带来了巨大的推动力。据统计,每吨磨木浆约需用 2 立方米的木材和 1 300 度电,每吨漂白化学木浆约需耗用 5 立方米的木材和大量的蒸汽、电和化学药品。另外,用废纸浆造纸可比用原生浆造纸减少 70% 以上的空气污染,减少 30% 以上的水污染,减少 50% 以上的用水量以及减少 60% 以上的电耗。

我国属于森林严重缺乏的国家,但纸和纸板的产量很大。现在,不论是废纸的回收量还是废纸耗用量逐年均有跳跃式的增长,废纸进口量也有大幅度的增加,这主要是我国新建的一批用废纸为原料的工厂以及一些工厂造纸原料结构从草、林转向大量掺用或全部采用废纸的结果。我国使用废纸为原料的纸厂大致可分为如下几种类型:一种是由于化学草浆、木浆污染严重而被政府环保部门强制关停制浆生产线的,企业为了生存而改用污染程度较轻的废纸的;另一种是企业利用废纸作为廉价的造纸原料,掺用于新闻纸、纸袋纸等纸张中以降低生产成本的;再一种则是一些较大型的新建企业或集团利用废纸来生产白纸板、挂面纸板、瓦楞芯纸等,其规模有达几十万吨的。

尽管我国已非常重视废纸的回收和利用,但废纸的回收率还远远落后于日本、意大利、法国、德国、美国、加拿大等国家。废纸的回收利用在我国是大有发展前途的,对废纸的处理技术值得下大气力研究。

我国废纸的分类

目前,我国对废纸的分类尚无统一标准,这给废纸的收集带来一定困难,不利于提高废纸回收利用的质量。根据我国废纸的来源和特点,可分为以下六类:白色废纸,瓦楞废纸与纸板废纸,书本、杂志废纸,旧新闻纸,纸袋纸废纸与牛皮纸废纸,混合废纸。

(1)白色废纸:这类废纸大部分为印刷厂和纸类制品厂切下的白纸边,白度和洁净度高,疏解后即可用来生产一般书写、印刷纸,也常用于生产1号、2号卫生纸。

禁止物　　　　　　　不许有

废弃物不超过　　　　0.5％

(2)瓦楞废纸与纸板废纸:此类废纸包括双层牛皮纸板,瓦楞芯层、双面层瓦楞纸板,牛皮瓦楞纸板切边,旧瓦楞纸箱,各色废纸盒、纸箱,黄、白、灰色纸板等。此类废纸可用于抄草纸板、茶纸板、箱纸板、瓦楞原纸等。

禁止物不超过　　　　1％

废弃物不超过　　　　5％

(3)书本、杂志废纸:这类废纸主要包括印刷厂或书店未发行的和发行后回收的已经印刷的废刊物、书籍等。这类废纸经疏解、脱墨、漂白后,可用来生产有光纸、书写纸、凸版纸、卫生纸等,也可用来生产高级箱板纸,或在新闻纸中掺用。

禁止物　　　　　　　不许有

废弃物不超过　　　　0.25％

(4)旧新闻纸:此类废纸由成捆的、选择过的、新的、干的(但不是晒得褪色的)报纸组成,必须不含焦油、禁止物,废弃物不超过0.25％。此类废纸主要用作再抄新闻纸用,或经脱墨后用于抄造普通生活用纸和一般印刷用纸。

(5)纸袋纸废纸与牛皮纸废纸:这类废纸是指包装水泥后回收的破碎水泥袋纸、废牛皮纸、建材部门包装白灰用的白灰袋等。这些类废纸经拆线挑选,不含杂物,可回抄代用纸袋纸(即仿纸袋纸)、再生条纹包装纸,也可掺入木浆作箱纸板挂面。

（6）混合废纸：这类废纸是一种低级的废纸，包括生活及工业中的各种混杂废纸，还包括部分"垃圾废纸"（从垃圾堆拣来的废纸），一般污染程度较大，品种较杂，可用来生产普通的低级纸板芯层、低级包装纸、沥青纸等。

禁止物不超过　　　　2％

废弃物不超过　　　　1％

废纸制浆的生产过程

除印刷厂的白纸边外，各类废纸中都可能夹杂有书钉、回形针、金属薄片、铁丝、砂石等，此外，尚含有塑料、金属薄膜的复合层、表面涂布的树脂、热熔胶、各种油墨、湿强剂、沥青、蜡等。这些杂质，要求采用不同的方法尽可能除掉。现在对性质复杂的废纸，各国都进行了大量的研究，但归结起来，废纸制浆的生产过程可以分成废纸的拣选、碎解、去杂质、去热熔物、脱墨、漂白等几个部分，也可以根据废纸品种和生产纸种的不同，选择不脱墨和不漂白，直接用来抄制纸和纸板。

在选择废纸的加工方法、设备和生产流程时，应注意以下几点：

（1）制浆过程力求简化，以降低水、电、汽和化学药品的消耗，提高成浆得率。尽量扩大废纸浆掺用的配比和生产的纸种，从而节省能源。

（2）提高碎解设备的效率，尽可能保持废纸中原有纤维的长度和打浆度，保证成纸物理性能。碎解设备应尽可能分离出纤维而减轻对杂物的碎裂。

（3）提高筛选设备的效率，尽可能除去废纸中的各类轻重杂物。废纸中的轻、重杂物应尽量在打碎前多除去一些。

（4）选用高效率的脱墨剂，并采用高效率的混合设备、反应设备、浮选和洗涤设备，使废纸尽量恢复纤维的本色。

（5）设备要投资省，操作维修方便。

碎解废纸的主要设备种类

碎解废纸的设备，按其对废纸纤维分散程度的不同，可分为碎解和疏解两大类。

（1）碎解设备：

① 水力碎浆机：水力碎浆机是目前国内外常用的废纸碎解设备，从结构形式上可分为立式和卧式，从操作方法上可分为连续式和间歇式，从碎浆浓度上可分为低浓、中浓和高浓。

② 圆筒式碎浆机：圆筒式连续碎浆机是近年来出现的高浓连续碎浆设备，目前有两种类型：一种是类似滚筒式连续剥皮机结构的圆筒式碎浆机，可以在15％～20％浓度下连续碎解废纸；另一种，圆筒碎浆机是倾斜安装的（见图9-1），倾斜角为15°，它包括一个旋转圆筒罐壳及一个反向旋转的锥形破碎转子，转子的旋转速度比圆筒罐快些。它可以在30％的浓度下碎解废纸。

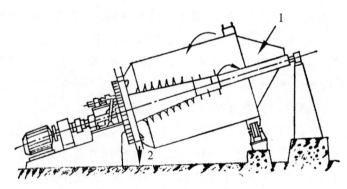

图 9-1　高浓水力碎浆机

1—投料　2—疏解的浆料

两个破碎区，装在转子上的齿，形状及大小均不相同，以保证对投入的废纸进行撕裂、剥离及破碎，分类盘也装有破碎齿，并与转子底部合成一体，纸料汇于圆筒与带齿的转子之间被连续破碎。

根据不同要求，可以在运转中变更分配盘与圆筒底部间隙来调节纸料的碎解程度。

（2）疏解设备：

① 纤维分离机：它是近年来国内发展较快的一种水力碎解设备。它一般安装在水力碎浆机后，实现废纸的"二级碎解"。其工作原理是：利用废纸浆和杂质之间的相对密度差异，去除浆料中的轻、重杂质；同时，利用设备中筛缝的大小和水力作用使纤维疏解。

纤维分离机的结构如图 9-2 所示。

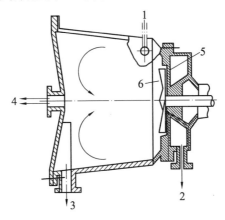

图 9-2 疏解分离机结构示意图
1—浆料进口　2—良浆出口　3—重杂质排出口
4—轻杂质排出口(混有浆料)　5—筛板　6—转子

纤维分离机主要由机壳、进出浆管、筛板、旋转叶片和疏解刀组成。

纤维分离机壳一般由钢板卷焊成圆锥形,进浆口设在其上部的切线方向,其底部设有重杂质出口。在机壳前面有一圆锥形前盖,由铰链与机壳相连,便于在检修时开启。前盖中央设有轻杂质出口。机壳内后部设有筛板,浆料通过筛板上的小筛孔后,由良浆出口输出。旋转叶片紧靠筛板,叶片周围有固定疏解刀。叶片的外径与疏解刀之间保持一较小的(1~3 毫米)间隙,叶片固定在转轴上,转轴由滚动轴承支承,经皮带轮传动再由电动机托动。

浆料从切线入口进入圆锥形的机壳后,由于叶片旋转作用,使浆料在机壳内做旋转运动,同时,又由于叶片旋转的泵送原理,浆料可沿轴向作循环运动。重杂质在离心力的作用下,因其密度较大而逐渐趋向圆周,又由于机壳呈圆锥形,所以,重杂质在运动中可自动向锥形大端集中,最后甩入重杂质出口而分离出去。而相对密度较轻的杂质,则在离心力作用下,逐渐趋向于机壳中心,沿轴向分离出去。轻杂质最好采用连续排渣,但也可采取间歇排渣方式,每隔 10~40 秒开放 2~5 秒。良浆在纤维分离机内,在旋转叶片的强烈冲击下,或在叶片与疏解刀的撕碎、碎解作用下,可进一步提高碎解效果,补充在水力碎解机中碎解的不足,使疏解度达到 90% 以上,经过筛孔筛选后,从良浆出口排出。

纤维分离机的特点是:具有对浆料第二次碎解、轻杂质的分离、重杂质的清除等三种基本功能;可节省设备投资费用,纤维分离机生产效率高,安装在水力碎浆机后,起"二级碎浆"的作用,因此,可以把水力碎浆机的筛孔眼放大到直径 12～24 毫米,提高水力碎浆机生产能力,可降低碎解能耗 10%～20%;减少了塑料薄片等杂物堵塞水力碎浆机筛孔的故障和轻、重杂物碎解的程度,提高了纸浆质量;具有自动清扫筛孔的作用,由于筛板与叶片靠得较近,加上高速旋转的叶片与固定疏解刀间形成的液体运动,在筛板附近产生强烈的浆流,起到自动清扫筛孔的作用,使良浆质量得到保证,经纤维分离机筛选后,可除去 90% 以上的杂质。

② 高频疏解机:高频疏解机又可分为齿盘式、阶梯式、锥形和孔板式等几种类型。这类设备均安装在纤维分离机或筛浆机后面,要求废纸浆经过净化,除去粗大的重杂质后才进行"碎浆",否则,齿盘容易损坏。

③ 圆盘磨浆机:它同样可以作为水力碎浆机的"二级碎浆"设备,且适用性较强,能耗和投资较省,一般安装在水力碎浆机后面,有浆泵和疏解双重作用,适合小型纸厂使用,国内目前常采用的设备有 Φ330 和 Φ370 两种单盘磨浆机(或称单盘疏解机)。

废纸碎解后的除渣、筛选设备

废纸经水力碎浆机碎解,疏解机分散纤维之后,在废纸浆内含较多的杂质,其中有小而重的杂质,如砂粒、玻璃屑、铁屑、钢针等;还有粗大而轻的杂质,如木片、塑料膜片、树脂、橡胶块、纤维束等。去除这些杂物的过程称之为净化。净化过程包括除渣、筛选两个工序,分别由除渣器、筛浆机完成。

(1)除渣器:除渣是利用浆中杂质与纸浆相对密度不同的原理将废纸浆中的砂粒、金属、泡沫、塑料、树脂、石蜡等轻重杂质除去。净化纸浆的除渣器在结构上与净化其他纸浆所用的除渣器无多大区别,常用的除渣器有:

① 高浓除渣器:一般可处理浓度为 3%～6% 的浆料,主要用于除去相对密度较大的杂质,如石块、金属物等,以保证疏解机和筛选设备正常运行,避免意外损坏和过度磨损。

② 低浓除渣器:如 606 除渣器等,除渣的浆料浓度为 0.5%～0.8%,主

要除去浆料中相对密度较大的细小杂质,如砂粒、铁屑等,也可以除去草节、谷壳、纤维束等。

③ 轻质逆向除渣器:主要用于除去比纤维轻的杂质,如聚乙烯碎片、蜡、油脂等。

(2)筛浆机:国内筛除废纸浆中杂质的设备主要采用振框式平筛、旋翼筛和 CX 筛。

① 振框式平筛:用于筛除粗大的杂质,如浆渣、塑料及较大的砂、石、金属物等。为了防止筛渣带走纤维,在筛渣出口处装有喷水管。一般进口浆料浓度在 1%～1.5%,出口浆料浓度为 0.8%左右,筛孔直径大小在 3～5 毫米之间,振次为 1 440 次/分。缝形筛缝宽度在 0.5～1.0 毫米之间;振次为 720 次/分,振幅 10～12 毫米,生产能力 12～15 吨/天。振框式平筛多用于粗浆筛选和尾渣筛选。

② 旋翼筛:这是国内常用的一种筛选设备。筛板有圆孔和长缝形两种,圆孔型筛鼓的孔径为 1.6～2.8 毫米,筛选文化用纸和白纸板面浆可选用较小孔径,而筛选长纤维浆或纸板底浆应选用较大筛孔。圆孔型筛鼓的单位面积生产能力大,适用于 2%的浆料浓度,可筛除各种长条形、扁薄型大面积杂质,而对于小方块状杂质却不能除去;对于长缝形筛鼓,虽然生产能力较低,动力消耗较高,比圆孔筛容易堵塞,但能除去圆孔筛不能除去的小方块杂质,而且也能除去长条形、大面积扁薄形杂质。长缝型筛缝宽 0.25～0.56 毫米,筛浆浓度为 1%～3%。

③ CX 筛:它是国内使用较多的一种粗浆筛选设备。它装在纤维分离机之后,筛孔有圆形和缝形两种。圆孔直径为 1.2～3.4 毫米,缝形宽度为 0.5～1.0 毫米。进浆浓度为 0.8%～3.0%,出浆浓度在 0.6%～1.5%之间。国产 ZSL 系列离心筛的生产能力有 10～15 吨/天、20～30 吨/天、40～60 吨/天、100～150 吨/天等四种。

废纸中的热熔物的危害及处理

由于回收废纸大多是使用过的加工纸和纸制品,这些纸制品的表面有的涂有沥青、石蜡等不溶于水的物质;有些加工纸还使用了热熔性胶黏剂,如热熔性涂布纸、热敏性涂布纸、胶乳黏胶涂布纸等;另外,废瓦楞纸箱中也常常含有大量的热熔胶(用作胶黏剂)。这些物质留在纸浆中,就会粘到铜网、毛毯、造纸烘缸、压光机辊筒等部件上,造成断纸,使生产不正常;并在纸面造成许多斑点,影响外观质量。因此,在废纸制浆中必须除去这些杂质。

除去沥青、石蜡及热熔胶类等杂质的方法可分为两大类。

(1)冷法处理:也就是用筛选、净化的方法处理。把经过碎解的浆料,通过孔形筛和缝形筛多次筛选,除去比纤维尺寸大的热熔胶颗粒;然后再通过逆向除渣器,除去比纤维轻的热熔细颗粒和轻杂质。

由于该法不加热,可以避免由于加热使热熔胶熔化分散于浆中而不易除去的缺点。这种方法比较适合我国规模较小的中、小型企业。

(2)热法处理:经过初步净化的废纸浆,送入夹网浓缩机(或斜螺旋浓缩机和螺旋压榨机组合)浓缩至 25%～35% 的浆料干度。借螺旋输送机将浆料送入加热螺旋,用饱和蒸汽加热到 90℃(低温)或者 110～120℃(高温)的温度,使浆料中挥发性物质被蒸发,借喂料螺旋将浆料送入热疏解机,利用高浓度纤维之间的强烈摩擦作用,使粘在废纸上的热熔物在机械作用下与纤维分开,并分散成微小颗粒,均匀地分散在纤维中间,不对造纸生产造成危害。

国内也有的工厂,为了解决进口废纸中热熔胶等杂质带来的危害,利用现有蒸球设备,将废纸装入球内,加水(或加少量碱)蒸煮,在 0.4～0.6 兆帕压力下喷放,把沥青、热熔胶等喷散成细小颗粒,在生产上取得了良好的效果。这种处理方法很适合国内现有中、小型纸厂。

在废纸制浆中,究竟采用哪种处理方法除去热熔胶之类的杂质,应根据原料种类、纸种质量要求和生产规模而定。

废纸脱墨过程

印刷油墨均由干性油、动物胶或树脂与分散在其中的炭黑或其他颜料粒子所组成。在印刷过程中,印刷油墨黏附在纤维的表面,有些高质量的油墨还在纤维表面形成一层清漆膜。脱墨作用和印刷作用恰恰相反,就是根据油墨的特性,采用合理的方法来破坏这些油墨粒子对纤维的黏附力。所以说,脱墨就是通过化学药品、机械外力和加热等作用,将印刷油墨粒子与纤维分离,并从浆料中分离出去的一项工艺过程。它包括:

（1）疏解分离纤维。这个过程主要是使废纸在机械作用和适当温度的情况下,疏解成纤维,使成片油墨粒子分散开来,为保证均匀脱墨创造条件。一般分离纤维可在水力碎浆机中进行,主要为间歇式高浓水力碎浆机,碎浆浓度 12％～15％,碎浆时间为 20～30 分钟,碎浆温度为 55～70℃,pH 值为9～11。

（2）油墨从纤维上脱离。

（3）油墨粒子从浆料中除去。除去从纤维上分离出来的油墨粒子,有洗涤和浮选两种方法。洗涤法一般将油墨粒子预先在碎浆机中进行疏解,然后再送到专门的除渣、筛选、洗涤设备中进一步除去。为使颜料粒子润湿和油脂乳化,在洗涤前还应加入清净剂,从而获得质量较高的浆料。浮选法一般在浮选机内进行,并辅之以洗涤、筛选设备等。

由此可见,脱墨过程包括化学的、机械的或物理的方法。单纯的机械法或化学方法是不可能达到良好脱墨效果的。

废纸脱墨剂配方应具备的性能

脱墨剂一般均由多种化学品组成。在脱墨过程中所起化学和物理作用各不相同,有些药剂也同时起着几种作用。因而,整个脱墨过程实际上是在多种脱墨组分的作用下,互相补充、互相完善下进行的。如皂化油墨粒子需要皂化剂;而分散剂的作用是分散和游离粒子;为了不使油墨重新聚集并覆盖在纤维表面,就要加入吸附剂吸附油墨粒子;还有使废纸脱色的漂白剂;为润湿颜料粒子,使之乳化便于分离溶出,还应有清净剂等。因此,脱墨剂的配方应是使废纸上的油墨产生皂化、润湿、渗透、乳化、分散等多种作用的综合体。

作用于废纸的脱墨剂,应满足以下要求:

（1）有助于废纸的疏解和脱墨,不产生脱墨后的再吸附现象,使被分离的墨粒容易除去。

（2）降低纸料中含碳量,提高白度,浮选法去污时,碳粒能顺利地随气泡排走。

（3）不影响制成纸浆的得率和纸机生产。

（4）废水易于治理。

常用脱墨剂的组成及作用

脱墨剂的种类很多，但作用不同。常用的脱墨剂有 $NaOH$、Na_2CO_3、Na_2SiO_3、Na_2O_2 或 H_2O_2 等。近年来，不断出现的新的脱墨剂多属脂肪酸盐，其中广泛使用的有表面活性物质，如脂肪酸及其缩合物、合成石蜡中的磺化酸、石油磺酸、烷基磺酸钠、磺化脂肪乙醇等。如按它们的作用，可分为以下几类：

（1）皂化剂：皂化剂有 $NaOH$、Na_2CO_3、Na_2SiO_3 等，它们的作用是使油墨中的油脂皂化，通过皂化使油墨中的颜料粒子游离出来。同时，它可以使纸张中的松香皂化，便于纤维分散。Na_2CO_3 由于碱性较弱，对纤维的破坏作用较小，即脱墨后的纸浆得率高于 $NaOH$，故使用比较普遍。由于碱性不同，$NaOH$ 的用量，一般在 $1\%\sim4\%$（对绝干浆），Na_2CO_3 的用量则在 $3\%\sim8\%$。

硅酸钠（水玻璃）也是一种皂化剂，它主要用于含机械浆的废纸脱墨，因机械浆含有大量木素，用 $NaOH$ 或 Na_2CO_3 进行皂化处理，常使纤维变黄。而硅酸钠又是具有较高表面活性的物质，它具有润湿和分散作用，既皂化油类物质，又可以分散颜料，保护纸浆不再吸附油墨污点。它可以在较低 pH 值下进行脱墨，用于处理机械木浆含量多的废纸，可以有效地防止浆料返黄。硅酸钠与过氧化物（如 H_2O_2）同时使用，脱墨效果更好，它有助于 H_2O_2 的稳定，使 H_2O_2 的效能充分发挥。

（2）湿润剂：湿润剂有肥皂、油酸钠皂、萘皂、脂肪酸及其缩合物、磺化酸、石油磺酸、烷基磺酸钠、磺化脂肪乙醇、吐温等，这些润湿剂与 Na_2CO_3、Na_2SiO_3 等配合使用，能润湿颜料粒子，使油脂乳化并溶出，同时能深深浸透到纤维内部，而无破坏纤维的作用，白度也能有所提高。其中常用的肥皂价格便宜，效果较好。但如果纸中含有松香，与碱作用生成松香酸皂，则可不必另加入肥皂。硅酸钠也具有润湿剂的作用。

（3）分散剂：分散剂一般有硅酸钠、油酸钠、动物胶或干酪素等。分散剂的作用是使溶液变成胶体溶液，避免颜料粒子互相聚集和被钙或镁皂化生成的凝乳所吸附。

（4）吸附剂：常用的吸附剂有高岭土、黏土、皂土、硅藻土和瓷土等。这些物质由于它们具有较大的表面积，可将颜料粒子和分散乳化的油脂吸附在其表面上,而不被纤维吸附,以便于用洗涤的方法除去。

(5)漂白剂:用于脱墨废纸浆的漂白剂主要是 Na_2O_2 或 H_2O_2。它们既有漂白作用也有皂化作用。但它们主要用于含有机械浆的废纸,如新闻纸等;以稳定废纸浆的白度,使浆料在脱墨过程中不致变黄。同时,它们还能促进纤维分散、油墨皂化及改变其他成分如胶料、淀粉和油墨媒介物等的性质。

(6)表面活性剂:聚磷酸盐、聚氧乙烯烷基酚醚(TX—10)和乙氧基直链醇等非离子型表面活性剂,在水中溶解时,不发生电离作用,对酸、碱及盐均稳定。有较高的发泡性,对油墨有很好的洗涤、渗透、乳化和分散作用。

烷基苯磺酸钠(ABS)等阴离子型表面活性剂,在脱墨中的发泡性好,有洗涤、乳化和渗透的能力,但泡沫对油墨的吸着力不甚强烈,在脱墨中往往与非离子型表面活性剂并用。

三聚磷酸钠($Na_5P_3O_{10}$)和焦磷酸钠($Na_4P_2O_7$),在低浓度下螯合钙离子、镁离子和铁离子等,形成的络合物是非常有效的。这些磷酸盐还是相当好的缓冲剂和油墨分散剂。

从以上各种脱墨剂看,它们在脱墨过程中各有其主要作用,但有的则兼有多种作用,如硅酸钠,既可作皂化剂,也可起湿润剂、分散剂等作用。因此,在制定脱墨剂配方时,要根据其作用综合考虑,做到既经济又可靠。

废纸脱墨的方法

经脱墨后分散在废纸浆中的油墨粒子必须尽快去除。常用的方法有浮选法和洗涤法两种。

(1)浮选法:浮选法的原理是用表面活性剂絮凝油墨粒子,由放气管产生的气泡吸附油墨粒子后上浮分离油墨。图9-5所示为浮选法的工作图。该系统包括一只或一组浮选槽,里面注入废纸纤维悬浮液。微小气泡和化学药品混入废纸纤维溶液中(化学品的加入有助于油墨和纤维分离),分离后的油墨吸附在气泡上,升到槽的上部形成泡沫,然后通过撇沫器或真空撇除附有油墨的泡沫。浮选法是比较有效的脱墨方法,特别适用于油墨粒子为10～150微米的范围(也是大多数油墨粒子聚集的范围),小于10微米时采用浮选法不大有效。

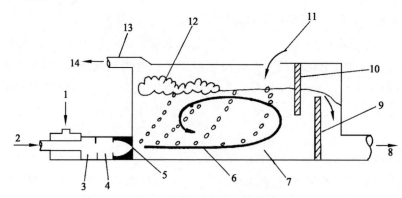

图 9-5　浮选法脱墨工作简图

1—空气　2—含油墨悬浮液入口　3—充气室　4—混合室　5—入口喷嘴

6—流动方向　7—分离室　8—脱墨后的悬浮液　9—堰板　10—挡板

11—通风　12—泡沫　13—真空抽吸泡沫　14—油墨出口

　　(2) 洗涤法：洗涤法的原理是在分散附着油墨的纤维后，再添加表面活性剂，使油墨粒子分离出来用水洗涤。

　　洗涤法所用设备为各类浓缩洗涤机，其特点是利用浓缩和反复冲洗、过滤浆料，使其中的油墨粒子除去，滤去的废水，经澄清处理后可循环使用。通常 1～10 微米的油墨粒子易用洗涤法去除；随着粒子尺寸变大，粒子往往会嵌在纤维网体中，使脱除困难；当粒子大小降到小于 1 微米时，便吸附于纤维表面，洗涤效率开始下降。

洗涤法脱除油墨粒子的原理和特点

　　浆料经净化和筛选后，须进行洗涤以除去分散开的油墨、填料及化学药品。常用的洗涤设备有：圆网浓缩机、斜网洗浆机、侧压浓缩机、真空洗浆机、双网洗浆机、倾斜螺旋洗浆机、盘式洗浆机以及漂洗机等。

　　洗涤法脱墨就是将废纸浆稀释，并通过浓缩机的滤网脱水，使分散在浆液中的油墨粒子通过滤网，随白水一并排出。废纸浆通过多次反复稀释、浓缩，以除去浆料中的油墨粒子。

　　典型的洗涤设备洗涤一次可除去 85％ 的油墨，从理论上讲，经过反复洗涤，可除去 99％ 的油墨。在实际生产中，油墨粒子在 1～10 微米之间，洗涤效果最好，如果油墨粒子大于 10 微米，在洗涤时易被纤维层阻留在纸浆层中,而尺寸小于1微米的油墨粒子,又易被纤维吸附到表面上,降低洗涤效果。

洗涤法脱墨较干净,所得纸浆白度较高,灰分含量较低,脱墨操作方便,工艺稳定,电耗和设备投资均低于浮选法。且脱墨流程简单,一般在原有制浆流程上稍加改进即可生产,投资省,上马快,适合国内大多数小型纸厂采用。

洗涤法脱墨的缺点是用水量大,纤维流失率高,一般纸浆得率在75%左右。

国内小型纸厂常用的洗涤法脱墨流程如下:

废纸——→蒸球——→球下浆池——→水力碎浆机——泵→振框式平筛——→缓冲浆池——泵→除渣器——→圆网浓缩机——→浆池——→漂白机——→浆池

洗涤废纸脱墨浆应注意控制的条件

洗涤是废纸脱墨过程中的一个重要步骤,为了保证脱墨浆的质量,必须注意控制以下条件:

(1)脱墨后浆料的洗涤:脱墨后的浆料必须迅速、及时洗涤(或浮选),以免由于油墨中颜料的返染作用,造成纤维返色,影响纸浆的白度。最易返色的是红色,故画报纸浆常因返色而使成纸带上浅红色。脱墨后的浆料,经加水稀释,水温在30~40℃,最好用热水洗涤,这可以降低浆料的黏度,易于洗除油墨粒子。

(2)洗涤时浆料浓度:脱墨洗涤浆料的稀释度越大(即浆料浓度越低),则细小纤维流失大,水耗增加,设备能力降低,但脱墨效果增加不明显。一般洗涤浆料浓度在1.0%~1.5%之间。

(3)洗涤段数:试验证明,如设三段洗涤,第一段的洗涤效果(浆的亮度)大约是第三段洗涤效果的10倍,即每一洗涤阶段的效果都比下一洗涤阶段约大3倍,但第三阶段的"洗涤前"和"洗涤后"试样所增加的亮度很小。所以一般认为,用洗涤法除墨,只用2~3段洗涤就可以保证浆的质量。而第一段洗涤浆料浓度要高于后段,一般一段洗涤浓度控制在3%左右,后面浓度控制在1%左右,对洗涤效果、减少用水量和回收药品均有利。

(4)浓缩后的浓度及水的循环使用:一般说,来浓缩后的浓度不应太大,特别是第一段洗涤,由于温度高,刚皂化的油墨质软,如果脱水过多或用脱水机压力过大,会使油墨重新被压擦到纤维上使浆的颜色变暗或墨点增多。故一般浓缩后的浓度不能超过 20%,稍低些有利。

洗涤水的循环使用,对节约用水、减少污染和回收药品均有重要意义。故第一段洗涤的废水,应经沉淀池沉淀后,再用来溶解脱墨剂或脱墨后的浆料稀释;二段洗涤废水返回用于一段洗涤,三段废水用于二段洗涤等。有的国家现在已将废水全封闭循环使用。

(5) 洗涤水的质量:试验证明,用硫酸或烧碱调节洗涤水的 pH 值至 5 或 8,发现当 pH 值为 5 时洗涤效果最好,所得浆料的白度最高。但如果用矾土调节 pH 值至 5 时,用其洗涤浆料比用未经调节的(pH 值为 8)水洗涤浆料,所得浆料的白度下降 17% 左右;这说明,洗涤水的质量(或水中溶解物性质),对洗涤效果有明显影响。因此,不能用含有矾土溶液的造纸机白水洗涤。同时,用含钙、镁离子少的软水洗浆所得浆料白度比用硬水洗浆效果好。

浮选法脱墨的作用原理及特点

浮选法脱墨是利用矿山浮选法选矿的原理,根据纤维、填料及油墨等组成的可湿性不同,用浮选机使 10～150 微米的油墨粒子吸附在空气泡上,浮到浆面上除去,纤维和填料仍留在浆液中。

浮选系统是由几个浮选槽合并在一起组成,每个浮选槽装有空气泡发生装置。经过初步筛选和净化的废纸浆,稀释至 0.8%～1.2% 浓度送入浮选槽的混合室,与空气、脱墨剂充分混合后进入浮选槽,在浆料内形成极其细小的气泡,在发泡剂和聚集剂等化学药品的作用下,油墨及颜料小颗粒聚集在泡沫上浮于浆料表面,然后除去油墨、泡沫,达到脱墨的目的。除去的油墨泡沫经离心机浓缩后作燃料使用。为了达到良好的浮选效果,浮选机中浆料的 pH 值要维持在 9.0～9.6。浮选法除去 15～150 微米油墨粒子时,浮选效率最高可达 97%;而对于 150～1 000 微米的油墨粒子,用重质除渣器最有效(可除去 80%～90% 的墨点);大于 1 000 微米的油墨粒子,应采用筛选法除去。

浮选法除去油墨粒子的优点是纤维流失少、得率高,可达 85%～95%,化学药品和用水量较少,废水易于治理。缺点是纸浆白度较洗涤法低,一般

比原纸白度下降 $11\% \sim 15\%$,灰分含量高,工艺条件要求较严格,动力消耗较多。由于浮选法的上述优点,已在国内获得了广泛的应用和发展,也是今后废纸脱墨发展的方向。

国内小型浮选法废纸脱墨流程如下:

废书本纸 $\xrightarrow{\text{脱墨化学药品}}$ 高浓水力碎浆机 $\longrightarrow$ 圆筒筛 $\longrightarrow$ 皂化池 $\xrightarrow{\text{泵}}$ 高浓除渣器 $\longrightarrow$ 浆池 $\xrightarrow{\text{泵}}$ 纤维分离机 $\longrightarrow$ 浆池 $\xrightarrow{\text{泵}}$ CX 筛 $\longrightarrow$ 浆池 $\longrightarrow$ 浮选槽 $\longrightarrow$ 浆池 $\xrightarrow{\text{泵}}$ 锥形除渣器 $\longrightarrow$ 圆网浓缩机(二台串联) $\longrightarrow$ 浆池

以上流程中包括了圆网浓缩机二次洗涤,也可以说,它是一种浮选和洗涤相结合的废纸脱墨工艺流程。

除了前面所述影响洗涤法除去油墨粒子的因素外,在浮选法脱墨时,还应注意以下几点:

(1)要根据废纸原料质量,选用适合的脱墨剂,并且脱墨剂、化学药品的用量要适当。对于难脱墨的废纸,化学药品的用量要多一些。如一般废报纸脱墨,NaOH 用量为 2% ,Na_2SiO_3 为 4% 、H_2O_2 为 1.5% ,脱墨剂为 0.2% 比较适宜。而处理不含磨木浆的书写、印刷废纸,可不必加 H_2O_2 。

(2)浮选脱除油墨粒子的大小以在 $10 \sim 150$ 微米之间效果最好,因此,浮选前应对废纸进行适度的疏解。

(3)根据各种浮选机的特性,控制好浮选工艺条件:进浆浓度 $0.8\% \sim 1.5\%$,浮选温度 $40 \sim 45℃$,pH 值 $9 \sim 10$ 。

(4)浮选时,浆量与空气之比一般在 $50\% \sim 60\%$,并要求浆料与空气均匀混合,对于涂布废纸,需要较多的气泡。

(5)水质的要求:水的硬度会影响水的表面张力,以及泡沫的形成和稳定,同时,还影响不溶性脂肪的生成,因此水质过硬和过软都不利于脱墨,一般应将水的硬度控制在 150×10^{-6} 左右。

十、浆料的洗涤、筛选和净化

浆料洗涤、筛选、净化和浓缩的目的

植物纤维原料经化学蒸煮以后，得到 50％～85％的浆料，有近 15％～50％的物质溶解于蒸煮液中，蒸煮终了排出的蒸煮液（碱法制浆称为黑液，酸法制浆称为红液）称为制浆废液。

洗涤的目的是将浆料和废液分离，从而获得洁净的浆料。同时要尽可能多地提取浓度高的废液，以利于化学药品回收和综合利用。否则，会使筛选产生大量泡沫，影响正常操作，会使漂白过多消耗漂白剂，还会降低化学药品的回收率。由此可见，浆料洗涤是制浆过程的重要环节。

筛选和净化也是制浆过程不可缺少的重要环节。其目的是除去浆料中的杂质，筛选是除去几何形状大的杂质，净化是除去比重大的重杂质。因为无论采用哪种制浆方法，都难免在浆中带有混杂物，如化学浆中的未蒸解分开的木节、纤维束、树皮、草节等；磨木浆中的粗木条、粗纤维束等；原料收集、贮运和生产过程中带入的泥沙、飞灰、垢块、沉淀物、铁丝、螺丝钉、小石块等，也包括原料本身带入的不能制成浆的物质，如苇节、苇膜、谷壳、蔗髓、杂细胞、树脂等碎片、碎粒。这些杂物若不除去，不仅会损坏机器设备，影响浆料和成纸质量，还会使生产不能正常进行。所以，要根据浆料质量要求，通过筛选、净化工序，使不合格的浆料纤维分离除去。

因此，生产中必须根据纸种、用途以及工厂规模的大小，合理安排废液提取与浆料洗涤、筛选、净化的工艺流程和设备选型，并控制适当的工艺条件，以取得各项较好的经济指标。

浆料洗涤、筛选、净化的常用术语

(1) 洗净度:洗净度表示浆料洗涤的干净程度,酸法和碱法制浆表示的方法不同。

① 碱法浆一般有两种表示方法:第一种以洗后浆中所带走的残碱量(Na_2O 千克/吨风干浆)表示。比如北方某些厂规定木浆带走的残碱应小于 1 千克/吨风干浆(Na_2O 表示);第二种以洗涤后浆所带走废液的残碱量(Na_2O 克/升)表示。比如南方某厂规定硫酸盐马尾松浆所带废液中的残碱量为 0.05 克/升;硫酸盐荻苇浆废液含碱量在 0.25 克/升以下,其他草浆中废液含碱量为 0.25~0.5 克/升。

② 酸法浆一般的表示方法:要求洗后浆中所含残酸 0.001% 以下;或以洗后浆所含水消耗 $KMnO_4$ 的量表示($KMnO_4$ 克/升),一般木浆小于 100 毫克/升,蔗渣浆小于 120 毫克/升。

③ 亚铵法浆的洗净度以残余亚铵表示:三段喷淋洗涤残余亚铵小于 0.3 克/升;自然淋洗废液残余亚铵 0.15 克/升。

(2) 置换比:置换比指洗涤过程中,浆料中含可溶性固形物,实际减少量与最大可能减少量之比。

(3) 稀释因子:稀释因子指每吨风干浆洗涤用水量与洗后浆含水量之差,以立方米/吨风干浆或千克水/千克风干浆表示。

(4) 良浆(细浆):蒸煮锅放出来的浆称为粗浆,粗浆经筛选、净化设备后分选出来的合格浆料称为良浆(细浆)。

(5) 渣浆(粗渣):粗浆经过筛、净化设备分离出来的各种杂质、纤维束及少量好纤维统称为粗渣。

(6) 筛选(净化)的"级数":级是指良浆通过筛选或净化设备的次数,也就是将良浆进行再筛选(净化)的次数,称为"级数"。

(7) 筛选(净化)的"段数":段是指粗渣通过筛选(净化)设备的次数,即粗渣进行再筛选(净化)的次数。

(8) 筛选(净化)效率:筛选(净化)效率是衡量筛选(净化)效果的指标。

$$筛选(净化)效率 = \frac{粗浆尘埃度 - 良浆尘埃度}{粗浆尘埃度} \times 100\%$$

(9) 排渣率(粗渣率):

排渣率指筛选(净化)排出的渣浆占进浆量的百分率(以风干或绝干浆

计算均可）。

$$排渣率（\%）=\frac{排出粗渣量}{进入粗浆量}\times100\%$$

浆料洗涤、筛选和净化的流程

浆料洗涤、筛选和净化的工艺流程,依据浆料的品种与用途,生产的发展与规模条件的不同,变化较大,灵活性也较强,设计合理就能发挥设备的效能,减少纤维的流失,降低水、电、汽的消耗,降低生产费用,节省投资等。下面介绍几种常见浆料的废液提取与浆料洗涤、筛选的基本流程。

（1）化学浆：

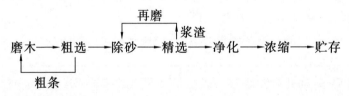

（2）高得率浆与半化浆：

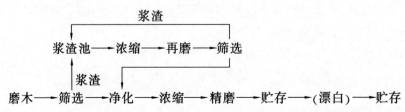

（3）磨木浆：

磨木 —→ 粗选 —→ 除砂 —→ 精选 —→ 净化 —→ 浓缩 —→ 贮存

（4）木片磨木浆：

浆料洗涤的目的和洗涤的原理

（1）洗涤的目的和要求：废液提取和浆料洗涤是同一个过程的两个方面，浆料洗涤的目的是将浆料与废液分离，以保证浆料的洁净，并为筛选、净化、漂白等工序创造良好操作条件。同时要尽可能多地提取有较高浓度和温度的废液，以利于废液的回收和综合利用，从洗涤的要求来讲，希望把浆料洗得越干净越好，以减少后道工序的操作困难和漂白剂的消耗。同时尽量减少洗涤过程中纤维的流失，提高浆的得率。

从药品回收的角度来看，希望有较高的废液提取率，尽量少用洗涤水，以提高废液的浓度和温度，减少蒸发时蒸汽消耗。

可见洗浆和废液提取是处在统一体中既统一又矛盾的两个方面。所以这个过程在管理上、技术上和操作上的好坏，对制浆和碱回收两个车间的生产都有密切联系。总的要求是在保证浆料洗涤质量的前提下，尽量减少洗涤用水量，保持废液较高的浓度，同时取得最高的提取率。

（2）洗涤的原理：对于一种较好的洗涤设备，应具有良好的洗涤作用，同时具有多种作用，使浆料和废液有效分离。洗涤作用原理有三种作用：过滤作用、扩散作用、挤压作用。

① 洗涤的过滤作用：浆料洗涤时，首先用水或稀液将浆料稀释到一定浓度，使其充分混合，再靠洗涤液的静压（液位静压，气体加压、抽真空等方式）过滤脱水来达到洗涤的目的。影响因素有：洗浆机的过滤面积、压差大小、浆层厚度、废液黏度、浆种性质等多方面。

② 洗涤的扩散作用：存在于纤维内部的废液用挤压和过滤的方法是难除去的，必须用稀释的方法造成纤维内外溶液的浓度差，使纤维内溶解物质慢慢扩散到洗涤液中，再通过过滤的方法达到浆料与废液分离的目的。废液的扩散速度与扩散面积、扩散系数、纤维内部废液浓度、纤维外部废液浓度、扩散物质所经过的路程等因素有关。

③ 洗涤的挤压作用：利用机械（辊子、螺旋）方法加大压力，可以将高浓浆料纤维间废液挤压出来。但增加压力把浆料压到一定干度后，由于纤维被压缩，纤维间毛细管变小，纤维间毛细管压力增加，当外力大于毛细管压力时可以挤出废液，外压与毛细管压力一旦平衡，就压不出废液了。因此，

单靠挤压方法是不能将浆料彻底洗净的,需与扩散、过滤作用相配合,才能达到洗涤完全的目的。

筛选与净化的目的要求

(1) 目的和要求:浆料经洗涤除去浆中所含废液及固形物后,还需进一步处理,目的是除去粗大杂质,如节子、粗纤维束、生片和未蒸解成分等。同时除去一些非纤维杂质,如泥沙、碎石、树脂、铁屑等。这时杂质若不除去,不仅会影响成纸质量,同时还会损坏设备,使生产不能正常进行。

除了获得质量符合要求的浆料外,在筛选和净化中应尽量做到筛选净化的效率高、尾渣的损失少,动力消耗要低。除此之外,要求设备简单,操作维护方便,维修费用少,要达到上述要求,必须选用性能良好并适合于该浆料和纸种要求的筛选设备,合理安排筛选净化的工艺流程,正确地掌握筛选、净化的工艺条件。

(2) 基本原理:浆料中尽管存在着各种性质不同的杂质,但分离这些杂质一般作用原理有两种:一种是利用杂质外形尺寸和几何形状与纤维不同的特点,用不同的筛选设备将其分离,这个过程称为筛选;另一种是利用杂质的比重与纤维不同的特点,采用重力沉降或离心分离的方式除去杂质,这个过程称为净化。生产过程中一般是筛选与净化相结合组成浆料筛选、净化工艺流程。

(3) 浆料的粗选:粗选是除去浆料中尺寸较大的杂物,如木节、木条、草节、生片、砂石、铁丝等,为浆料精选创造良好条件。对浆料的这种初步筛选称为粗选。粗选可在洗浆前进行,也可以在洗浆后进行。一般带有碱回收系统的生产线,粗选在黑液提取(洗涤)后进行,不带碱回收系统的粗选在洗涤前进行。这样系统都带有硬物捕集器,设在浆料入口前面。

国内普遍使用的粗选设备是高频振框式平筛,其特点是:除节能力高、动力消耗少、占地面积小、适用于各种浆料。生产能力大,操作简便,易维修。但喷水压力要求较大,操作环境有时较差。

(4) 浆料的精选:精选是进一步除去粗选后浆料中仍然存留的小粗片、纤维束、浆团等纤维性杂质等。常用的精选设备有离心筛、旋翼筛及振动筛等多种,须根据浆料种类、特性以及流程的不同部位加以选择。我国多数纸厂在浆料的精选中多选用 CX 筛。

浆料筛选过程中的产量、质量及消耗指标,将受设备和工艺操作条件方面的影响。影响因素很多,并且相互制约。如筛孔大小、形状及间距、进浆浓度及进浆量、稀释水量及压力、压力差、转速、排渣率等等。

(5)浆料的净化:浆料经筛选后,浆中仍然存有一部分细小而相对密度较大的杂质。这些杂质主要来源于原料中的泥沙、化学药品中的沉淀物、磨木浆的磨石磨料、生产过程中带入的砂石、飞灰等。由于这些杂质颗粒较小,经过粗选和精选后仍不能除去。因此,还须经净化除砂,进一步除去这些细小杂质,提高浆料的质量。浆料的净化是根据杂质与纤维的比重不同而分开杂质和纤维,达到净化浆料的目的。通常采用重力沉降和离心分离两种方法。常用的设备有除砂沟(沉砂盘)和除砂器两大类,由于除砂沟(沉砂盘)具有效率低、占地面积大等缺点,目前企业很少采用,多数企业采用除砂器除砂。

除砂器是利用离心分离的净化设备,常见的有筒形和锥形两大类,各种型号的锥形除砂器的使用更为普遍。

影响除砂器的主要因素有:压力差、进浆浓度、进浆压力、排渣口直径、出口压力、排渣率等。

浆料筛选及净化流程的组合

(1)多段筛选(净化):筛选过程中希望尽量减少筛渣中良浆的含量,以充分回收细浆。将筛出来的粗渣送到下一台筛进一步筛选分离回收好纤维的过程,称为多段筛选(净化)。由于进入第二段的浆渣含渣率高,因此应增大第二段筛子的孔径,以回收更多的好纤维,以降低纤维的流失。净化过程也是同样道理。

(2)多级筛选(净化):为了进一步提高浆料的质量,需要对良浆进一步筛选(净化),对良浆的再筛选(净化),称为多级筛选(净化)。多级筛选适用于多品种的企业,好浆生产高档品种纸,差浆生产低档品种纸。一般情况下,最多级数为 2～3 级。

(3)多级多段筛选(净化):生产实践中常采用多级多段筛选(净化)组合成筛选(净化)流程。组合流程的选择要根据具体情况及设备特点而定。常

见流程见图 10-2、图 10-3。

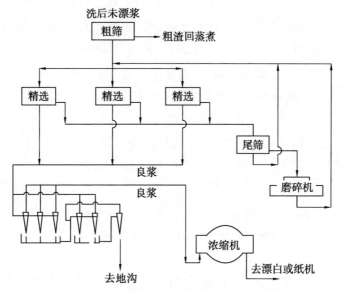

图 10-2　化学浆的筛选与净化流程示意图

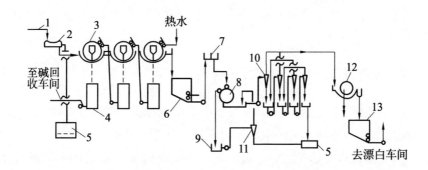

图 10-3　稻麦草浆洗、选、净化流程示意图

1—来自喷放锅的粗浆　2—振框式平筛　3—真空洗浆机　4—黑液槽　5—筛渣槽
6—贮浆池　7—调节箱　8—筛浆机　9—尾渣槽　10—四段锥形除砂器
11—锥形除砂器(处理尾渣用)　12—脱水机　13—贮浆池

对浆料进行浓缩和贮存

(1) 浆料的浓缩：浆料经筛选净化后,浓度较低,为 0.25%～0.8%,不符合浆料漂白浓度(4%～6%)的要求,应脱去多余的水分。一般浓缩到 6% 以上为

宜。若采用高浓贮浆和高浓漂白,则需浓缩到更高的浓度。浆料的浓缩过程也是进一步洗涤的过程。

常用的浓缩设备有:圆网浓缩机(图 10-4)、侧压浓缩机(图 10-5)、落差式浓缩机(图 10-6)。国外一些企业还常用 CPA 型浓缩机(图 10-7)。我国某些纸厂 150 吨/天 CTMP 制浆车间采用 CPA 型浓缩机,效果很好。

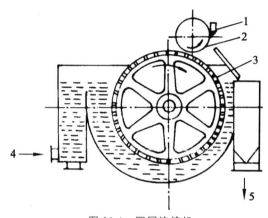

图 10-4　圆网浓缩机

1—刮浆刀　2—压辊　3—圆网　4—进浆口　5—出浆口

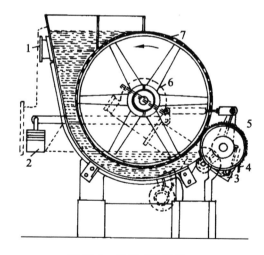

图 10-5　侧压式浓缩机

1—纸浆进口　2—平衡锤　3—刮刀　4—浓缩后浆料　5—压辊　6—传动齿轮　7—网笼

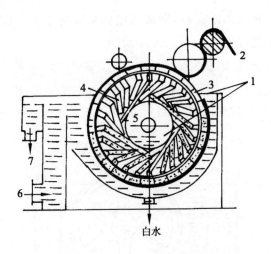

图 10-6　落差式浓缩机

1—槽内和鼓内的水位　2—浆层　3—小室　4—排液管　5—排液管口　6—浆口　7—回流管

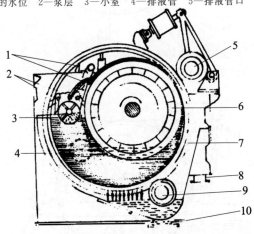

图 10-7　CPA 型浓缩机

1—刮刀　2—喷水管　3—螺旋出料器　4—进浆口　5—压辊

6—内筒　7—外筒　8—溢流管　9—托辊　10—滤液出口

（2）浆料的贮存：浆料贮存的作用是将间歇式生产环节与连续生产过程连接起来，达到均衡生产，起到生产过程中间的缓冲、调节和稳定作用。

贮浆设备主要贮浆池（图 10-8）和立式高浓贮浆塔（图 10-9），贮浆池贮浆浓度一般为 3％～5％，立式高浓贮浆塔贮浆浓度一般为 12％～15％。使用时用水稀释后泵出。一般容量为 210～500 立方米。

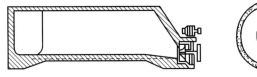
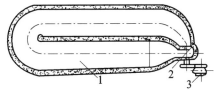

图 10-8　卧式贮浆池

1—浆池　2—推进器　3—电动机

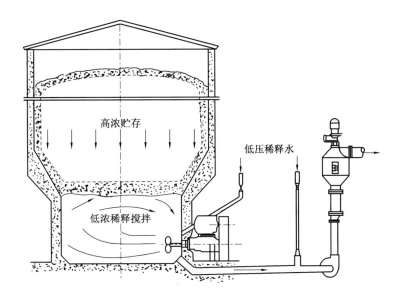

高浓贮存

低压稀释水

低浓稀释搅拌

图 10-9　立式高浓贮浆塔

十一、浆料的漂白与精制

漂白的目的和作用

（1）目的：漂白是用漂白剂与浆料中的木素和色素作用使之变成可溶物溶出或变色的物质保留在浆中，从而达到漂白浆料的作用。同时保持浆料适当的物理和化学性能，满足抄造及纸张的性能要求。

（2）作用：漂白是在比蒸煮条件更缓和的条件下除去木素，纯化浆料。在某种意义上讲，漂白是蒸煮过程的继续。浆料漂白不仅提高了浆料的白度，而且提高了浆料的纯度，增加了纸张的耐用性能。

（3）方法：根据漂白的过程所起的化学反应不同，一般将漂白方法分为氧化漂白和还原漂白两大类。氧化漂白是利用漂白剂的氧化作用，除去浆中残余木素，破坏发色基团，这种漂白方法处理条件较强烈，浆料的纤维损伤较重，浆的得率低，但纯度高，耐久性强。常用的漂白剂有次氯酸盐、二氧化氯、亚氯酸盐、过氧化物、氧气等。

还原漂白是采用还原性漂白剂，有选择地破坏浆料中的发色基团的结构，但不除去浆料中的木素。漂白后的浆料得率高，耐久性差，有人称之为表面漂白。常用的漂白剂有二氧化硫、连二亚硫酸钠等。

（4）漂白常用术语：

① 有效氯：有效氯是指漂白剂中，能与未漂白浆中残留木素和有色物质等发生反应的一部分氯。有效氯的含量可用碘量法进行测定，其单位用克/升（或％）表示。漂液中有效氯含量高，则漂白能力大。

② 漂率（有效氯用量）：浆料漂白到所要求白度时所消耗的有效氯重量

的百分数率,称为漂率(也称用氯量),漂率是有效氯重量与绝干浆重量之百分比。

③ 残氯:漂白到终点时,浆料中尚残存的有效氯量,称为残氯。

④ 白度:白度是衡量浆料漂白程度的指标,白度是用白度计来测定的。在生产车间可以使用氧化镁标准板来测定白度。此板对光的反射率定为100%或称100度。浆料的白度是指浆料对光的反射率相对于氧化镁标准板对蓝光反射率比值的百分数。如浆料的反射率是标准反射率的80%,则试样白度为80%,常称80度。

次氯酸盐漂白的原理

(1)氯水体系的组成与性质:氯在一般条件下为浅绿色气体,有窒息性。潮湿的氯气对许多金属等材料具有强烈的腐蚀作用。所以用氯进行漂白,必须考虑设备的防腐问题。一般采用玻璃钢、塑料、橡胶或瓷砖等衬里防腐。

氯在水溶液中按下式进行水解:

$$Cl_2 + H_2O \Longleftrightarrow HClO + HCl$$

$$\downarrow$$

$$H^+ + Cl^-$$

以什么形式存在,依赖于溶液的 pH 值。不同的 pH 值时,氯水溶液的成分为:

pH 值小于 2 时,溶液的主要组成为 Cl_2;

pH 值为 2~3 时,含氯与次氯酸;

pH 值为 4~6 时,以次氯酸为主;

pH 值为 7~9 时,含次氯酸与次氯酸盐;

pH 值大于 9 时,以次氯酸盐为主。

由此可见,pH 值小于 2 时,主要以氯气的形式存在;在 pH 值接近中性时,则以次氯酸为主;pH 值在 9 以上时,主要是次氯酸盐。一般来讲,次氯酸的活性最大,而次氯酸盐的活性最小,因此,对纤维的损伤作用以次氯酸为最大,漂白过程一定要严格控制 pH 值,以达到最佳漂白效果和降低漂白损失。

(2)次氯酸盐漂液的主要性质:由于考虑到漂白的效果和经济指标,造

纸工业常采用次氯酸钙漂液漂白浆料。生产高级纸张用浆时,采用次氯酸钠漂液漂白浆料。

漂液的主要性质包括水解反应和分解反应。在漂白操作过程中要特别注意。

水解反应,即:

$$Ca(OCl)_2 + 2H_2O \rightleftharpoons Ca(OH)_2 + 2HClO$$

当温度升高加速反应向右进行,生成 HClO 对漂白不利,若 pH 值高时可抑制水解反应的发生。

分解反应,即:

$$Ca(OCl)_2 \xrightarrow{\triangle} CaCl_2 + O_2\uparrow$$

或:$3Ca(OCl)_2 \xrightarrow{\triangle} Ca(ClO_3)_2 + 2CaCl_2$

当温度高于 40℃,分解反应速度增快,生成没有漂白能力的氯酸钙和氯化物。所以当次氯酸盐漂液的 pH 值必须在碱性范围内,温度不宜超过40℃,才能适应漂白的要求。

(3)次氯酸盐的漂白作用:

① 次氯酸盐漂液漂白的有效成分:次氯酸盐漂白一般都是在碱性范围内进行,其有效成分为 $Ca(OCl)_2$,$Ca(OCl)_2$ 中与氧结合的那部分氯(即 OCl^- 中的氯)直接与浆料中的木素和有色物质作用,产生漂白反应,故又称有效氯。

② 氧化作用:次氯酸盐溶液与浆料中残余木素和有色物质作用,将它们氧化为结构比较简单的物质溶出,或氧化成无色物质溶出,或保留于浆中,从而达到漂白的目的。氧化的产物主要是分子量较小的木素碎片和一系列的有机酸以及二氧化碳和水。漂白将有色物质变成无色物质或可溶性物质溶出。暴露在外面或结构内部的木素的漂白氧化作用,主要决定于漂液向内和生成物向外的扩散速度,只有生成物溶出,暴露出新的表面,反应才能继续进行,直至最后完全生成二氧化碳而终止。显然,这与浆料漂白作用无关,只不过是多消耗漂液。次氯酸盐漂液在漂白浆料的同时,少量纤维素和半纤维素被氧化,使纤维素的聚合度下降,纤维的强度降低。

③ 氯化作用:在一般漂白的条件下,漂白初期碱性较强,但也仍有木素的氯化反应产生,漂白初期浆料颜色变深就是生成氯化木素的缘故。其原

因是,在碱性条件下,次氯酸盐漂液中也有元素氯的存在;另一方面因木素与氯的结合力很强,极易生成氯化木素。

在次氯酸盐漂白过程中,氯化作用是较少的,一般仅占总耗氯量的8%～11%,生成的氯化木素极易溶于碱液中,所以同样具有漂白作用。

次氯酸盐漂液制备

次氯酸盐漂液可以采用溶解漂白粉法,也可以用石灰水吸收氯气来制取。目前,多数工厂均有制漂液系统,采用液氯气化用石灰水吸收而制备漂液。

(1)溶解漂白粉制漂液:漂白粉的分子结构式为:$3Ca\begin{matrix} Cl \\ OCl \end{matrix} \cdot CaO \cdot 4H_2O$

漂白粉中的有效成分为 $CaOCl_2$,实际上可以看做是氯化钙和次氯酸钙组成的混合物,即

$$CaCl_2 + Ca(OCl)_2 = 2CaOCl_2$$

漂白粉溶于水时,即按上式进行逆分解,生成的 $Ca(OCl)_2$ 同样也是漂白的有效成分。漂白粉极不稳定,受潮、遇二氧化碳、光照和温度过高都会发生分解,故漂白粉应贮存于干爽、阴凉的地方。即便如此,在贮存过程中有效氯仍不可避免地会逐渐减少。一般冬季和夏季每月分别减少约0.3%和0.5%。显然不宜长期大量贮存漂白粉。

溶解漂白粉的水温应控制在15℃以下,温度太低,$Ca(OCl)_2$ 与 $Ca(OH)_2$ 易结合成糊状的复盐随漂白粉渣一起损失,溶解缸的搅拌速度不宜太快,时间不宜太长,否则漂白粉渣被分解得太细,不易澄清。一般应控制在50～100转/分钟,每次搅拌时间为25～30分钟。漂白粉溶解采用逆流浸取的方法,即用清水洗涤残渣得到稀漂液,再用稀漂液来溶解漂白粉,一般溶解4次,第一次和第二次的浓漂液调整浓度后,用于漂白。这种方法只用于小型工厂。

(2)用液氯制取漂液:这种方法是用石灰乳吸收已气化的氯,其反应为
$$2Ca(OH)_2 + Cl_2 = CaCl_2 + Ca(ClO)_2 + 2H_2O$$

用该法制备的漂液质量高,且没有次氯酸钙与氯化钙生成的络合物,有利于漂白,被普遍采用。

其工艺流程见图 11-1。

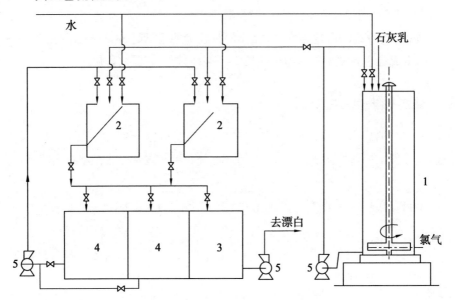

图 11-1　制备漂液流程示意图

1—氯化槽　2—澄清槽　3—浓漂液槽　4—稀漂液槽

影响采用液氯制备漂液的主要因素有：

石灰用量：一般石灰（纯 CaO 含量）与氯之比为 1∶1；

通氯速度：一般不宜太快，太快易产生局部过氯化，另外要充分搅拌，搅拌速度一般为 20～40 转/分钟；

温度：一般控制在 38℃以下，否则次氯酸盐的分解加速；

反应终点：一般控制终点 pH 值 11.2～11.5，即为酚酞变色范围，实际操作中可以用酚酞指示剂滴入漂液的液面，在 3 秒内不褪色即为终点。若漂液 pH 值过低，应再泵入石灰乳，若 pH 过高，应再继续通氯，达到要求为止。

漂白过程中浆料性质的变化

（1）次氯酸盐单段漂白设备：国内单段次氯酸盐漂白常用双浆道或三浆道槽式漂白机，如图 11-2、图 11-3 所示。

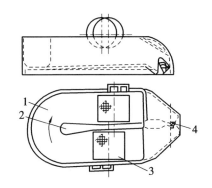

图 11-2　双浆道式漂白机

1—浆池　2—隔墙　3—洗鼓　4—螺旋推进器

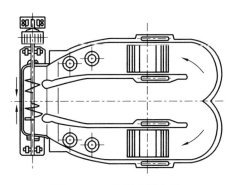

图 11-3　三浆道式漂白机

由于这种漂白机的循环能力和搅拌能力有限,一般漂白浓度为 $5\%\sim$ 7%。老式漂白机用洗鼓浓缩和洗涤浆料,新上生产线多用侧压浓缩机洗涤浆料。

(2)漂白操作:单段次氯酸盐漂白首先将一定浓度的浆料加入漂白机,边加边循环,然后加入漂液,当温度升至 $35\sim38℃$ 时,可停止循环和搅拌,采用静漂,以减少动力消耗和热量散失。当达到规定白度时,应立即终止漂白,进行洗涤。如采用两段漂白,则第一段加入总氯用量的 $60\%\sim70\%$,待漂液基本消耗后,即进行洗涤,再加入剩下的 $30\%\sim40\%$ 的漂液,直至漂白到终点,再洗涤。二段漂白所需时间长,但浆的质量较好。浆料的漂后洗非常重要,一定要严格按工艺要求操作。

(3)漂白过程中浆料性质变化:

① 木素的溶出与氯的消耗相对应，开始氯的消耗快，木素溶出也快，后期二者均较缓慢。

② 浆料白度在反应开始阶段上升较快，以后随着耗氯量的减少上升速度逐渐减慢，但在浆料洗涤的过程中由于降解的木素及有色物质的溶出，白度还会有所提高。

③ α-纤维素在漂白开始阶段，由于木素的溶出有所上升，以后逐渐下降，漂白后期急剧下降。

④ 浆料的耐折度随漂白的进行急剧降低，随漂白的进行急剧下降，但是如果采用温和条件进行漂白，由于除去了木素等，而且纤维素的降解程度小，纤维表面接触增加，除耐折度外，其他物理强度指标都有一定程度提高。

⑤ 浆料漂白后，由于脱除了木素，纤维润胀力增强，漂白浆较未漂白浆容易打浆。

（4）漂白浆料的返黄及预防：通常漂白浆料放置一段时间后，白度都有些降低，并显现黄色，称为"返黄"。但浆料返黄的速度差异较大。

浆料的返黄取决于漂白条件，其主要原因是在漂白过程中产生了部分基团，并借助外界光、热、氧及湿分作用而引起的。为了减少返黄，必须严格掌握漂白工艺条件，尽可能地除去浆中残余木素，减轻纤维素的氧化作用，特别要防止氯化作用；减少羧基的生成数量，加强漂后浆的洗涤及洗涤用水的净化，减轻金属离子对浆料返黄的影响。

进行浆料多段漂白的氯化

由于元素氯对木素的定向反应，更易与木素反应，对纤维素和半纤维破坏小，反应生成氯化木素，氯化木素不易溶于水，而易溶于稀碱液，生成碱木素，浆料仍为深色，必须经补充漂白才能达到漂白要求。因此形成了传统的氯化——碱处理——补充漂白三段连续漂白工艺流程，并得以广泛应用。目前工厂实际应用的是氯化——碱处理——次氯酸盐补充漂白（即 C—E—H）三段漂白。

氯化是将氯直接与浆料混合进入氯化塔。为了防止氯气的逸出，通常采用升流塔。

氯与木素的主要作用是取代、水解及氧化。在酸性溶液中生成氯化木素，在中性和碱性溶液中生成氧化木素。由于中性和碱性溶液中易发生氧化反应，对纤维素、半纤维素损伤严重，故一般控制在酸性条件下氯化。由于氯化反应生成有机酸，生产中不需调节浆中的 pH 值，而且氯化反应速度非常快，浆中 pH 值迅速达到酸性要求。

氯化良好的浆料一般呈淡黄色，经洗涤后送碱处理工序。影响浆料氯化的因素较多，主要有：

（1）pH 值：一般控制在 2 以下，经氯化后约有 70% 的氯变成盐酸，使 pH 值很快下降，更有利于氯与木素分子发生取代反应，减少纤维的损伤，在生产中也容易控制。

（2）浆料浓度：一般在浆料浓度为 3%～4% 的范围内进行氯化。这个浓度是浆料与氯均匀混合最适宜的浓度，同时，由于浆料中水分多，产生的盐酸浓度低，避免损伤纤维。如果浓度太高，超过 4%，氯化不够均匀，过低则增加氯耗。

（3）氯化温度：提高温度能加速氯化反应，但次氯酸的生成量增加，氧化作用增强。因氯化反应是一放热反应，使温度略有升高，且木素的氯化反应很快，所以实际生产中，不必提高温度，一般在室温下进行。

（4）用氯量：用氯量取决于浆料的硬度，硬度大则氯化阶段用氯量高。一般用氯量控制在总耗氯量的 60%～70%，在氯化阶段用氯量比例宜高些，而次氯酸盐补充漂白用氯量应低些，这样有利于提高浆料的强度。氯化时用氯量不足，会增加补充漂白的氯耗，若用氯量过多，超过木素吸收量，又对纤维素、半纤维不利。

（5）时间：氯化的时间取决于氯化的温度、浓度和用氯量，一般控制在30～50分钟。

常用氯化设备为升流氯化塔，浆料和氯气混合后由塔底部进入，被循环泵推动沿塔底的导向槽以一定方向旋转上升，至塔顶被刮浆器刮出送至洗浆设备洗涤。塔可以用钢筋混凝土砌成，内衬瓷砖，也可以用钢板制成。循环泵用不锈钢或铸铁衬橡胶制成。塔高 10 米以上，一般是在 3%～4% 的浓度下氯化。氯化塔构造如图 11-4 所示。

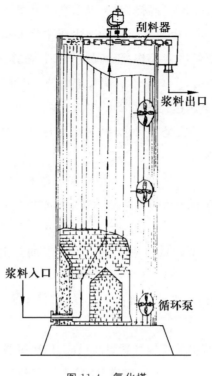

刮料器

浆料出口

浆料入口

循环泵

图 11-4　氯化塔

氯化后浆料进行碱处理

(1) 碱处理作用:浆料经氯化后生成氯化木素,虽然洗涤能去掉一部分(约 1/2)氯化木素以及大部分酸和残氯,但另一部分氯化木素及污物仍然附在纤维上。这一部分氯化木素只要加入适当的碱,在碱溶液中生成碱木素,便能溶于水,就可以洗涤除去。浆料中木素残渣去除愈干净,后面次氯酸盐漂白的氯耗就愈低,白度愈高,返黄也愈少。

(2) 影响碱处理的因素:

① 用碱量与 pH 值:用碱量应根据制浆方法及浆料的蒸煮硬度而定。碱处理的 pH 值控制在 11 左右,有利于得到质量较好的浆料。

② 浆料浓度:一般要求碱处理时浆料浓度为 8％～10％,太低不利于反应,太高虽然可以节约用碱量和加热用蒸汽,但浓缩浆料的费用高,搅拌也困难。综合考虑,目前碱处理段有向中浓、高浓发展的趋势。

③ 温度:增加温度可以加快反应速度。稀薄的碱液之所以能将木素溶解物溶出,主要是扩散作用。提高温度对扩散有利,因而能改善漂白浆质量。通常在浓度较高的碱液中进行碱处理时,温度可控制低一些,一般温度控制在 40~60℃ 之间。

④ 碱处理时间:碱处理时间一般要求 0.5~1 小时,碱处理时间适当延长,可以提高碱处理的效果,使氯化木素充分溶解出来。

（3）碱处理设备:氯化后碱处理要求的浆料浓度一般在 10% 左右。由于处理的浆料浓度较高,一般采用降流塔,其结构如图 11-5 所示。

浆料在塔顶经混合器与蒸汽、化学药品充分混合后,进入塔内,在塔内停留一段时间后,在塔的底部用稀释水稀释。塔底的耙式搅拌器以 0.25 转/分钟的速度转动,排出的浆料泵至洗涤设备,再进入补充漂白工序。

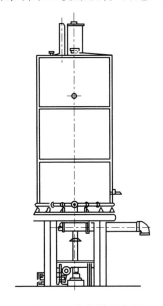

图 11-5　降流塔示意图

碱处理后浆料的补充漂白和酸处理

（1）次氯酸盐补充漂白:经氯化及碱处理后的浆料,除去了大部分木素,但尚残留一些有色物质,浆料白度变化不很大,必须再进行补充漂白或后处理。补充漂白的工艺条件与单段漂白基本相同,但宜在温和条件下进行,用氯量约为总氯耗的 15%～30%。进行次氯酸盐漂白前的浆料应该是洗涤清洁的,以免一些可以洗涤而除去的物质残留在浆中而耗去漂液。

为了制得质量较高的浆料,通常都采用 5%左右的漂白浓度。在整个漂白过程中,pH 值应控制在 9 以上,漂白温度为 35℃左右,漂白时间为 6～8 小时。

(2) ClO_2 补充漂白:ClO_2 是一种有选择性的氧化剂,在有效地脱除木素及其他有色物质的同时,对纤维素和半纤维素的氧化作用较小,可获得白度 85%以上、强度较高的浆料。影响 ClO_2 漂白的主要因素有:

① pH 值:ClO_2 可在碱性(pH 值=8.5～9.5)、中性或酸性(pH 值=3.5～4.5)的范围内进行漂白。

② 漂白温度:一般控制在 60～80℃为宜,草浆漂白温度稍低为佳。温度高可加快反应速度,但氧化较强烈,蒸汽消耗较高;温度低则反应速度减缓,势必要增加 ClO_2 用量和漂白时间。

③ ClO_2 用量:ClO_2 漂白一般都是采用多段漂白的补充漂白段,对纤维破坏很小,较少量的使用,可以使浆料获得较高的白度和强度。其用量决定于浆料的白度要求和浆种,一般用量为 0.5%～1.5%。

④ 浆料的浓度:漂白时浆料的浓度宜控制高一些为好,以节约用汽,减少废水,最好采用高浓漂白,浓度为 10%～20%,但要加强 ClO_2 与浆料的充分混合,否则会使浆料漂白不均匀。

⑤ 漂白时间:漂白的时间是由以上各个因素决定的,ClO_2 与浆料反应开始很快,以后较慢,一般控制在 3～4 小时。

(3) 酸处理:在进行三段漂白后,常在最后采用一段酸处理,其作用是中和浆料中的碱性物质。因为在碱性次氯酸盐漂白中纤维的润胀较大,带有黄色产物不易从纤维中扩散出来。在酸性溶液中纤维洗涤容易,浆料中残余的次氯酸盐被酸分解,减少了返黄现象,浆料白度比较稳定。

一般采用 SO_2 水溶液、盐酸或硫酸处理,处理条件一般为:pH 值 5～5.5,浆料浓度 3%～4%,处理时间 30～40 分钟,处理后的残酸应充分洗去。

漂白技术新发展

(1) 漂白中应注意的问题:

① 多段漂白的组合及各段之间的浆料洗涤：浆料漂白前后的洗涤和浓度，有其重要性的作用。氯化后的浆料洗涤，一方面是溶解部分氯化木素，另一方面是洗去残酸，减少碱处理时的碱耗。碱处理后及补充漂白，各段均溶出了部分的木素及碳水化合物等，若不经洗涤除去，就会在下一段增加药品消耗，引起浆料的返黄。因此，多段漂白的各段之间，一般都要有洗涤设备，达到调整 pH 值及浆浓、洗出溶出物、节约化学药品和稳定白度等目的。多段漂白由于采用不同的漂白剂组合，在取得高白度及高白度稳定性、保持较高的浆料得率与强度方面，很有效。在实际生产过程中，考虑生产高白度、高强度、高得率的浆料时，不应单纯考虑漂白段数，应重点考虑漂白剂的选择、多段的合理组合以及漂白工艺条件与蒸煮工艺条件的恰当配合，同时加强洗涤。

② 漂白用水：随着漂白技术的发展，漂白段数已由单段向多段发展，多段漂白在每段间都要进行洗涤，用水量较大，必须进行回收，以节约用水和减少纤维的流失。每段的洗涤水要酸性水和和碱性水分开回用。回用方式可自身回用或经处理后循环使用。

（2）漂白技术的发展：

① 氧—碱法漂白：氧—碱法漂白可认为是无氯漂白，污染少，纤维强度高，受到普遍重视。其工艺分两步，技术条件如下：

酸处理：用硫酸或盐酸控制 pH 值 1～4，浆料浓度 3%～5%，处理时间 18～60 分钟。

氧—碱漂白：NaOH 用量 2%～5%，浆料浓度 15%～30%，$MgCO_3$ 用量 0.5%～1%，氧气压力 200～800 千帕，处理温度 90～120℃，处理时间 60 分钟左右。

特点：具有降低成本、废液可回收、污染少、返黄少、易打浆等优点；缺点是氧气有爆炸危险，浆料白度低，只能达到 60%～70%，对设备要求高等。

② 置换漂白：置换漂白与普通漂白不一样，属于一种动态漂白。置换漂白是用高浓度的漂白剂通过一定厚度的浆层，漂剂与浆层之间相对运动，纤维是连续暴露在新鲜的漂剂中，由于漂剂的浓度梯度大，可以大大加快漂剂向浆料内部的扩散速度，漂白反应生成物也加快扩散出来，因而在很短的时间内完成了漂白作用。这种漂白方法只需一个氯化塔和一个带有四个置换

区的 EDED 置换塔就可以实现,而且每段之间无需另设洗涤器,也不致影响漂白质量。

③ 气相漂白:气相漂白是指用气态的氯、氨、氧、二氧化氯等与松散的高浓浆料进行脱木素、碱处理和漂白作用,是一种改进的漂白方法,所用设备简单,并减少了漂白废水量,减轻环境污染和废水处理成本。

在氯化前浆料需浓缩到 30%～40% 的浓度,然后用松散机将浆料松散,浆料与气态 Cl_2 接触氯化 1～2 分钟,进行快速碱处理,在沟纹双辊挤浆机内压干,再经松散后,用气体 ClO_2 漂白,在 100℃ 下停留 20 分钟,采用 Cg—E—Dg(g 表示气相,C 表示氯化,E 表示碱处理,D 表示 ClO_2 漂白),漂白白度可达 90% 以上。采用气相漂白,化学药品及蒸汽的消耗量均可降低。

气相漂白的特点:由于浆料在高浓度下与气态药剂反应,因此反应进行速度快,时间短;漂白后浆料易打浆,强度有所提高;漂白废水排出量减少近一半;降低漂白成本。

漂白过程中应注意的安全常识

(1)氯气使用安全常识:氯气在常温常压下是一种黄绿色气体,具有窒息气味,对人呼吸器官有强烈刺激作用,毒害性较严重。空气中氯含量每立方米在 900 毫克时,人立即死亡。液氯是橙黄色,比重是水的 1.46 倍,多采用氯瓶及槽车贮存和运输。

在使用氯气时,应经常注意有关设备和管道是否有"跑气"现象,如怀疑有"跑气"现象,可用湿布蘸氨水,再将湿布靠近可能"跑气"的地方。找出"跑气"的地方后,可在其上覆盖用水、碱液或硫代硫酸钠溶液浸渍的破布或麻袋,吸收跑出来的氯气,应迅速进行应急处理,以免造成更大危险。

检查、修理或清洗与氯气有关的设备时,需带动防毒面具。漂白车间及漂液制备车间,应备有防毒面具,并应贮备一些硫代硫酸钠溶液。用浸有硫代硫酸钠溶液的毛巾,蒙在口和鼻上,可减少吸入氯气,减轻氯气中毒。制漂车间应有安全池。

液氯瓶放气口一端应有保护罩,以保证运输安全,液氯瓶不能与松节油、乙醚、氨水、氢气容器及易燃、易爆品等一起堆放,否则易引起火灾或爆炸。

如遇氯气中毒,应迅速离开现场,尽快呼吸新鲜空气。离开现场时应向位置较高的地方转移,因氯气的比重比空气比重大,必要时可用鼻子吸入酒精、乙醚或氨水的挥发物。中毒严重时,应立即送医院治疗。

(2) ClO_2 的使用安全常识:ClO_2 是一种黄绿色的气体,有特殊的窒息性的臭味,对眼、鼻、喉等器官都有刺激作用,对黏膜侵害性很大。

ClO_2 是不稳定气体,易受外界影响而爆炸。严重时每秒钟就爆炸一次。因此,在操作中必须特别注意。引起爆炸的因素很多,其中主要的是温度、原料纯度等。因此,操作时应从多方面引起注意。温度是造成爆炸的主要因素,温度应控制在 $35\sim38℃$ 范围;防止光线直接照射,因此盛装 ClO_2 的容器及管路都应密闭而不透光;防止油脂等有机物进入,以防引起 ClO_2 爆炸,所有泵等输送、运输设备、管道垫圈及轴承都不能用含油填料。

(3) 耐腐蚀材料的选用:在浆料漂白过程中,所用的漂白剂均有腐蚀性,因此有关漂白设备、输送管件、洗涤设备等要求防腐。

① 氯气:干氯可用铁制品贮存。湿氯极为活泼,腐蚀性很强。氯化用设备、氯化塔、搅拌器可用钢板衬 402 橡胶,或用环氧树脂贴涂玻璃丝布。还可以用耐酸瓷砖、酚醛环氧树脂勾缝结构等,管件用垫圈,以聚三氟氯乙烯、四氟乙烯薄片衬垫。

② 次氯酸盐漂白设备:一般用耐酸瓷砖环氧树脂勾缝,也可以用钢筋混凝土结构,内涂贴环氧玻璃布。

③ 二氧化氯:制备设备管件,用聚氯乙烯软管输送,反应锅铁壳内壁衬搪玻璃。贮存设备用陶瓷桶或聚氯乙烯硬板焊接。二氧化氯漂白设备用酚醛树脂、环氧树脂,贴涂玻璃丝布。

④ 洗涤设备:用 317 不锈钢或 316 不锈钢。

⑤ 通风罩:用透明塑料或玻璃增强树脂等。

十二、打　浆

打浆在造纸中的作用

利用机械方法处理悬浮于水中的纸浆纤维,改变纤维形态和纤维特性,使其具有造纸机生产上所需求的特性,生产出符合预期质量要求的纸和纸板,这一操作过程,称为打浆。

打浆在造纸生产过程中具有极其重要的作用。从筛选漂白工段过来的浆料,尚含有少量未离解的纤维束,这些未经打浆处理的浆料纤维缺乏必要的润胀、切断和分丝帚化,有的太长,有的太粗,如果直接用来抄纸,在纸机网上成形时,难以分布均匀,抄出来的纸强度低,表面粗糙、疏松、多孔,不能满足使用要求。经过打浆处理的浆料纤维,在形态和性质上都起了很大的变化,纤维在水中受到机械力的作用以及纤维与纤维之间的摩擦作用,以及浆料在循环流动中受到的剪切作用,使浆料纤维受到切断、压溃、润胀、纵向分裂和细纤维化,同时,纤维的细胞壁发生位移和变形,初生壁和次生壁外层破除,纤维的比表面积增大,直径减少,具有较好的柔软性和可塑性,纤维之间的结合力增加。经过打浆的纸浆抄出来的纸,组织紧密均匀,表面光滑,强度较大,能够达到预期的使用要求。

通常,纸的品种很多,但可用来造纸的纤维原料种类并不多,这就要求用有限种类的纤维原料来生产多种性能和用途的纸张,如何实现这一目的?关键之一就是打浆。

打浆过程的常用术语

（1）打浆度（°SR）：打浆度又称叩解度，是衡量浆料脱水难易程度的指标，它综合地反映了纤维被切断、润胀、分丝、帚化、细纤维化的程度。

打浆度是生产过程中控制的一项重要技术指标。根据打浆度的高低，可以掌握浆料将来在纸机网部的脱水速度，同时可预知生产纸张的机械强度、紧度等质量情况。单纯打浆度一项指标并不能完全代表浆料的性质，同样是40°SR的浆料，我们可以采用高度切断纤维的游离状打浆方式来达到，也可以采用低度切断纤维的粘状打浆方式来达到，这两种打浆方式尽管打浆度相同，但用来生产的纸张质量却相差悬殊，因此不能单凭打浆度作为生产技术上的唯一控制指标，还应与纤维平均长度等结合起来考虑。

目前，国内外测定打浆度的方法有两种。一种是肖氏打浆度测定仪，为欧洲和我国所采用；另一种是加拿大标准游离度（CSF）测定仪，为北美国家和日本所采用。

肖氏打浆度测定仪测定打浆度的方法是以2克绝干浆，稀释到1 000毫升，在20℃条件下，通过80目铜网，测定从肖氏打浆度仪侧管排出的水量，打浆度＝（1 000－滤水量）/10。加拿大游离度仪与肖氏打浆度仪相似，但操作时，取3克绝干浆，稀释至1 000毫升，在25℃条件下测定，测定数据为加拿大标准游离度，以毫升表示。加拿大标准游离度与打浆度之间的关系见表12-1。

表 12-1　　加拿大标准游离度与肖氏打浆度换算表

加拿大标准游离度/毫升	肖氏打浆度/°SR	加拿大标准游离度/毫升	肖氏打浆度/°SR
5	90.0	175	54.8
50	80.0	200	51.5
75	73.2	225	48.3
100	68.0	250	45.4
125	63.2	275	43.0
150	59.0	300	40.3

（续表）

加拿大标准游离度/毫升	肖氏打浆度/°SR	加拿大标准游离度/毫升	肖氏打浆度/°SR
325	38.0	575	21.0
350	36.0	600	20.0
375	34.0	625	18.6
400	32.0	650	17.5
425	30.0	675	16.5
450	28.5	700	15.5
475	26.7	725	14.5
500	25.3	750	13.5
525	23.7	775	12.5
550	22.5	800	11.5

（2）湿重：湿重是指在用肖氏打浆度仪测定打浆度时，积存在湿重框架上的湿浆重量。这间接地表示了纤维的平均长度，纤维越长，则挂在湿重框架上的纤维越重，也就是湿重越大。

（3）保水值：在标准条件下，用高速离心机把纸浆中的游离水脱去，再定量测定纸浆中所保留的水量，即为保水值。这种方法是借离心分离的作用，使纤维间仅仅保留润胀水，这时纤维表面的水和纤维间的水含量都极少，所以保水值指标可以说明纤维的润胀程度，从而反映出细纤维化程度，相应的说明了纤维之间结合力的大小。

纸张的强度并不随打浆度的增长成直线比例关系，而是随浆料保水值的增长而增加，它主要取决于纤维的结合力与纤维长度，所以测出保水值又测出纤维平均长度，就能很好地说明纸张强度。由于测定保水值所用时间较长，故目前在生产中不便于推广使用。

常用的打浆方式

在打浆过程中，纤维主要发生细胞壁的位移和变形、初生壁和次生壁外层的破除、纤维的吸水润胀和细纤维化、横向切断、压溃、揉搓等作用，这些作用在打浆的整个过程中是同时发生的,而绝不是孤立出现的,只是变化的主次和程度不同而已。

以横向切断纤维为主的打浆方式称为游离状打浆,而以纵向分裂纤维使之细纤维化为主的,则称为黏状打浆。按照对纤维切短和分裂程度的要求,将打浆大体分为下列四种方式:

(1)长纤维游离状打浆:长纤维游离状打浆要求分散浆料成为单纤维,纤维只是适当地切短,因此其打浆时间较短。长纤维游离状打浆生产的浆料在网上容易脱水,打浆度一般在22~23°SR,纤维的平均长度在2.2~2.4毫米。由于纤维较长成纸组织匀度欠佳,缺乏透明性,表面不甚平滑,但成纸具有一定机械强度。这种打浆方式适用于工业滤纸的制造。

(2)短纤维游离状打浆:短纤维游离状打浆要求在分散纤维的基础上,同时高度切断纤维。以这种方式生产的浆料脱水也比较容易,打浆度一般为25~30°SR,纤维平均长度在1.2毫米左右,但纤维交织能力很差,而成纸的组织较均匀,吸收能力较强。这种打浆方式生产的浆料适用于抄制滤纸、吸墨纸以及其他一些要求吸收性能强和组织匀度好的纸类。

(3)长纤维黏状打浆:长纤维黏状打浆要求将纤维高度分裂和细纤维化,而尽可能避免纤维遭到横向切断。在抄纸时,纸料必须加水稀释到较低浓度。长纤维黏状打浆生产的浆料适合于生产强度大的高级薄页纸,例如高打浆度的卷烟纸、电容器纸以及电话用纸等,电容器纸的打浆度应打到90°SR以上,但纤维的长度也不应过长,以免影响纸页的匀度。

(4)短纤维黏状打浆:短纤维黏状打浆则要求一方面将纤维高度分裂和细纤维化,同时又对纤维进行适当的切断作用,这种浆料有滑腻感,易在网上形成组织均匀的湿纸,成纸吸水性小,并有相当大的强度。短纤维黏状打浆生产的浆料适合于生产一般证卷纸、电缆纸等。

在实际操作过程中,游离状打浆到黏状打浆之间还有半游离状、半黏状打浆等。例如,对于一般的胶版印刷纸,一方面要求一定的打浆度,使浆料具有一定的细纤维化,以提高成纸的强度;另一方面又要控制打浆度,以避免印刷时收缩变形严重,为此其打浆度一般控制在30~40°SR。

现将国内常见纸张的纤维平均长度及打浆度要求列于表12-2。

表 12-2　　部分常见纸张的纤维平均长度和打浆度要求

纸种	纤维平均长度（毫米）	打浆度（°SR）
双面胶版纸	1.0～1.1	30～40
有光纸	0.8～1.0	40～44
四号凸版纸	0.8～1.1	45～50
打字纸	0.95～1.1	64～66
食品包装纸	1.0～1.2	65～68
邮封纸	—	64～70
电容器纸	1.1～1.4	92～96
电缆线	1.9～2.1	30～35
水泥袋纸	2.0～2.4	22～30
吸墨纸	1.2～1.8	25～30
卷烟纸	1.4～2.0	75～78
描图纸	1.2～1.6	85～95
绘图纸	1.4～1.8	60～65
地图纸	1.5～1.9	55～60
复写纸原纸	1.1～1.5	82～88
火柴盒纸	—	28～30

混合打浆的优点

在纸张生产中，为了满足产品质量和降低成本的需要，有时采用两种或三种不同纤维原料配合抄纸，在这种情况下，有两种打浆方式，一是分别打浆，即每种原料分别在打浆设备中打浆，达到质量要求后，放入各自的成浆池，然后配料抄纸；另一种是混合打浆，即先将两种或三种浆料在配料池按一定比例配好，然后送入打浆设备中混合打浆，即先将两种或三种浆料在配料池按一定比例配好，然后送入打浆设备中混打浆，达到质量指标后，放入统一的贮浆池。

有的工厂用50％漂白亚麻浆和50％亚硫酸盐木浆配比，混合打浆抄造卷烟纸,在成纸质量和打浆动力消耗方面,均有较好的结果。在以针叶木浆为主的纸张生产中,如掺用30%以下的阔叶木浆或竹浆,混合打浆成纸的裂断长和耐破度稍有提高。如某厂用70%~80%漂白针叶木浆配加20%~30%麦草浆或苇浆,通过盘磨机进行混合二级连续打浆,成浆打浆度86~89°SR,生产半透明纸的裂断长、耐破度提高10%左右,撕裂度提高5%左右,电耗降低15%左右。这主要是因为在打浆过程中,木浆长纤维不仅保护了短纤维,减少了麦草纤维的切断,而且麦草纤维在木浆纤维的夹裹下带进磨盘齿面间,增加了对麦草短纤维的挤压、摩擦、扭曲变形作用,加之麦草浆中半纤维素含量高,打浆度上升较快所致。所以,针叶木浆与麻浆、针叶木浆与竹浆、针叶木浆与麦草浆、苇浆等,只有配比适当,打浆工艺条件合理,可采取混合打浆,特别是对我国一些掺用草类纤维的中、小型纸厂,更有实际意义。但是,在一些大型纸厂,如用针叶木浆和磨木浆混合抄新闻纸时,针叶木浆应进行单独打浆,然后与磨木浆混合抄纸。

综上所述,采用混合打浆工艺的优点是:

(1)在用外购浆板的企业中,可以通过水力碎浆机计量浆下料,容易做到配比准确,对稳定纸机生产有利。

(2)可减少打浆前、后浆池数量和配套设备,节约设备投资。

(3)在盘磨机等连续打浆生产系统中,混合打浆可比分别打浆节省打浆设备,操作和管理更方便。

(4)可以提高成纸的物理强度和降低动力消耗。

不同纤维原料的打浆特性

木材纤维大体可分为针叶木和阔叶木两大类。对同一种制浆方法,阔叶木浆比针叶木浆需要打到更高的打浆度,才能取得相近的物理强度,但是阔叶木浆的纤维较短,既要提高其打浆度,又要尽量避免过多的切断,确实是不太容易的,因此,阔叶木浆一般只能轻度打浆,取得不太高的物理强度。针叶木浆的纤维平均长度为2~3.5毫米,为了保证纸张的匀度,必须切短至0.6~1.5毫米。

木浆中,早材和晚材的比例不同,也会影响到打浆性质。晚材细胞壁厚而且硬,初生壁不易被破坏,打浆时纤维容易遭到切断,吸水润胀和细纤维化比较困难;而早材细胞壁较薄,性质又柔软,打浆时容易分离成单根纤维。含早材纤维比例高的纸张,其耐破度较大,而含晚材纤维比例高的纸张,则撕裂度较大。落叶松含晚材多,纤维长,细胞壁厚,纤维本身强度好,打浆较困难,但对提高撕裂度有利。红松含早材多,细胞壁较薄,纤维柔软,易于吸水润胀,结合力较强,因此红松比落叶松易于打浆,并且纸张强度好,尤以耐破度较为显著。

棉麻纤维较长,一般长度在20~25毫米,通常要在切断能力较强的半浆打浆机内进行疏解和切断,然后再在成浆机内进一步打浆。

竹浆的纤维形态介于阔叶木纤维和针叶木纤维之间,因此竹浆的打浆要求比较接近于针叶木浆。

稻麦草的纤维较短,在打浆过程中,既要避免过多的润胀和切断作用,又要取得一定的细纤维化。但是,稻麦草浆纤维次生壁外层和次生壁中层之间的黏结较紧密,不易细纤维化。此外,草浆的杂细胞含量较多,在打浆过程中,这些杂细胞极易破碎,结果是打浆度上升很快,增加了滤水困难。因此,应根据稻麦草浆的这些特点,结合纸张的质量要求,尽可能采取轻打浆的方法。

蔗渣浆、获苇浆的情况基本上与稻麦草浆相似,纤维短,杂细胞多,不易细纤维化。为此,用其生产一般文化用纸,也应轻度打浆。

常用的打浆设备及其发展趋势

打浆设备可分为间歇式和连续式两大类。

间歇式打浆设备目前使用的主要是槽式打浆机,槽式打浆机的种类很多,常见的有荷兰式打浆机、改良荷兰式打浆机、伏特式打浆机、标准 EDG 式打浆机、瓦格纳式打浆机等。它们具有占地面积大、动力消耗大、劳动强度大、间歇操作、产量低、成浆纤维均整性差、细小纤维多等缺点,目前已被国内大多数造纸企业淘汰。但由于它有较强的适应性,仍有一些工厂在使用。如:① 用作半浆机切断棉、麻、破布等纤维浆料;② 继续保留作为成浆机打高黏状浆;③ 品种多样的中、小型厂打各种浆。

连续式打浆设备有圆柱磨浆机、锥形磨浆机和盘磨机等。现分述如下:

(1) 圆柱磨浆机:它自 1966 年从国外引进,70 年代得到广泛应用,它与

槽式打浆机比较,具有许多优点。但也存在下列问题:

① 切断纤维的能力较差,在处理硫酸盐浆、棉浆等长纤维或处理游离状浆料时,切断能力不足;

② 打高黏状浆时,纤维不够柔软,打浆的均整性也不够好;

③ 散热性差,尤其是在打高黏状浆时,打浆温度高,影响浆料质量,并且容易引起石刀爆裂;

④ 维修较麻烦。

因此,从 1980 年以后,圆柱磨浆机已被国内大多数纸厂淘汰,目前仅少数厂使用。

(2)锥形磨浆机:它包括普通锥形磨浆机、高速锥形磨浆机、水化锥形磨浆机、大锥度精浆机等。

普通锥形磨浆机(圆锥度小于 22°),打浆时切断作用强,适用于书写纸、印刷纸及其他游离浆料的打浆;高速锥形磨浆机(圆锥度为 22°～24°),打浆时分丝帚化能力强,适用于打中等黏状浆,如电缆浆料的打浆;水化锥形磨浆机(圆锥度约为 26°),打浆时切断作用小,分丝帚化作用强,适用于打黏状浆,如生产卷烟浆料、水泥袋浆料的打浆;大锥度精浆机(圆锥度为 60°),打浆时纤维帚化程度高,电耗较低。前三种虽是国内使用较早的连续打浆设备,但并未得到广泛应用,仅有一些厂用于抄纸前纸料的精整上。大锥度精浆机是近年来发展起来的一种新设备,由于锥度大,增加了大端的刀片数量,转子和定子以相反的角度安装,运转时刀口呈急剧的菱形变化,产生剧烈的搅动,使纤维得到均匀处理。这种磨浆机按飞刀、底刀材料、形状及厚度的不同,可以处理不同的浆料,打浆时适应性强。

(3)盘磨机:它是国内外近年来发展最快的一种连续打浆设备,按磨面划分,它有单盘磨、双盘磨和三盘磨之分,由于规格、型号、齿形、材质的不同,各有其优缺点,都在各自的领域发挥其应有的作用,逐步取代其他打浆设备。

打浆设备大体沿着以下方向发展:

① 提高设备效能,降低动力消耗;

② 由间歇操作转向连续操作,从而提高生产能力;

③ 从多性能设备发展到单一性能设备,并可将几台效能不同的打浆设

备串联起来使用；

④ 由低浓设备发展到高浓设备；

⑤ 从人工操作单台设备运转，发展到多台设备的集中控制和自动控制。

近年来，在打浆工艺和设备改进上，一个突出的特点就是逐步用连续打浆设备代替了间歇打浆设备，因为连续打浆设备效率高、占地面积小、节省动力消耗、劳动强度低、自动化程度高，是今后打浆的发展方向。

用于打浆的国产盘磨机规格

国内常用的盘磨机按其设备特征一般可分为立式和卧式两类，按其结构和盘数可分为双盘式磨浆机、三盘磨、多盘式磨浆机。

（1）双盘式磨浆机：其中又分为单盘旋转式和双盘旋转式。

① 单盘旋转式磨浆机又称单盘磨，即一个圆盘固定，另一个圆盘旋转，只有一个磨浆面，主要规格有 $\Phi300$、$\Phi330$、$\Phi400$、$\Phi450$、$\Phi500$、$\Phi600$、$\Phi1\,250$（石磨），其中直径在 $\Phi400$ 以下的一般称为小型盘磨机，或称小钢磨，它不仅适用于中、小型纸厂处理草浆（如稻、麦草浆、苇浆、蔗渣浆等），生产一般文化用纸（如有光纸、书写纸、胶版纸等），而且能够处理各种硫酸盐木浆、麻浆、棉浆等，生产电容器纸、拷贝纸、半透明纸、卷烟纸等高级薄页纸。

② 双盘旋转式磨浆机又称双盘磨，即两个圆盘同时回转，但回转方向相反，只有一个磨浆面，规格只有 $\Phi915$ 一种，它主要用于处理半化学浆、化学机械浆等，生产纸板及各种包装纸。

（2）三盘磨：即一个两面具有磨齿的圆盘在两个只有一面磨齿的固定磨盘中间旋转，构成两个磨浆面，其规格有 $\Phi350$、$\Phi360$、$\Phi380$、$\Phi450$ 四种，能够处理各种草浆、木浆，生产大多数纸种。

高浓磨浆与低浓磨浆的区别

浆料在高浓盘磨机中进行打浆，纤维受到刀片的冲击、压溃和纤维彼此之间的摩擦作用，其初生壁和次生壁外层得到破坏，从而促进纤维的吸水润胀和细纤维化。在低浓打浆时，由于大量的水在纤维间起着润滑作用，因此纤维间的摩擦力很小，对纤维的结构形态不易产生影响。低浓打浆主要靠底盘刀片的作用，因此要求磨盘刀片之间的缝隙必须保持在单根纤维厚度左右,勿使纤维受到剧烈的摩擦作用。但是由于打浆设备在使用过程中会发生不均匀磨损,致使整个磨盘刀片间隙不可能完全一致。间隙太小处,纤维受到过度的压溃和切断;间隙过大处,纤维又得不到必要的处理。因此,低浓打浆不易取得均匀的打浆效果。高浓打浆主要依靠磨盘间浆的相互摩擦,而不是靠磨盘本身的作用,因此盘磨间的间隙可以加大,从而避免了纤维的过度压溃和切断。从纤维筛分组成和纤维形态的观察,可以看出经过高浓打浆和低浓打浆的浆料存在明显的差别。前者纤维长度变化不大,纤维多呈扭曲状,细纤维化程度高。后者切断多,长纤维比例大大降低;短纤维和细小纤维比例增加,因而打浆度上升快,其滤水性也差。所以,用高浓打浆的浆料抄成的纸撕裂度和伸缩率、耐折度均比用低浓打浆的浆料抄成的纸高得多。表12-3显示了硫酸盐木浆高低浓度不同打浆方式的抄纸结果。高浓打浆虽然抗张强度变化不大,耐破度增加不多,但纸的横向撕裂度、横向伸长率增加很多,纸的韧性大为提高,这点对提高纸袋纸的使用性能是相当重要的。

对长纤维浆来说,单纯采取高浓打浆的处理方式,纤维没有得到适当的切断作用,不易保证成纸的匀度,因此,可以考虑采用两段打浆的方法,即在高浓打浆之后,再经过低浓打浆处理。两段打浆既能体现高浓打浆的优点,又能达到低浓均整和节约用电的目的。只要高浓和低浓两个阶段取得良好的配合而使纤维受到最小损伤,纸张的强度和质量都会比单独用高浓打浆或低浓打浆要高得多,此点可由表12-3看出。

表12-3　　　高低浓度不同打浆方式的比较

纸张性质	低浓打浆	高浓打浆	高浓＋低浓打浆
横向撕裂度(克)	150	250	200
横向伸长率(%)	6.1	8.6	9.5
横向抗张力(克/厘米)	288	288	270
横向韧性(千克/米/平方米)	12.7	18.7	20.9
耐破度(千克/平方厘米)	1.28	1.32	1.35

十三、调　料

调料的概念及其目的

调料是施胶、加填、染色和添加其他助剂等几个工艺过程的总称。但是这并不意味着所有纸和纸板都必须经过所有这些生产处理过程。也就是说,有的纸和纸板必须经过施胶、加填、染色和添加其他助剂,有的纸和纸板只需要其中的某个工艺过程,而也有的纸和纸板则完全不需要进行调料。这要根据纸和纸板的具体使用要求而有目的地进行调料。

调料的目的主要是从不同角度来改进纸和纸板的有关质量指标,或者同时提高各种添加剂的利用效率。施胶的目的是使纸和纸板获得抗拒流体渗透的能力;加填的目的是改善纸和纸板的某些光学性能(如不透明度、白度等)、物理性能(如裂断长、平滑度等)、机械性能(如柔软性)和印刷性能等;染色的目的则是要赋予纸和纸板所需要的色泽;至于其他添加剂的使用,则或是增加纸和纸板的干、湿强度,或是提高各种添加剂在纸页中的留着率,或是增加纸料的滤水速率,或是消除抄造过程中出现的泡沫,等等。

施胶的目的

习惯上,施胶是指使纸和纸板取得抗水性能的加工过程。事实上,广义上讲,施胶是指对纸和纸板进行处理,使其获得抗拒流体渗透的性能。抗拒流体渗透性能包括抗水(例如包装用纸板)、抗墨水(例如书写纸)、抗油(例如食品包装纸)、抗印刷油墨(例如印刷纸)等,同时也包括抗拒水蒸气(例如纸袋纸)、抗血(例如鲜肉包装纸)等。

大多数纸和纸板是需要施胶的,也有一部分纸和纸板不需要施胶,主要取决于纸和纸板的用途。后者称为不施胶纸,例如卫生纸、滤纸、吸墨纸、浸渍加工用原纸(蜡纸、育苗纸、耐磨纸等)、变性加工原纸(羊皮纸原纸、钢纸原纸等)等,另外,也包括大多数电气绝缘纸(如电缆纸、电话纸、电容器纸等)以及卷烟纸等。要求施胶加工的纸和纸板,称为施胶纸,大致包括下列几大类:① 包装纸和纸板;② 纸袋纸;③ 书写纸;④ 制图纸;⑤ 印刷纸;⑥ 建筑用纸和纸板;⑦ 瓦楞纸板。

为了取得不同的施胶效果,可采用不同的施胶方法。目前应用的施胶方法有两种:一种是内部施胶,一种是表面施胶。

内部施胶是指直接将施胶剂加入纸料中,然后抄成具有憎液性能的纸和纸板。这是目前国内外采用的主要施胶方法,这种方法抄作简单,不需要专门的施胶设备,投资省,但施胶剂损失大。

表面施胶是指将已抄成的纸和纸板浸入施胶剂溶液中或用施胶机向纸面施加一层胶料,待施胶剂干燥后在纸面上形成一层抗液性能膜,从而使纸和纸板取得抗液性能。表面施胶的最大优点是胶料损失小,但需要有专门的表面施胶设备,操作麻烦,热量消耗也多。

上述两种施胶方法可以单独使用,也可以两者结合,即将内部轻施胶的纸或纸板制成后,再进行表面施胶处理。

曾获得广泛应用的施胶剂是白色松香胶,也有个别厂仍沿用褐色松香胶,后来趋于采用部分强化松香胶取代白色松香胶,随着碱性抄纸技术的发展,目前使用合成胶料如 AKD、ASA 等的造纸企业越来越多。

松香及松香胶的种类

松香是松脂经过蒸馏松节油后得到的固体物。外观是浅棕黄色而有透明性。松香一般含有 $80\%\sim90\%$ 松脂酸,其分子式为 $C_{19}H_{29}COOH$。松香的相对密度为 $1.01\sim1.09$,不溶于水,但可溶于酒精、乙醚、丙酮、苯、二硫化碳和三氯甲烷等有机溶剂中。松香软化点为 $73\sim78℃$,熔化点因松香等级的不同在 $80\sim135℃$ 之间,松香的质量是以颜色划分的,从微黄至棕红色,划为特级至 8 级九个等级。特级至 3 级松香色浅透明,熔化点高,施胶效果差;4 级~5 级松香色稍深而透明,最适于造纸工业施胶使用;6 级以上的松香色较深,尽管施胶效果较强,但对纸张白度影响较大,故一般不用。

松香易被氧化而生成脆硬的聚合物,在贮存时切忌把松香放置于阳光下曝晒、雨淋或磨碎后暴露于空气中,以防其性质发生变化。

松香不溶于水,但能与纯碱(Na_2CO_3)或烧碱($NaOH$)发生化学反应,生成能溶于水的松香酸钠,这种反应叫皂化反应,其生成的胶料叫松香胶。

松香与碱作用的能力通常以皂化值来表示。皂化值是指在加热中 1 克松香所消耗的 KOH 的毫克数(也可以用 NaOH 来表示)。一般皂化值在 165 以上的松香质量较好。

松香与烧碱或纯碱的化学反应式为:

$$C_{19}H_{29}COOH + NaOH = C_{19}H_{29}COONa + H_2O$$
$$\quad\ 302 \qquad\qquad 40 \qquad\qquad 324 \qquad\qquad 18$$

$$2C_{19}H_{29}COOH + Na_2CO_3 = 2C_{19}H_{29}COONa + H_2O + CO_2\uparrow$$
$$2\times302 \qquad\quad 106 \qquad\quad 2\times324 \qquad\quad 18 \quad 44$$

根据上列的反应式可以算出,当用烧碱为皂化剂皂化 100 千克纯的松香需用烧碱 13.2 千克,当用纯碱为皂化剂皂化 100 千克纯的松香需用纯碱 17.5 千克。

随着皂化用碱量的不同,松香胶中所含游离松香的数量不同,根据游离松香的不同含量可分为中性胶、白色胶和高游离松香胶三种。

中性胶是指在皂化过程中,松香已被全部皂化,不含游离松香,而生成的松香酸钠在溶液中呈分子状态,这种胶呈褐色,又称褐色胶。褐色胶熬制方便,但施胶效果差,松香、矾土耗用量大,现已基本不再使用。

白色胶是指在皂化过程中,用碱量比理论用碱量少,因而有一部分没有与碱起作用的游离松香,游离松香的含量一般在 10%～45% 范围内,有的高达 50%。白色胶经稀释乳化后,游离松香微粒被分散在胶液中,胶液呈酸性,因此又称白色胶为酸性胶。目前国内普遍使用的白色胶含游离松香为 20%～30%。

高游离松香胶是指胶液中游离松香含量高达 70%～90%,即大多数松香没有与碱起反应。为防止松香颗粒凝聚,需加入干酪素或动物胶作胶体稳定剂,它虽有很强的施胶效果,但制备复杂,胶料稳定性差,现在很少使用。

强化松香胶,又叫马来松香胶,是一种高效能的改性松香胶。它的特点是,在悬浮液中的颗粒比天然松香小,能够在较大的纤维表面上分布均匀,从结构性能上与纤维有较大的结合力,可以提高施胶效果,以强化松香胶取代 10%～15% 的白色松香胶,能节约施胶剂用量在 25%～30%。

分散松香胶是马来松香采用特殊工艺方法制成的一种新型施胶剂,它的游离松香含量为 100%。分散松香胶为乳白色,较马来松香胶的白度高,pH 值在 6.0 左右,它的颗粒比马来松香的颗粒小得多。分散松香胶施胶效果好,松香和矾土用量少,而且施胶效果不受季节影响。分散松香胶又分为阳离子分散松香胶和阴离子分散松香胶,阳离子分散松香胶可以在近中性抄纸条件下使用,填料可以采用 Ca_2CO_3。目前分散松香胶正逐步取代白色松香胶,成为造纸工业普遍采用的施胶剂。

此外,还有石蜡松香胶等。

制备白色松香胶及熬胶过程中应注意的问题

白色松香胶由松香和纯碱(或烧碱)制成,其制备过程包括皂化(熬胶)、乳化和稀释三个步骤。

熬胶通常是在熬胶锅内完成的。国产松香熬胶锅的容积一般为 1 立方米,每锅可熬制松香 150～220 千克。锅的结构如图 13-1 所示。

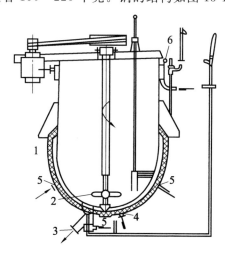

图 13-1　松香皂化锅

1—加热夹套　2—搅拌器　3—放料口　4—冷凝水排出口　5—加热蒸汽管　6—冷却水套

锅内设有可调速搅拌器,搅拌速度一般控制在200转/分钟,锅体下半部在总高三分之一处设有夹套,供通汽间接加热用。夹套外壁装有压力表,锅底装有放料阀门和排冷凝水阀门。在锅体上部设有宽约100毫米的冷却水套,供通入冷水用,使胶液上升到此处时降温,以防止胶液随同熬胶时产生的泡沫外溢。锅盖由薄铁板制成,一半固定,另一半则可以掀开,便于装料。放料口设于锅体底部,与放料阀门和放料管道相连接。制备白色松香胶时,放料管道又与过滤器和喷射乳化器相连接。打开放料阀门,即可将锅内松香胶放出,使其通过过滤器,进入喷射乳化器,得到乳化,流入乳化槽。

熬胶时,先在熬胶锅内加相当于松香重量60%~75%的清水,开动搅拌器,并通汽加热,再加入约为松香重量4%~16%的纯碱,待纯碱全部溶解后,在5~20分钟内,缓慢地将已砸成核桃大小的松香块加入锅内,在102~105℃温度下,熬制4~6小时,直至用棒挑起胶料时,胶料成透明片状流下,且没有气泡、块状、粒状物质,也不是成条连续往下流动,即为熬胶终点。另外,可取一小滴胶料,置于盛有80℃以上热水的玻璃容器中,用玻璃棒搅拌,如能迅速分散成均匀白色乳液,器底无残余的互相黏结的胶料沉淀物,分散的乳液又没有明显的云彩状物质,亦为熬胶终点。这时的胶料就是合乎质量要求的松香胶,其游离松香含量为15%~25%左右。

熬胶过程中,要注意以下问题:

(1)事先敲成3~5厘米大小的小块,大小要均匀,不能有过多的碎末,以免凝结成块,反应不均匀,松香块过大也反应不均匀,并延长熬胶时间。

(2)松香加入的速度不要太快,否则将使锅内温度急剧下降,造成松香结块,延长熬胶时间。

(3)通汽压力要视熬胶情况合理控制。增大气压,可相应的提高反应温度,使皂化反应速度加快。用纯碱皂化,如果反应温度过高,使反应过快,则会产生大量泡沫,锅内液面急剧上升,易造成锅内胶料外溢事故。所以熬胶温度一般应控制在102~105℃之间为好。

(4)合理使用搅拌器,使皂化反应充分。在熬胶初期,搅拌速度太快,会使反应速度加快,产生大量泡沫,造成胶料外溢事故;接近熬胶终点时,胶料色泽加深,细小泡沫减少,而所产生的是一些大的蒸汽泡,这时可加强搅拌。

(5)纯碱最好分三次加入,开始加入1/3,中间加入1/3,后期加入1/3,

这样熬制的胶料反应较均匀。

松香胶熬好后，要立即进行乳化。乳化时，先将松香锅底部的放料阀门打开，使胶料通过过滤器(过滤筐子可用 20～30 目的铜网制成)除去大块夹生料和杂质，然后进入喷射乳化器，与 $5.89～6.87×10^5$ 牛/平方米($6～7$ 千克/平方厘米)表压蒸汽和温水(冷天用 70～80℃，夏天用 50～60℃的水)混合，借以充分分散松香胶颗粒，并将其送入事先盛有 20～25℃清水的乳化槽。乳化槽内的清水量应稍多于乳化槽容积的 1/3。喷射乳化结束后，可加冷水稀释乳化槽内的松香胶乳液，直至其浓度达到 20～25 克/升，并维持在 40℃以下温度。同时开动乳化槽附设的搅拌装置或胶料循环泵，使乳液充分混合均匀，然后送到沉淀池内，任其静置沉淀 8～12 小时，再用泵送至贮存槽备用。

喷射乳化器是由铜制或青铜制喷射管构成。如图 13-2 所示。

在喷射管上部，设有联管节，用以连接安设胶料管和温水管的法兰盘。连接蒸汽管用的法兰盘和喷射嘴，则通过另一联管节，跟胶料管和温水管的两个法兰盘连接在一起。操作时，先打开温水阀门，然后通入蒸汽，再送胶料，胶料进入喷射乳化器后，即被温水稀释。由于蒸汽的抽吸作用，稀释胶料随即进入喷射管部分，此时胶料又受蒸汽的冲击作用，从而得到分散。

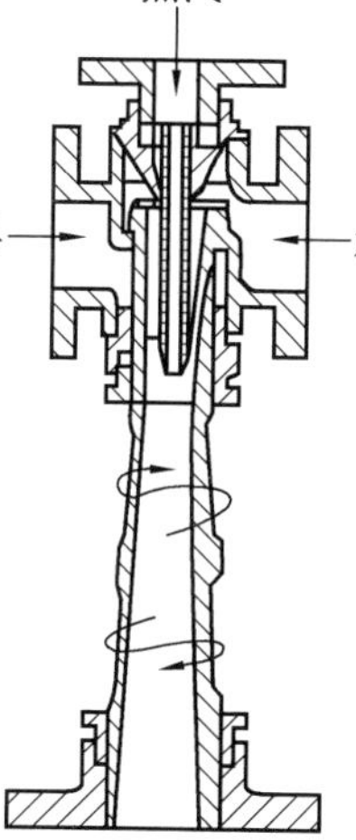

图 13-2　喷射器乳化器

计算制备松香胶的用碱量

用纯碱或烧碱熬制松香胶，实际上是一个皂化过程，其反应如下：

$$2C_{19}H_{29}COOH + Na_2CO_3 = 2C_{19}H_{29}COONa + H_2O + CO_2\uparrow$$

$$C_{19}H_{29}COOH + NaOH = C_{19}H_{29}COONa + H_2O$$

理论上，100 千克松香与 17.55 千克纯碱或 13.25 千克烧碱反应，可达到完全皂化，实际上松香含有不可皂化物质，纯碱或烧碱也含有杂质，因此要取得完全皂化作用，必须根据松香的皂化值和碱的纯度作必要的调整，完全皂化制成的松香胶呈深褐色，要制取含游离松香的白色松香胶，必须酌量

减少碱的用量,使部分松香酸不参与反应,以游离状态存在于胶料中。

熬胶所需用碱量可按下列公式计算:

$$A = \frac{OM_2}{M_1 P}(1-C)\%$$

式中　A——用碱量(％)(对松香用量);

　　　O——松香的皂化值(以％KOH 表示);

　　　M_1——测定皂化值用 KOH 的当量;

　　　M_2——熬胶用碱的当量;

　　　C——松香胶的游离松香含量(％);

　　　P——熬胶用碱的纯度(％)。

例题:假如松香的皂化值为 165 毫克 KOH(即 16.5％),用纯度为 90％的纯碱进行皂化,以制取含 20％游离松香的白色松香胶,则所需用碱量为:

$$A = \frac{16.5 \times 53}{56.1 \times 0.9} \times (1 - 20\%) = 13.8\%$$

即每 100 千克松香需加 13.8 千克纯碱。

制备强化松香胶

松香胶用于施胶,起作用的重要官能团是羧基。如能设法增加松香的羧基数量,可望提高松香的施胶效能,这就是制备强化松香胶的理论根据。

仅以马来松香胶为示例,说明强化松香胶的制备情况。

用 5％～7％顺丁烯二酸酐(即马来酐)或 4％～5％反丁烯二酸(即富马酸),与松香在 200～220℃下共熔,历时 30～60 分钟,可制得近似松香的缩合物。反应式如下:

COOH

　　　　　　　　　　＋

HC
‖
HC

COOH

松梨酸　　　　　顺丁烯二酸酐　　　　　马来海松酸酐

也可以采用其他二烯亲和物取代马来酐,必要时,还可以加2.2%仲甲醛和0.1%甲苯磺酸,在160℃下加热20分钟,借以减少结晶。

由上列反应式可以看到,制得的加成物具有三个羧基,其酸值为180～200,熔点为215～217℃。以4%左右氢氧化钠(或15%左右碳酸钠)对其进行皂化,再使之在水中分散(其皂化、乳化和稀释的操作与白色松香胶基本相同),即可制得马来松香胶。

马来松香胶的特点

马来松香胶具有以下特点:

(1)马来松香是一种高效能的改性松香。马来松香改变了天然松香的软化点低、易氧化和发脆等弱点,它具有一定的抗氧化性能。因此马来松香性质稳定,夏季存放也不易变质。

(2)在夏季温度高时,用马来松香胶施胶,不会出现夏季施胶障碍。

(3)作为造纸施胶剂,马来松香胶用量低,施胶效果好,硫酸铝的用量也低。因为用马来松香熬制的马来松香胶经乳化后,颗粒比普通松香胶的小,在显微镜下观察可见,皂化和乳化情况良好的马来松香胶颗粒直径几乎全在2微米以下,因而能更均匀地分布在纤维表面上,使成纸获得较高而且稳定的施胶度。

(4)马来松香胶能适应较高干燥温度,因此,极其适用于在大直径单烘缸上进行烘干的纸张施胶。

分散松香胶的特点及制备

分散松香胶是用马来松香采用特殊工艺方法制成的一种施胶剂,它的游离松香含量为100%。分散松香胶为乳白色,较马来松香胶的白度高,pH值在6.0左右,其颗粒多在0.5～1.0微米之间,比马来松香胶的颗粒小得多,施胶效果更好。白色松香胶与胶料沉淀剂硫酸铝的反应是瞬时的,而分散松香胶与硫酸铝的反应发生在浆料悬浮液中以及纸机的湿部,比较迟缓,只是在干燥时吸附在纸料上的松香颗粒熔融后,才与硫酸铝反应,生成松香酸铝,这对提高纸的施胶度及强度很有利。

分散松香胶的特点如下:

（1）熬制比较简单，熬制速度快。

（2）用分散松香胶施胶，纸料产生的泡沫少。

（3）适应性强，可在 pH 值 4.5～6.0 范围内施胶。

（4）用量少，在打字纸、书写纸、邮封纸、晒图原纸、双胶纸等使用分散松香胶，比使用白色松香胶可节省施胶剂 30％～50％，节约硫酸铝 20％～50％。

（5）能抗硬水和克服夏季高温施胶的障碍。

（6）因松香胶用量减少，可以提高纸张的白度和强度。

（7）分散松香胶可采用阳离子淀粉、阳离子树脂等作胶料留着剂，可以少用或不用硫酸铝作沉淀剂，可在 pH 值 6～7 的纸料中进行弱酸性或近中性施胶，为用碳酸钙作为纸张填料创造了有利条件。

制备分散松香胶的设备主要有两种，一种是蒸汽加热锅，一种是电加热锅。前者优于后者，因既省电又安全，反应比较均匀。蒸汽加热锅，是在原定型锅的基础上，增加锅内蛇盘管、加热乳化剂箱（箱内设蛇盘管）、锅内测温计和可变速搅拌器等。

首先把直径小于 40 毫米的 3‰马来松香块称重 160 千克倒入锅内，然后往锅体和蛇管送蒸汽，当温度上升到 80℃时，松香块开始熔化。当锅内温度达到 130℃时，开始低速搅拌，转速为 200～240 转/分钟。当温度上升到 150℃时，继续搅拌 10 分钟，用 15 分钟的时间加入分散剂，加完分散剂后，关闭通蛇管的蒸汽，使表压降为零，保持锅内蒸汽压力为 1.0 千克/平方厘米，将搅拌器的转速略增至 220～250 转/分钟，在这一条件下搅拌 10 分钟，然后用 10 分钟的时间徐徐将 40 千克沸腾水加入锅内作为补充水，加完补充水后，继续搅拌 4 分钟，即全部停止通气，开始在 1 000～1 250 转/分钟的条件下进行高速搅拌。在高速搅拌的同时，把 150 千克的沸水，用 2～3 分钟的时间加完，再搅拌 3 分钟，即可得到 4.3％的分散松香胶，最后加温水稀释至 2.0％～2.4％的使用浓度，即可供施胶之用。

石蜡松香胶的特点及制备

石蜡松香胶是一种高疏水性的施胶剂，用它对纸或纸板进行施胶有如下特点：

（1）石蜡松香胶能赋予纸张以较高的憎液性能（包括憎水、抗墨水、抗血、抗乙醇、抗乳液等），同时又能提高纸的柔软性、弹性、平滑度和光泽度等。

（2）能提高纸的耐久性。因为石蜡在老化过程中，不易变色返黄，故而防止了松香胶的氧化作用，提高了纸的耐久性。

（3）能节约松香和硫酸铝的用量。要达到同样的施胶效果，石蜡松香胶、硫酸铝的用量一般比用普通松香胶施胶降低 20%～40%。

（4）可得到高施胶度的纸和纸板，而且还能在很大程度上防止"假施胶"现象的出现。随着石蜡松香胶用量的增加，成纸施胶度增大，当施胶剂用量增至 40% 以上，成纸的施胶度仍能明显的提高，这与普通松香胶的情况有明显不同。

（5）石蜡松香胶常用于碳酸钙加填的纸张。

（6）可以减少生产系统中的泡沫，不会因用胶量的增大而在抄纸过程中产生泡沫障碍。

熬制石蜡松香胶的原料是：

松香 100 份，石蜡 8 份（对松香量），纯碱 11 份（对松香量），水 75 份（对松香量）在熬胶锅中加入定量的水，加热到 80℃ 左右再加入纯碱，待碱完全溶解后加入石蜡，石蜡溶解后加入松香。整个皂化过程都要搅拌，使反应均匀，并使沸腾时间保持 2.5～3 小时，即可成胶。熬好的石蜡松香胶，用 0.7～1 兆帕的蒸汽压力进行喷射乳化，乳化完的乳液稀释冷却至 40℃ 以下，并将乳液的浓度调到 2.0% 左右即可使用。按上述配方熬制的石蜡松香胶，游离松香含量在 20%～25% 之间。

对施胶用的矾土的质量要求以及制备生产用的矾土溶液

施胶常用的沉淀剂为矾土（又称造纸明矾），其主要组成为结晶硫酸铝，带有 14～18 个分子的结晶水，其 Al_2O_3 含量为 14%～15%，其分子式为 $Al_2(SO_4)_3 \cdot nH_2O$。矾土有酸性和碱性两种类型。碱性矾土是指 Al_2O_3 含量较 $Al_2(SO_4)_3 \cdot 18H_2O$ 分子式中理论值多 0.15%～1.0% 的产品，酸性矾土则指含有过量游离硫酸的产品。造纸施胶应采用碱性矾土，对其质量要求是：Al_2O_3 含量在 14%～15%，铁质应在 0.3% 以下，不溶物不大于 0.5%。但是，有些工厂用水硬度较大，则可以考虑改用酸性矾土，但其游离硫酸含量不应超过 0.5％,否则将影响施胶效果和腐蚀设备。无论是选用碱性矾土还是酸性矾土,其杂质含量,特别是铁盐含量不能太高,否则将会与松香胶和染料发生化学反应,影响纸张色泽。

制备生产用的矾土溶液要经过溶解、澄清等过程。矾土的溶解有两种方法,一是用冷水直接溶解,即在溶解槽中加水、加矾土,在常温下通过搅拌作用或泵送循环混合作用而制成矾土溶液;另一种是采用加热溶解的方法,即在溶解槽中加适量的清水(为矾土量的 18～20 倍),通汽加热至沸腾,并进行搅拌使之混合均匀,经 20～30 分钟,溶液全部呈透明状,即可停止通汽、停止搅拌,任其静置澄清,冷却至 35℃,方可用泵抽送至贮存槽。采用加热法溶解矾土,可大大缩短溶解时间,特别是冬季更宜采用此法。施胶使用矾土液时,都必须经过过滤。

因矾土液呈酸性,具有较强的腐蚀性,因此,要求所有与矾土液接触的设备,如溶解槽、计量槽、泵、管道等,均应采用耐腐蚀材料制成。

施胶操作以及几种常见纸和纸板的施胶量

施胶一般在打浆之后进行才能得到最好的施胶效果。如果在打浆之前加入胶料则打浆后所形成的纤维表面就得不到很好的施胶。

施胶可分为间歇施胶和连续施胶。间歇施胶可在打浆机内进行,也可以在打浆机后的适当设备中进行。如果在打浆机内施胶,一般是在打浆终点前 30 分钟左右,向浆中加入规定量的施胶剂,随同纸料在打浆机内循环,借以保证施胶剂均匀地混合在纸料中,循环 15 分钟后,再加入规定量的矾土液,再混合 10 分钟,即可放浆。如果是在打浆机后的配浆箱或贮浆池中施胶,也是采用先加施胶剂、后加矾土的方法。连续施胶,可在双管施胶机的第一根施胶管的进口处加胶,在第二根施胶管的进口处加矾土液。

上述施胶程序对施胶效果有一定的影响,但施胶效果主要取决于浆种、施胶剂和沉淀剂的用量。而施胶剂用量的多少主要取决于要求达到的施胶程度,即纸张质量标准规定的施胶度指标。

表 13-1 所示为以白色松香胶为施胶剂的几种常见纸和纸板的施胶剂用量。

从表 13-1 可以看出,大多数纸种的施胶量在 0.5％～2.0％(对绝干浆重量)之间,少数纸种的施胶量在 3.0％～4.0％(对绝干浆重量)之间。从表中还可以看出,纸种不同、施胶量相同,但施胶度却差别较大,这种现象主要是由浆种和打浆方式不同决定的。就浆种而言,α-纤维素含量愈多,施胶愈困难,而半纤维素含量愈多,愈有利于施胶,实验表明,不同浆种施胶操作从易到难的顺序是:磨木浆＞竹浆/草浆＞未漂硫酸盐木浆＞未漂亚硫酸盐木浆/蔗渣浆＞半漂硫酸盐木浆＞漂白硫酸盐木浆/漂白亚硫酸盐木浆＞半漂半化学浆＞精制浆＞棉浆。就施胶的用量来说,施胶剂用量在 0.75％～1.5％的范围内,施胶度随着施胶用量的增加而明显提高;若施胶剂用量从1.5％增加到 3.0％时,施胶度的提高很缓慢;若施胶剂用量超过 3.0％,不仅成纸的施胶度变化不大,而且产生一些副作用,如成纸成本提高,在抄纸过程中容易糊网和产生大量泡沫等。因此,在实际生产中,用松香胶作为施胶剂时,其施胶量很少超过 4.0％。

表 13-1 　　　　　　　**几种常见纸和纸板的松香胶用量**

纸种	新闻纸②	胶版印刷纸	凸版印刷纸	书写纸	纸袋纸	包装纸	有光纸	打字纸	书皮纸	涂布纸原纸	纸板面层	箱板纸	水果套袋纸
施胶度① 指标要求(毫米)	—	0.75～1.25	0.25	0.5～1.25	1.75	0.5～1.25	0.25	0.25	1.0～1.25	0.5～0.75	—	—	—
松香胶用量(％)	0～1.5	2.0～3.0	0.5～1.5	1.5～3.0	1.5～3.0	1.0～3.0	0.5～2.0	1.0～2.0	2.0～3.0	0.5～1.5	1.0～2.0	3.0～5.0	3.0～4.0

注:① 施胶度的测定是利用墨水画线法,以线条宽度(毫米)为标准。

　　② 卷筒新闻纸大多数不施胶,平板新闻纸可适当施胶,以适应其他方面使用的需要。

关于沉淀剂(矾土)的用量,是由施胶剂用量和生产用水的硬度决定的。用矾土(硫酸铝)作松香胶的沉淀剂时,其用量一般为松香胶用量的 2～3 倍,但如果生产用水硬度过大,矾土用量也可以为松香胶用量的 4～5 倍。

另外,在生产中,有的工厂将损纸定量配比使用,在这种情况下,由于损纸中含有一定的施胶度,故可适当降低松香胶和矾土的用量。

目前常用于造纸浆内施胶的中(碱)性施胶剂的开发和进展

中(碱)性施胶的开发是 20 世纪造纸工艺的重大革新,不仅解决了重要档案文件的长期保存,改善纸页强度,使用更多的碳酸钙填料,节约浆耗,降低能耗,减轻设备腐蚀,减少排水污染,还相应发展了系列配套湿部添加剂,促进了湿部化学的发展。

20 世纪 70 年代初期,美国国会议会图书馆 1 800 万册藏书中发现约有三分之一的图书面临脆化的危险,而中国古代书籍历经数百年却能安然无恙。美国 Barrow 实验室分析纸的变质和脆化原因,是因为纸内含有的酸性物质使纤维素水解,从而使纸页强度逐年下降。众所周知,中国古代纸是不施胶或只用动物胶、淀粉等处理。1807 年德国人依利格(Illig)发明松香施胶,用矾土(硫酸铝)作固着剂,造纸系统由中性变为酸性,硫酸铝与纸中微量水分反应水解,导致纤维素降解,成为纸张脆化的主要原因,因此重视和加速了中(碱)性施胶的研究和开发。

(1) 中(碱)性施胶剂的发展过程:中(碱)性施胶是指在抄纸各工序中,将 pH 值调节至 7 以上,原则上不使用矾土(硫酸铝)的一种施胶方法。

20 世纪 50 年代开发的第一代中性胶,是将脂肪酸与多元胺反应生成具有疏水基带阳电荷的多元胺盐,在中(碱)性条件下自行留着于纤维上,在纸机通常的干燥条件下即能熟化,并提供一定施胶度。首先可用碱性碳酸钙为填料生产施胶纸,但如果用量较多,则影响纤维间结合力和成纸强度,纸机湿部沉淀物也较多。

1948 年美国发明烷基烯酮二聚物(Alkyl Ketene Dimer,简称 AKD),1956 年建厂生产,并于 1957 年和 1960 年分别用于优质纸和牛奶液体包装纸板的施胶剂。早期的 AKD 型中(碱)性胶为非离子型,胶料留着率低,熟化速率慢,因而限制了其应用的范围。

1968 年美国发明烯基琥珀酸酐(Alkenyl Succinic Anhydride,简称 ASA)型反应胶,1972 年成功用于优质纸的施胶。但反应速率快,易水解,需现场乳化,因而使用面不广。

上世纪 70 年代在欧洲推出带阳电荷 AKD 型中(碱)性胶,80 年代又相继开发以阳电荷树脂为稳定剂的系列反应胶,提高胶料留着率和加快反应性,扩大了 AKD 型中(碱)性胶的应用范畴,为中(碱)性施胶的发展奠定了坚实的基础。与此同时,改进了 ASA 的乳化和应用工艺,并配备了用微机控制的现场乳化和添加装置。由于胶料成本较低,熟化速率快,适用于机内涂布的大型高速纸机的施胶。

近年来,新型造纸机车速不断提高,一般车速已达 1 000 米/分钟以上。AKD 型中(碱)性胶的熟化速度已难以适应使用要求,加以还存在纸面打滑和胶料位移等问题。上世纪 90 年代,又推出新一代碱性施胶剂—烯基烯酮二聚物(Alkenyl Ketene Dimer,简称 AL-KD),据称可解决上述问题,现在美国造纸工业市场上已占有一定的销售额,并有逐步增加的趋势。

近年来美国开发的新型阳离子分散松香胶,日本推出的酯化松香乳液,以及阴离子松香胶,采用聚氯化铝(PAC)替代硫酸铝的中性松香施胶技术,也得到一定范围的应用,但未见有用于大型高速纸机的报道。

(2)中(碱)性施胶剂的类型:当前纤维素反应型中(碱)性施胶剂有 AKD 型和 ASA 型两种。其施胶是通过与纤维素羟基反应形成共价键,在化学结构上有共性,主要表现在:拥有长碳链憎液性能的官能团,即起施胶作用的疏水基;拥有与纤维素键合的活性基团,能与纤维素发生键合作用。因此,即使用量少,也可获得优异的施胶效果。

① AKD 中(碱)性施胶剂:AKD 由长链脂肪酸经酰氯化试剂合成脂肪酰氯,用碱催化剂脱氯化氢而成。常温时为乳白色蜡状固体,其熔点随制备的脂肪酸碳链长度而不同,一般在 40~55℃之间。具有四元环内酯结构,易和含羟基的化合物发生反应。纤维素和水均含有羟基,AKD 和纤维素反应,可使纸张具有良好的抗水性,但与水反应后生成的水解物,则无施胶效果。AKD 易水解,但又必须制备成水乳液才能使用,为此,乳液组分、乳化工艺和特定的乳化装置是制备稳定的 AKD 型中(碱)性胶的关键。使用时,无需加入硫酸铝,pH 值适用范围为 7.0~8.5,胶料用量为松香胶的 10%~15%。除有优良的抗水性外,还有抗乳酸、抗碱等性能,可用于传统印刷书写纸,还可用于液体包装纸板、照相原纸等特殊纸种。

② ASA 中(碱)性施胶剂:ASA 由乙烯均聚成 α-烯烃,经异构化成内烯烃,再与顺酐反应而成,常温时为油状黏稠液体。含有两个疏水基和反应性酐基,反应活性更甚于 AKD 的四元环内酯基。与纤维素有很快的反应速率,但也极易水解。原液在密闭隔绝水分情况下,可长久贮存,但一经乳化,短时间内会水解成液状粘胶物。因此必须采用微机自控的现场乳化设备,适用于日产量 200 吨以上的大型纸机。对硫酸铝有一定的容忍性,可在近中性范围内应用。现多倾向于未涂布不含磨木浆的高级纸和建筑用石膏纸板等。

AKD 型和 ASA 型中(碱)性胶的物化性能和纸机应用概况比较,见表 13-2。

表 13-2　AKD 型和 ASA 型中(碱)性胶的物化性能和纸机应用概况
比较表

	AKD 型	ASA 型
反应速率	与纤维素和水反应速率中等	与纤维素和水反应速率极快
物理状态	原料和水解物均为蜡状固体	原料和水解物均为油状黏稠液体
水解物反应率	惰性,与纤维素无反应	活泼,仍可与纤维素羧基反应
使用形式	乳液状分散体	油状,需现场乳化
施胶效率	中高度抗水性、抗乳酸和抗碱性	适度抗水性,无抗酸、碱性
填料含量接受能力	18%～25%	有结垢倾向,一般 8%～15%
贮存稳定性	乳液常温贮存约 1～3 个月	原液可长期贮存,但一经乳化,可在短期时间内水解
纸机湿部结垢(沉积物)倾向	低	较高
熟化速率	起施胶速率较慢,高速纸机尤为明显	起施胶速率较快,下机后成纸即可有 95% 以上施胶度
使用方法	单纯计量添加	需现场乳化,其中乳液计量添加,淀粉糊液温度等均需用微机 DCS 自控装置

（3）中（碱）性施胶剂的现状和发展趋势：中西欧是率先发展中（碱）性施胶技术的地区。原因是木材资源短缺，进口纸浆价格昂贵，而价廉质优的白垩（碳酸钙）供应充足，需要增加填料用量以节约纤维；另外中性抄造的废水pH值一般在 7 左右，SO_4^{2-} 离子显著降低，BOD_5、COD 也有所减轻，相应减少造纸废水的污染。上世纪 80 年代初期文化用纸中性施胶已达 60％～65％，进入 90 年代已高达 95％。

美国由于白土资源丰富，碳酸钙售价比白土贵，加以木浆供应无虑，中性施胶仅限于液体包状纸板、石膏纸板等少量纸种。近年来，由于木浆价格提高，制浆厂碱回收苛化后白泥处理困难，却可用作中性纸的填料，加以又体现了节约能源，改善纸机湿部洁净环境和提高成纸质量等，因此亦重视中（碱）性施胶技术的应用和发展。高级纸中（碱）性施胶比例由上世纪 80 年代初期 15％左右，至上世纪 90 年代已跃至 90％以上。

亚太地区，日本首先开发了中（碱）性施胶技术，但由于采用石油树脂、石蜡胶等多元化中性胶，因此长期徘徊不前，直至上世纪 90 年代初期，高级纸中比例仅占 25％左右。近年来，由于中性纸对原料要求较宽容，可以大量采用二次纤维为原料，还可采用廉价填料，因此，中性施胶有所发展。印尼新建很多大型高速纸机，以阔叶木浆为主要原料，是亚太地区中中性施胶发展最迅速的国家，高级纸几乎全为中性纸。

我国在上世纪 80 年代中期才开始研究中（碱）性施胶技术。1989 年上海江南造纸厂在铜版原纸生产中全面采用中（碱）性施胶，随后上海地区和山东、江苏、浙江等一些中型企业相继采用中（碱）性施胶，高级纸中比例为 3％～5％，随着苏州紫兴、常熟亚太资源、镇江金东、宁波中华、苏州金华盛等大型企业转向中（碱）性施胶，目前采用中（碱）性施胶剂施胶的纸张一跃超过 50％以上。

“假施胶”的概念及防止发生“假施胶”现象的措施

所谓“假施胶”，是指纸张干燥后测定其施胶度合格，但放置一定时间（如一昼夜、三五天或更长时间）再测其施胶度则施胶度下降或基本消失的现象。“假施胶”一般多在用冷碱法施胶或用白色胶对本色浆施胶，或生产用水硬度较大时出现。用白色胶对漂白浆施胶，有时也出现“假施胶”问题。

关于"假施胶"的根本原因,目前还不清楚,在工厂生产中,一般采取以下措施来减少或消除"假施胶"现象的发生,即:

(1)采用石蜡松香胶,或者在纸料中分别加松香胶和石蜡胶,均可在很大程度上防止"假施胶"现象的出现。

(2)控制好干燥曲线,特别是避免强干燥和在抄纸过程中适当增加白水用量,即增加纸张中细小纤维的比例。

(3)控制生产用水的硬度,或适当增加硫酸铝的用量等。

(4)推广使用中性施胶剂。

表面施胶的概念及特点

表面施胶是指在经过内部施胶或未经过内部施胶的纸和纸板的面层上,涂上一层均整的薄层胶料,使纸和纸板取得憎液性能的一项工艺过程。

表面施胶是施胶技术的另一个发展趋向。它具有化学品损失少,不受浆中其他物质的影响,而且可在较高 pH 值的条件下操作等优点。经过表面施胶的纸或纸板,可使表面形成光滑而且有抗水性的胶膜,这不但提高了纸或纸板的抗水性能,而且还可增加纸或纸板的强度和挺度,改善书写性能和印刷性能,提高纸或纸板的耐摩擦性及耐久性,还可以解决纸的掉毛、掉粉问题。

表面施胶多用于高质量纸种,如钞票纸、证券纸、扑克牌纸、高级书写纸、胶版印刷纸及食品包装纸等。为解决填料含量较多的纸张易掉粉、草浆(特别是苇浆)易掉毛的问题,也可以采用表面施胶,在这种情况下,主要是利用施胶剂,将填料颗粒或由细小纤维构成的纸毛更好地黏附在纸面上,防止其脱落,同时又取得施胶效应。

常用的表面施胶剂

前述的内部施胶剂,均可作为表面施胶剂用。除此之外,常用的表面施胶剂还主要有:动物胶、淀粉、聚乙烯醇、甲基纤维素或羧甲基纤维素、石蜡胶、合成树脂、合成胶料等。现就其中主要几种的特点分述如下:

(1)动物胶:表面施胶常用的动物胶为白明胶(包括鱼胶、骨胶、皮胶,其中以无色、无嗅、几乎透明的鱼胶质量最好)。使用动物胶时,应先将干胶在冷水中浸渍数小时，使其充分润胀，然后置于锅中加水加热，控制温度在50～60℃，缓慢搅拌，制成4％～10％浓度的胶料。要防止过热，否则将发生水解作用而降低胶的黏度。有时在胶中加入少量（2％～10％）的矾土，借以提高胶料黏度，还可加少量防腐剂。

由于价格高昂，动物胶多限于高级纸种的应用，且多与淀粉混合使用，目前基本不用动物胶进行表面施胶。

（2）淀粉：用于表面施胶的淀粉，主要是变性淀粉。其中以氧化淀粉、阳离子淀粉和淀粉的乙酰化衍生物的施胶效果最好，而酶素转化淀粉因价格较低，应用也较普遍。原生淀粉或未经改性的淀粉，由于其溶液黏度太大，故一般不用。

使用时，淀粉的浓度取决于其本身黏度，一般认为，高黏度淀粉浓度应为4％～10％；低黏度淀粉浓度应为4％～18％。使用前，应先将淀粉置于冷水中，搅拌均匀，然后加热至88～100℃，历时10～20分钟，使其糊化，并调节至上述浓度。施胶温度一般维持在50～66℃，施胶后纸张的淀粉含量约为1.5％～3.5％。

变性淀粉可单独用于表面施胶，也可与动物胶混合使用，还可与25％～35％的瓷土配合使用，或与15％的丁二烯、苯乙烯共聚物和60％～70％瓷土混合使用。

用变性淀粉进行表面施胶，能同时改进纸张的耐破度、抗张强度和耐折度，但撕裂度略有下降。

（3）聚乙烯醇（PVA）：聚乙烯醇能使纸张获得较强的抗油性能，但它的抗水性较差，通常与尿素甲醛树脂或是用铬的化合物（醋酸铬、重铬酸铜或钠）配用，可以提高其憎水性能。聚乙烯醇具有优越的黏结强度和成膜性，能在纸面构成高度透明而且柔软、抗张强度又较大的抗油薄膜。聚乙烯醇不溶于冷水，但可溶于60～85℃热水，通常制成1％～3％溶液，供表面施胶用。聚乙烯醇除用作表面施胶剂外，也可以用于涂布加工纸的粘胶剂。

聚乙烯醇具有容易渗入纸张内部的特性，为此必须使用过量的聚乙烯醇才能产生应有的施胶效果。为了解决这一问题，通常与氧化淀粉、羧甲基纤维素、聚丙烯酰胺等配合起来使用。也可以使用硼砂作为聚乙烯醇的胶凝剂，这种施胶方法是先使纸面通过硼砂溶液处理，然后再用聚乙烯醇施胶,这种做法可以保证聚乙烯醇很快地在纸面凝结,不会浸入纸页的内部。

(4)甲基纤维素或羧甲基纤维素:用甲基纤维素或羧甲基纤维素作为表面施胶剂,能取得良好的抗油性能,但憎水性能则较差。如与脲醛树脂配用,能增强其憎水性能。甲基纤维素和羧甲基纤维素均可溶于 $60\sim70℃$ 热水,使用浓度一般为 $1\%\sim4\%$。把甲基纤维或羧甲基纤维素干粉缓慢地加入到 $60\sim70℃$ 的水中,并急剧地搅拌,可以制成透明的乳液,它能生成柔软的覆膜。乳化液可以单独或是和淀粉、动物胶或干酪素混合使用。常见于蜡纸和复写纸的施胶。

(5)石蜡胶:石蜡胶常用于肉食包装纸、面包包装纸、纸杯纸、箱板纸等的表面施胶。它可以改进纸的外观,能克服表面起毛的缺陷,并能提高成纸的憎水性能。

表面施胶多采用抗酸型石蜡乳液,可单独使用,也可与淀粉混合使用,单独使用石蜡进行表面施胶,可能会有较多石蜡浸入纸或纸板,但如与淀粉混用时,能克服这一缺陷,取得良好的施胶效果。另外,采用石蜡进行表面施胶时,纸面的涂蜡量不能过多,否则由于石蜡具有润滑性能,会给卷纸操作带来一些困难。

(6)其他表面施胶剂:上述施胶剂是纸和纸板进行表面施胶的主要施胶剂。除此之外,还可用藻朊酸钠(即脱水 β-D-甘露糖醛酸高分子化合物的聚合体)、合成树脂(如三聚氰胺甲醛树脂、苯乙烯共聚体树脂等)以及其他的一些合成胶料(如苯乙烯和氯化铬的共聚体、硅酮树脂、铬氟螯合物、阳离子型丙烯酸酯、乙烯酮二聚物等)等对纸或纸板进行表面施胶。这些施胶剂可单独使用,也可与淀粉、动物胶等配合使用,可使纸或纸板在取得抗油性能的同时,提高其湿耐擦性能和湿强度。

常用的表面施胶方法

表面施胶可分为造纸机内施胶和机外施胶两种。机内施胶就是把施胶设备作为造纸机的一个组成部分,一般设在干燥部或干燥之后;机外施胶则是在造纸机上抄成纸后,再送到专设施胶机上进行表面施胶。施胶方法按所用施胶设备可分为槽法施胶、辊式施胶、烘缸施胶和压光机施胶等几种。

（1）槽法施胶:槽法施胶是一种比较落后的施胶方法,近年来主要用于对具有特殊要求的高级纸进行表面施胶,也可用作机内施胶。槽法施胶设备如图 13-3 所示。

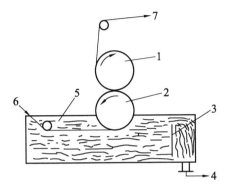

图 13-3　施胶槽示意图

1—铜套辊　2—胶辊　3—溢流板　4—回流管　5—施胶槽　6—纸　7—去干燥

施胶槽的长度为 2～4 米(视纸机宽度及速度而定);胶液在槽内的深度应为 300～500 毫米,用溢流板控制深度。胶液用泵不断循环,使胶液的温度保持在 50～60℃。进入槽内纸张的水分应控制在 10％～15％。纸张经两辊挤压均整胶层后,送干燥部干燥。施胶后,应用低温缓慢干燥,温度太高,易造成纸面龟裂。

施胶槽可用木制,内衬铜板或锌板,压榨装置则是由铜辊和包胶辊组成,上辊为铜辊,下辊为胶辊。

（2）垂直辊式施胶:垂直辊式施胶装置是由一对上下辊组成的(图 13-4)。下辊为包胶辊,胶层硬度为 30～35 度(勃氏)或肖氏硬度 85～88 度,胶层厚度为 25 毫米。上辊为铜辊、硬胶辊、花岗岩石辊或不锈钢。上、下辊间的线压力为 5.4～22.6 千牛/米(5.5～23 千克/厘米)不等,整个装置由下辊带动旋转。纸以 8％～12％ 的水分与上辊垂直中心线呈 60°角进入两辊间,并以同样的角度离开上辊,进入干燥部。施胶剂是用喷胶管喷到两辊面上,在下辊的侧面设有防溅板,下辊下方设有盛胶槽,用以盛接上、下辊间挤出的胶液。上辊附设有刮刀装置,纸幅进入施胶装置的一方设有弹簧辊,用以调节纸幅进入的角度。

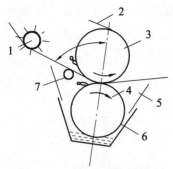

图 13-4　垂直辊式施胶压榨

1—弹簧辊　2—刮刀　3—上辊　4—下压辊　5—防溅板　6—胶液槽　7—引纸辊

垂直辊式施胶,由于纸张受到入口上辊胶液堆积层的压力,易使纸页产生断头,而且存在着顶面先于底面与胶液接触的缺点。因此,近年来多采用水平辊式施胶。

(3) 水平辊式施胶:水平辊式施胶装置如图 13-5 所示。两个辊子的结构与垂直施胶压榨辊相同,纸张垂直向下进入两辊间,由于纸张只承受自身的张力,所以很少产生断头。两面堆积的胶液液面是可以调节的,而且是在一个水平面上,因此可保证纸张两面获得的施胶量相等。水平辊式施胶压榨通常是把硬面辊(主动辊)放在后面,纸断头时是贴在硬面辊上,这有利于引纸。

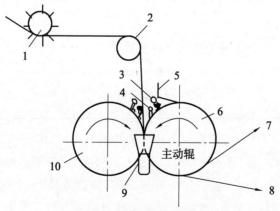

图 13-5　水平辊式施胶压榨

1—弹簧辊　2—引纸辊　3—胶液喷管　4—喷水管　5—刮刀　6—硬面辊(主动辊)

7—纸到上烘缸　8—纸到下烘缸　9—胶液溢流槽　10—软面辊

（4）烘缸施胶：单烘缸造纸机，可在烘缸上直接进行表面施胶，在取得施胶效应的同时，又能提高纸的光泽度。烘缸施胶如图 13-6 所示，施胶辊设在烘缸刮刀下侧，辊的中心与烘缸中心的连线和烘缸垂直中心线呈 49°的夹角。在施胶辊的下方，设有盛胶槽 11，施胶辊 7 浸入胶液的深度为 10 毫米。胶液槽中的胶液由高位槽供给，溢流的胶液自流到盛胶槽，然后再用泵送到高位槽回用。施胶辊是由烘缸带动回转，并将辊面的胶液转涂于烘缸表面。湿纸页与涂胶的烘缸表面接触，经托辊挤压后，即将烘缸表面上的胶液转移到纸面上。烘缸施胶，对施胶装置的要求较严，施胶辊的直径约为 120 毫米；包胶层硬度为勃氏 43 度或肖氏 84 度，在施胶辊的上方，为控制胶量而设有橡胶刮刀，以刮除多余的胶料。

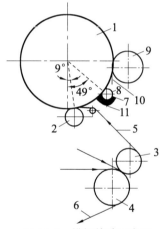

图 13-6　烘缸施胶示意图

1—烘缸　2—托辊　3—上压榨辊　4—下压榨辊　5—上毛毯　6—下毛毯

7—施胶辊　8—橡胶刮刀　9—纸卷　10—烘缸刮刀　11—盛胶槽

烘缸施胶有简化设备和工艺过程的优点。但是，车速不能太高，操作较麻烦，而对设备的安装、操作条件等要求较严，故在国内采用的不多。

（5）压光机施胶：利用压光机施胶，是在造纸机上进行表面施胶的方法之一。它主要适用于厚纸，特别是纸板的表面施胶，其装置如图 13-7 所示。由图可以看出，具有橡胶唇的胶液槽直接与压光辊面接触，胶液槽中的胶液首先黏附于压光辊面上，然后再传到纸面上。如设两个施胶槽可进行两面施胶。

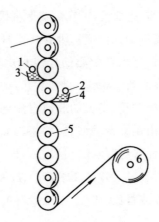

图 13-7　压光机施胶

1、2—胶液管　3、4—施胶辊　5—光辊　6—纸卷

　　压光机施胶多用于配置两台压光机的纸板（或厚纸）机上，且一般是第一台压光机的顶辊下面第三辊和第四辊侧面设施胶槽，施胶后的纸靠压光辊自身的热量通过后面的压光辊得到干燥，不需要辅助干燥装置（对纸板）。如果用于薄纸的表面施胶，则必须利用压光辊通汽干燥或采用单独的干燥辊干燥。

加填及其作用

　　加填就是向纸料悬浮液中加入不溶于水或不易溶于水的矿物质或人造填料，以改进纸张的光学性能并获得其他一些特殊质量要求。它具有以下作用：

　　（1）提高纸张的不透明度，使薄纸更适宜于两面印刷。

　　（2）提高纸张白度。

　　（3）改进纸面的平滑度和均匀状态，增加纸张的柔软性。

　　（4）增强纸张吸墨性和适印性。

　　（5）由于通常多采用矿物质做填料，其比重大，价格低，适当加填可减少纤维消耗，从而降低成本。

　　（6）满足纸张的某些特殊质量要求。如在卷烟纸中加入碳酸钙，除提高不透明度、白度，改善手感外，更主要是改进透气度，调节其燃烧速度，使纸与烟草的燃烧速度相适应;又如导电纸加炭黑,是为了取得导电性能;字形纸加用硅藻土,是为了提高其可塑性和耐热性,以利压型和浇铸铅板操作的顺利进行。

造纸用填料的分类

造纸用的填料可分为天然填料和人造填料两大类。在天然填料方面有高岭土($Al_2O_3 \cdot 2SiO_2 \cdot 2H_2O$)、滑石粉($3MgO \cdot 4SiO_2 \cdot 2H_2O$)、烧石膏($CaSO_4$)、重晶石($BaSO_4$)、白垩($CaCO_3$)等多种。在人造填料方面有沉淀碳酸钙($CaCO_3$)、钙镁白[$CaCO_3 \cdot Mg(OH)_2$]、二氧化钛($TiO_2$)、锌钡白($ZnS+BaSO_4$)、沉淀硫酸钡($BaSO_4$)等。

目前要达到改善纸张质量和降低成本的目的,选择填料应注意以下条件:

(1)填料的颗粒应细腻且均匀,以增大覆盖能力、提高留着率;

(2)填料要有比较高的折光率和散射系数,以提高纸张的不透明度;

(3)填料的色泽要白而有光泽,以提高纸的白度和光泽度;

(4)填料的纯度要高,不含砂粒和其他杂质,以免影响纸面平滑和造成网面堵塞和磨损;

(5)填料的比重要大,不溶解或不易溶解于水;

(6)要有较高的化学稳定性能,不易受酸、碱作用,也不易产生氧化或还原反应;

(7)填料的供应量要充足,价格要便宜,运输要方便。

根据以上要求,我国造纸工业目前普遍使用的填料主要是滑石粉、碳酸钙、高岭土和二氧化钛等。

现将以上几种常用的填料特性介绍如下:

(1)滑石粉:滑石粉的折光率为1.57,相对密度为2.7～2.8,其折光率和散射系数均不太高,但由于价格低廉,故在一般纸张中获得较广泛的应用。滑石粉的颗粒形状为细小鳞片状,滑石粉有白色、灰色、淡绿色和浅黄色,造纸用的为白色,白度一般要求在90%以上,颗粒细度要求通过200目筛子的要占98%以上。

滑石粉柔软,手摸有滑腻感,用它作填料,不但可以提高成纸的平滑度、柔软性和光泽度,而且能改善纸的印刷性能。滑石粉对纸的施胶度和强度影响较小,因此一般生产印刷纸、画报纸、有光纸等均用它加填。但滑石粉对提高成纸的不透明度的作用不如碳酸钙大。应该指出的是,如果使用松香系施胶剂,则尽可能不要使用钙含量较多的滑石粉,尽管其亮度较高,但对施胶和染色有不良影响。

(2)碳酸钙:作为填料用的碳酸钙有天然碳酸钙和沉淀碳酸钙两种。天然碳酸钙是由天然石灰石磨碎而成,相对密度为 $2.2\sim2.7$,折光率为 1.65,白度为 90% 左右,颗粒形状为球形。沉淀碳酸钙则是由制碱厂的白泥或特殊沉淀方法制得的,其相对密度为 2.3,折光率为 1.658,白度为 $95\%\sim97\%$,粒度很细,只有 $0.1\sim0.35$ 微米。显然用沉淀碳酸钙优于天然碳酸钙,且成本较低。用碳酸钙作填料,能提高成纸的不透明度,增加纸的吸油墨性能,成纸柔软、紧密而有光泽,它对成纸的物理强度影响不大,因而常用于生产薄型印刷纸(如字典纸)、卷烟纸等。用碳酸钙作卷烟纸的填料,除了能起到加填的目的外,还可改善纸的燃烧性质,使纸与烟草的燃烧速度一致。

碳酸钙会妨碍松香胶的施胶作用,因为碳酸钙是一种碱性填料,会与矾土或其他酸类发生作用,造成大量泡沫,从而使施胶受到影响。因此,以碳酸钙加填的纸,要考虑采用其他施胶剂,如 AKD、ASA 等。另外,碳酸钙用于亚硫酸盐木浆,则又会加剧树脂障碍。对这些问题要给予充分的注意。

(3)高岭土:高岭土又称白土、陶土或瓷土,是一种纯度不同的硅酸铝,其中 SiO_2 含量 $43\%\sim45\%$, Al_2O_3 含量为 $34\%\sim42\%$, H_2O 含量为 $12\%\sim15\%$。其相对密度为 $2.5\sim2.6$,颗粒形状为片状或球形,其性能与滑石粉相似。高岭土可用于印刷纸、书写纸类的加填。高岭土的制造方法分为水洗和煅烧两种。煅烧高岭土遮盖能力强,但价格较高。采用高岭土作填料时,要注意白度、粒度及含砂量是否能够符合要求。

(4)二氧化钛:二氧化钛又名钛白,来自锐钛矿石或红金石。钛白相对密度为 3.9,折光率为 2.62,白度为 $97\%\sim98\%$,粒度很细,只有 $0.15\sim0.30$ 微米,是一种高效的填料。钛白覆盖能力强,白度高,能够显著提高纸的白度和不透明度,在同等条件下,其用量比其他填料要少得多,因此对纸张物理强度的影响也就较小。但钛白的价格昂贵,故通常只用于要求具有较高不透明度的高级薄页纸,如字典纸、高级证券纸、高级装饰原纸等。

纸张染色的基本原理

物体的色泽是宇宙光谱中可见光反射的结果。波长在390～780纳米的光谱称为可见光。在可见光的范围内,不同波长的光对人们的肉眼能引起不同的颜色感觉,整个可见光由红、橙、黄、绿、青、蓝、紫等七色组成。当光照射到物体表面时,可见光全部被反射,则该物体为白色;反之,全部被吸收,即为黑色;部分吸收,则物体即具有反射出来的色相所反映的色泽。

纸张的颜色是在纸料中加入某种色料,使其有选择地吸收可见光中的大部分光谱,没有被吸收而被反映出来的那种光谱所反映的颜色,即为所需要的色泽,这就是纸张染色的基本原理。例如,在白色纸料中加入波长为622～780纳米的红色染料,于是纸料就把390～622纳米的这一部分可见光全部吸收,而把 622～780 纳米这一部分光反射出来,结果就使纸张显出红色。

调色的概念及调色的原理

生产色纸可以用单一染料进行染色,也可以将几种不同颜色的染料配合使用,以取得不同的色调。在染色时,将各种染料按一定的比例调制成新的颜色,称为调色。

调色的原理为:在可见光的七种颜色中,基本的三种色相是红色、黄色和蓝色,这三种基本色相称为原色。调色就是用三种原色按不同比例调配,即可得到各种不同的色相。红色能加深色调,黄色能使色泽鲜艳,蓝色则会使色泽变浅。图 13-8 所示,为调色图的一种。图中内圈为三种原色,如将两邻的两种原色混合,可制得第二圈的色相,称为间色,如红黄得橙,红蓝得紫,黄蓝得绿,这橙、绿、

图 13-8 调色图

紫为间色。间色按不同比例调配,则可得到第三圈的色相,称为复色或再生色,如橙色与绿色相配可得橙黄至嫩绿色,绿色与紫色相配可得到深绿至茄紫色,紫色与橙色相配可得到樱红至橙红色等。

参照图 13-8,又可选调调色方案。染色过深,可加用其相对的色相,使

色泽变浅,因为相对色相具有互相吸收所反射光谱的作用。例如,红色过深,加入与其相对的绿色,纸张色泽即能变浅。染色过淡,或带有杂色,则可加用与其相邻或相反的色相来校正。例如,为消除红中带紫,可加橙色,进行校正;为校正绿中带黄,可加蓝色。按此类推,即能在染色过程中,调节色泽,以适应色纸生产的需要。表 13-3 为色相校正表,供参考。

表 13-3　　　　　　　　　　色相校正表

欲染色相	所带杂色	酌加补救色
红	紫 橙	橙 紫
黄	橙 绿	绿 橙
蓝	绿 紫	紫 绿
紫	蓝 红	红 蓝
橙	红 黄	黄 红
绿	黄 蓝	蓝 黄

色料的种类及特性

用于色纸生产的色料,可分为颜料和染料两大类。

颜料大多数属无机化合物,有天然无机颜料和人造无机颜料两种,例如烟炱、群青、铬黄、银珠等。颜料实际上是一种有色的填料,不溶于水,与纤维素无亲和力。颜料耐光性能较强,其耐碱、耐酸和抗氧化性能,则视品种而异。除耐光性能以及对化学药剂的抗拒性能外,颜料在其他方面多不如染料。使用颜料染色,又易于导致纸张染色的两面性。

染料有天然产品和合成产品之分,早期色纸生产均采用天然产品,近年来已被合成染料所代替。合成染料大多易溶于水、着色力强、价格低廉、染色操作简单。按性质而论,合成染料大体上可分为碱性染料、酸性染料和直接染料三大类,现分述如下。

(1)碱性染料:碱性染料也称盐基碱性染料,它是具有氨基碱性基团的有机化合物,可溶于水,呈碱性。碱性染料着色能力极强,色调鲜艳,但耐光、耐热性能不强,容易褪色,耐酸、耐碱、抗氧化性能也较弱,特别是使用硬水或带有碱性的液体溶解时,易产生色斑,遇酸则容易生成色淀。常用的碱性染料有盐基槐黄、盐基金黄、盐基玫瑰红、盐基品蓝和盐基亮绿等。

使用碱性染料时,应注意以下几个问题:

① 溶解碱性染料必须使用不带碱性的软水,通常在溶解时,要加入约1%的醋酸,用70℃以下的热水溶解后使用,水温超过70℃,在纸中易出现色斑。

② 碱性染料能与木素生成不溶性色淀,因此对本色浆和磨木浆有极强的亲和力,不加矾也能取得很好的染色效果。对漂白浆,则亲和力极弱,因此处理漂白浆时,必须先加入染料和媒染剂(例如丹宁酸、丹宁酸复盐或酒石酸锑钾等),再加胶加矾。

③ 用碱性染料染混合浆(漂白浆和未漂浆、机木浆混合)时,应先将染料加到漂白浆中,待它着色之后再将未漂浆或磨木浆混入,这样可减少色斑。

(2)酸性染料:酸性染料是具有苯羟基或磺酸基团的有机化合物,极易溶于水,呈酸性。酸性染料的优点是:耐光性能较强;对蛋白质有极强的亲和力,常用于皮革和纺织品的染色;对木素无亲和力,故染混合浆时也不致出现色斑,使用酸性染料一般均能取得较均匀的着色;生产用水硬度的大小、纸料温度对酸性染料的影响不很显著。酸性染料的缺点是:对纤维素的着色能力较差;色泽的鲜艳度不如碱性染料;耐酸、耐碱和抗氯性能则极差;抗潮湿性也较弱;纸页经纸机干燥部加热后,颜色加深而失去光泽。

常用的酸性染料有酸性金黄、酸性紫红、酸性湖蓝、酸性青莲、酸性桃红、酸性绿等。使用这些染料,应注意以下问题:

① 由于酸性染料对纤维素无亲和力,因此在纸内染色时,必须用矾土液作媒染剂。

② 染色程序可以是加染料→加胶→加矾土液,也可以是加胶→加染料→加矾土液。

③ 染色时,pH值最好控制在4.5~5.0。

④ 染料可直接以干态形式加在纸料中,但要注意混合均匀。

(3) 直接染料:直接染料是含磺酸基团的偶氮化合物,不溶于冷水而能溶入热水中。它的优点是:对纤维素有较强的亲和力,在不加胶不加矾或不加媒染剂的情况下,仍能取得良好的染色效果;直接染料的耐光性优于碱性染料,有些直接染料的耐光性能还优于酸性染料。直接染料的缺点是:染色能力、染色纯度和色调的鲜艳程度都远远不如碱性染料;遇铝离子或硫酸根离子时,易产生凝聚而降低染色程度;直接染料色泽较暗,故适用于不施胶的深色纸的染色。常用的直接染料有直接品蓝、直接橘黄、直接绿、直接大红、直接黄和直接湖蓝等。

用直接染料进行浆内施胶时,应注意以下问题:

① 直接染料对纤维素的亲和力很强,为防止染色不均匀,调制好的染料液浓度应低一些,一般在 2% 以下,并均匀加入纸料中。

② 直接染料一般不溶于冷水,可用 80～90℃ 的热水溶解。

③ 在用于施胶染色时,应按加胶料→加染料→加矾土液的顺序进行。

④ 经脲醛树脂处理的纸料,不能用直接染料染色,因脲醛树脂不吸收直接染料。

⑤ 为了加强染色,需使用两种染料时,必须先加入直接染料与纸料混合均匀后,再向浆中加入所需的碱性或酸性染料。

⑥ 因木素不易吸收直接染料,故染磨木浆时色泽浅淡,如染含有磨木浆的混合浆,易产生色斑。

⑦ 生产用水硬度对直接染料略有影响。

十四、纸机前的供浆系统

机前供浆系统

纸浆经过了打浆处理和施胶、加填、染色等调料工艺过程后,浆料变成了纸料,由于各种因素的影响,这些纸料的浓度并不稳定,还可能会有各种尘埃和杂质,并且不可避免地会混进一些空气。这样的纸料如果直接送到纸机进行抄纸,不但会影响纸张的质量,而且会损害设备,影响纸机正常生产及操作。因此,需要对纸料进行一系列的工艺处理,使纸料具有适合于抄造成形的浓度,成为均质洁净的悬浮液,实现平衡、平稳、连续地供浆,以满足造纸机连续化生产的要求。这一对浆料进行处理的工艺过程通常包括:纸料的浓度调节、流量调节,纸料的贮存、配浆、稀释和纸料的精选、除气等。由这一系列工艺处理过程组成的系统,就是机前供浆系统。

机前供浆系统常用的工艺流程如下:

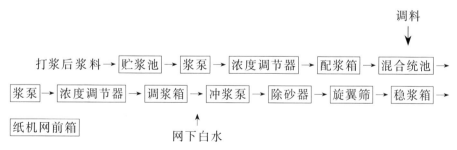

机前供浆系统对于任何一种纸张、任何一台纸机来说都是不可缺少的一个组成部分,但会因为纸机类型、生产品种、生产规模、原料供应情况的不同有所差异。科学合理的机前供浆系统对于提高纸页匀度、洁净度、平滑度

等纸张质量指标和纸机的生产能力、运转性能有明显的作用。

通常情况下,机前供浆系统中各种设备的设计能力应超过造纸机的最大生产能力,并留有 15%～25% 的余量。

配浆的目的和方法

根据所抄造纸张的质量要求,并适当考虑造纸机的抄造条件等因素,可以采用单一浆种抄造,也可以采用两种或两种以上的纸浆混合起来抄造。这样,把两种或两种以上的浆料按照一定的比例混合起来的过程,称为配浆。在配浆时各种纸料所占的比例叫做配比。例如,抄造书写纸时所用的浆料中木浆占 40%,草浆占 60%,我们就说书写纸的浆料配比为木浆：草浆＝40：60,或者说木浆配比为 40%,草浆的配比为 60%。

各种浆料的配比并不是随意的,应根据纸张的质量要求、纸浆的性质、纸机的抄造性能和原料供应情况来确定。为了保证产品质量,原料的配比应尽可能地保持稳定。配浆的目的一般有如下三个方面:第一,为了满足纸张的质量要求。例如以草浆为主生产静电复印纸时,加入部分阔叶木浆,可以满足静电复印纸对挺度、松厚度等方面的要求。第二,为了满足纸机抄造性能的要求。例如以 100% 草浆生产书写纸时因为强度低,纸机会因此产生"断头",可以配用部分针叶木浆提高纸页的强度,提高纸机的生产效率。第三,为了降低生产成本。在满足纸张质量和纸机抄造性能要求的前提下,使用部分低档次低价格的纤维原料代替部分价格较高的优质纤维原料,可节约生产成本,提高工厂的经济效益。

在抄纸过程中,会产生部分湿损纸和干损纸。这些损纸经过打浆或疏解处理后,也应稳定地配入来自打浆工段的纸料中重新用于抄纸。通常情况下,本系统正常生产产生的损纸不计入配比,但应保证损纸处理的质量和配入的量的稳定性。

配浆方法有间歇式配浆和连续式配浆两种。

(1)间歇式配浆是一种通过控制各种纸料的体积和浓度,从而控制各种纸料的绝干重量,然后根据绝干重量的比例分别加入到混合池的配浆方法。通常以一混合池作为一个配浆单位,在造纸厂叫做"一轮浆"或"一池浆"。间歇式配浆的优点是简便、灵活,但是配浆的比例不好控制,波动较大,一般在 50 吨/天以下的中小型纸机上使用。

（2）连续式配浆是各种纸料先经过浓度调节器稳定浓度后，再连续地通过流量控制设备而进行配浆的一种方式。在连续配浆时，各种辅料也是连续加入的。连续式配浆配比稳定，便于实现自动化控制，比较适用于品种变化小的大中型造纸机。在连续配浆系统中，常用的设备有斗轮式配浆箱、压力配浆箱和自动控制配浆系统等。

斗轮式配浆箱是一种容积式的配浆箱，它一般通过浮球阀控制液位以保持压力的稳定，利用电机带动斗轮旋转，并通过调整斗轮的转速来控制纸料的流量。在斗轮式配浆箱中，每种纸料分别有自己的斗轮，可以同时计量五种物料的配入量。斗轮式配浆箱一般用在中小型纸机上。

自动控制连续配浆系统一般由电磁流量计、调节器、比值器和调节阀组成。每种浆料都设有一套独立系统，当进行配浆时，各种浆料按照设定的配比连续加入。在配浆过程中，各种纸料的配比是固定的，但纸料重量可以按照纸机浆池液位的变化而变化。自动控制连续配浆系统管理方便，配比稳定，但是造价较高，一般在大中型造纸机上使用较多。

纸料的浓度调节

纸料浓度在造纸过程中是一个非常重要的参数，许多工艺操作都与纸料浓度有关。例如：在连续配浆前，需要先稳定各种纸料的浓度，才能稳定纸料的配比；在纸料由成浆池泵送到调节箱的过程中，也只有稳定成浆的浓度，才能保证纸机生产的正常进行，稳定纸张的定量，进而稳定纸张的质量。

纸料的浓度通过浓度调节器来调节。纸料浓度调节器一般由感测器、传送器、调节器和调节阀门等元件构成。其原理是由浓度感测器检测到纸料浓度的变化，然后由传送器将变化信号传递给调节器，调节器对信号转换放大，并对调节阀门的开度进行调节，以调整稀释水的流量大小，稳定纸料的浓度。浓度调节器根据感测器的不同有局部阻力型、转动桨叶式及刀式浓度调节器等类型。

局部阻力型浓度调节器和转动桨叶式浓度调节器一般安装于纸浆引流支管上，即把一部分纸料从主管上引出来使其通过感测元件，通过感测元件对纸料流动时的阻力来检测纸料浓度的变化。这类浓度调节器的传送和调节元件多为机械或气动机构,体积较大,精度较差,很且容易受到纸料质量、管道堵塞等外界因素的影响,并且滞后时间较长。

刀式浓度调节器一般将弯刀形的浓度感测器安装于纸料主管道的输出口,依靠纸料对弯刀感测器的摩擦力来检测纸料浓度的变化。这类浓度调节器的传递和调节元件多为电动或气动式的,少部分为机械式的。由于其结构简单,体积小,灵敏度较高,使用范围比较广泛。

随着电子自动化技术的迅速发展,越来越多的造纸厂采用了电脑自动浓度控制系统。该系统一般是由浓度传感器、电动调节阀门和浓度控制仪组成,其调节原理和过程与传统的浓度调节器相似,但由于采用了电脑浓度控制仪及电信号传输,使浓度的调节更精确,更直观。在供浆过程中,浓度传感器(大多为刀式)连续地检测输浆管道内纸料的浓度,并转换成标准电信号输送到浓度控制仪,浓度控制仪将信号进行处理,按一定的换算关系计算出实际检测的浓度值,然后与按工艺要求设定的浓度值相比较,根据偏差自动调节补水阀门的开度,从而调节稀释水量,达到稳定和调节输浆管口纸料浓度的目的。

纸料浓度控制系统是靠调节稀释水量的大小来控制纸料的浓度的,只能将浓度大的纸料加水稀释,而不能将纸料浓缩。在供浆过程中还应尽量保持稀释用水压力的稳定。

纸料贮存的目的

在造纸生产过程中,造纸机是连续性运转的,而打浆和调料等工艺过程又通常是间歇的,或者过程中断的。因此在机前供浆系统中,一般设置一定数量的带有搅拌器的贮浆池,用来贮存一定数量的纸料。通过纸料的贮存,一是可以将打浆部分送来的纸料在经过配浆、调料之后进行充分的搅拌混合,使纸料的配比、浓度、打浆度、胶料、色料等均匀一致,并防止纤维絮聚成团和填料沉淀;二是可以使打浆部分或配浆部分的间歇供浆变成纸机部分的连续供浆,保证纸机能够连续地生产;三是即使纸机出现偶然故障或停机,也不会影响连续打浆或连续配浆的生产,对供浆过程起到一个缓冲作用。

纸料在贮浆池中进行贮存。贮浆池的数量由所使用的浆料种类和采用的打浆方式所决定。如果使用的浆种较少,并采用连续打浆的方式,所需用的贮存池数量就较少。如果采用多种纸浆混合抄纸,并且为间歇式打浆,所需要的贮存池数量较多,一般在供浆系统中贮浆池的数量为 3～10 个。

贮浆池的容积大小取决于所贮存纸料的浓度和纸机的生产能力。适当提高纸贮浆浓度,可以增加贮浆量,提高供浆的稳定性,减小浆池容积,节省投资和占地面积。但是贮浆浓度过大,会造成纸料循环不均匀,容易产生浆团及"死浆",并且增加动力消耗,所以一般贮浆浓度为 2.5％～3.5％。

用于贮存配浆后混合纸料的贮浆池,叫做成浆池或抄前池。为了保证纸机在较长时间内不间断生产,减少纸料质量的波动,成浆池的贮浆量应达到一定的要求。如果打浆方式为间歇式打浆,一般要求贮存的浆量能维持造纸机生产 1.5～2 小时,对于连续打浆连续配浆的高速纸机,一般要求维持 20～60 分钟,而对于质量要求较高的薄页纸机则应达到 4～6 小时或更长的时间。采用间歇配浆时,一般应设置两台成浆池,以便轮换使用。

目前使用的贮浆池有立式和卧式两种类型。立式贮浆池为圆筒结构,通常采用桨叶式搅拌装置,容积较小,一般只有 10～20 立方米,只能适用于小型造纸机。目前造纸厂使用较多的是卧式贮浆池,它采用双沟或三沟式结构,利用螺旋推进器或循环泵对浆料进行强制循环,搅拌效果较好。卧式贮浆池体积较大,常见的有 25 立方米、50 立方米、75 立方米、100 立方米、200 立方米等。

浆量调节

在纸机生产条件不变的情况下,纸张的定量大小取决于纸料供给的数量,即纸料的绝干量。如果要稳定纸张的定量,必须先稳定纸料的供给量;而如果纸机条件发生变化,比如纸机车速变化,或者定量需要进行调整,就需要对纸料的供给量进行调节。

纸料的供给量是由纸料的浓度和纸料的流量两个因素决定的。纸料的浓度变化或者流量变化,都可能导致纸料供给量的改变。在造纸过程中,纸料的浓度一般由浓度调节器调节,浓度相对比较稳定,所以纸料供给量的调节主要是纸料流量的调节。即使纸料浓度发生变化,纸料供给量的稳定,也要通过调节纸料的流量来保证。

浆量的调节一般是在调浆箱进行。调浆箱是一个三格或者两格的开口式箱槽,设置有进浆管、出浆管和溢流管。经过浓度调节器调节后浓度相对稳定的纸料,由侧面进浆管进入调浆箱,在调浆箱内通过溢流形成稳定的液位,以实现恒定的压力。需要供给的纸料通过底部的出浆管流出进入纸料的稀释系统,在出浆管上设置调节阀门,通过开关阀门开度来调整纸料的流量,多余的纸料则通过设在溢流格的溢流管回流到成浆池内。

调浆箱一般由木材、塑料或者不锈钢材料制造。老式调浆箱为长方形箱体结构,由于容易积存纸料形成"黑浆",新式调浆箱一般设计成上大下小的锥体结构。为了保证稳定的液位和良好的溢流,调浆箱应比贮浆池高2.5~3米,溢流量应为进浆量的25%~30%。

调节浆量的阀门有机械式和电动式两种。其中电动阀门可以由工人根据情况手动控制,也可以通过纸机自动控制系统自动控制。

纸料稀释的方法

纸料稀释的方法一般有调浆箱冲浆法、地下冲浆池法和冲浆泵冲浆法三种。

(1)调浆箱冲浆法:调浆箱冲浆法是中小型造纸机普遍采用的一种纸料稀释方法。调浆箱为一开口箱槽,内分数格,如图14-1所示,白水由白水泵送入白水格,纸料通过浆泵送入纸料格,然后分别通过各自的调节阀门流入混合格进行稀释混合。为了保持白水和纸料压力的稳定,分别设置溢流格,白水和纸料分别经过各自的溢流格返回白水池和成浆池。这种稀释方法操作简单,稀释后的纸料浓度容易控制,但冲浆白水需要较大的白水泵来输送。

(2)地下冲浆池法:一般多用于圆网纸机及部分小型长网纸机。从调浆箱送来的纸料进入地下冲浆池,白水则由网下白水池自动流入,稀释后的纸料由冲浆泵送入后面的精选设备进行精选,这种方法省去了冲浆白水的输送,但调节精度较差。

(3)冲浆泵法:冲浆泵法纸料稀释是长网造纸机最常用的冲浆方法。冲浆泵与网下白水池直接相连,从高位箱调浆箱出来的纸料经过垂直输送管道直接引入冲浆泵的吸入口管道内。纸料与白水在冲浆泵内进行混合,并由冲浆泵直接输送到后面的精选设备。稀释浓度由设置在管道上的纸料控制阀门进行控制。冲浆泵法纸料稀释，设备简单，操作方便，可以实现仪表自动化控制。

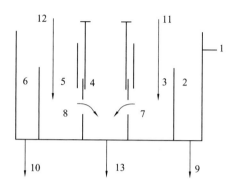

图 14-1　调浆箱冲浆示意图

1—调节箱　2—纸料溢流格　3—纸料格　4—稀释格　5—白水格　6—白水溢流格　7—纸料门
8—白水门　9—回浆出口　10—白水出口　11—纸料　12—白水　13—稀释纸料出口格

纸料进入纸机前筛选、净化的目的

在送入纸机的纸料中不可避免地会混入少量的尘埃杂质，这些杂质有些是前面工序带来的，有些属于打浆设备刀片磨损的产物，有些属于工艺设备、管道、贮浆池内壁掉下来的，也有损纸回用时夹带来的。这些尘埃杂质一般可分为三类：第一类是纤维类杂质，如浆团、纤维束、碎纸片、未疏解开的草节等；第二类是金属类杂质，如铁屑、铁锈等；第三类为非金属性杂质，如砂粒、煤灰、塑料块、毛发、毛毯毛、化纤绳子等。

如果任由这些尘埃杂质随纸料上网抄造，首先会对产品质量产生严重影响，如纸页尘埃多、纸面脏、出现孔洞、浆斑、裂口等，使纸张品质下降，影响成品纸的使用和销售。其次在抄造过程中会加大对铜网、毛毯、压榨辊、压光辊、烘缸等造纸机构件的磨损，较大的杂质如浆斑、胶黏块等会影响纸机的正常运转，甚至产生纸幅"断头"。第三，纸张在印刷或涂布等使用过程中，会对印刷辊、胶版、涂布辊等产生损坏。尤其是纸料中的金属类杂质，不但会像非金属类杂质如沙子硬块对设备造成磨损和伤害，还会降低电气工业用纸（如电解电容器纸、绝缘纸等）的质量。因此，在纸料上网前最大限度地除去其中所含有的尘埃和杂质,对于提高产品质量,保证纸机正常生产,减少设备的磨损,都是十分必要的。

除去纸料中各种尘埃杂质的过程,叫做精选。根据纸料中杂质的性质和分离原理的不同,可以采用两种方法进行精选。

第一种方法是根据杂质与纤维的相对密度不同而分离,这个过程叫净化。净化可以除去纸料中比纤维密度大的砂粒、金属、塑料等,所用设备通常有沉砂盘、锥形除砂器等,其中沉砂盘因占地面积大,效率偏低,已很少使用。

目前也有轻质除渣器等设备的研究,用来去除纸料中比纤维轻的杂质。

第二种方法是根据杂质与纤维的形状大小不同而分离。这个过程称为筛选。筛选可以除去体积和形状比较大的浆团、纤维束、塑料片、绳头等。所用的设备为各种类型的筛浆机,如外流式圆筛、内流式圆筛、振动平筛、旋翼筛等,目前在造纸厂使用较多的是旋翼筛。

为了达到较好的精选效果,通常将净化设备和筛选设备结合起来使用。这样既可以除去体积较小而密度较大的杂质,又可以除去密度较小而体积较大的杂质,从而使用来抄纸的纸料更加洁净。

纸料除气的方法

由于纸料中的空气对纸机的抄造和纸页的质量有着不良的影响,因此应尽量使纸浆中的空气量降到最低,一般采取以下两个途径进行除气:

(1)在造纸车间的设计和操作过程中,应注意泵、管道、磨浆设备、筛浆设备的密封;对管道和设备(如旋翼筛的顶部)所聚集的空气要及时排放;敞口的容器(如调节箱、稳浆箱)应有一定的缓冲时间使空气逸出;浆管和白水管的出口要插到纸料和白水液以下,防止空气的带入;稳定浆池或白水池的液位,防止浆泵或白水泵抽空;采用合理的工艺技术,防止产生气体等。

(2)使用机械或化学的方法除去纸料中的空气:机械法除气可分为离心法除气和真空法除气。它们的工作原理都是利用真空和物理力结合起来的作用,破坏和除去纸料中的空气泡,这种除气法的效率比较高,除气率可达$80\%\sim85\%$,甚至更高。真空除气器的主要装置是一个真空罐,纸料在真空状态下产生沸腾,纸料中的空气从纤维上脱离逸出,然后被真空泵抽走。离心除气最典型的例子就是利用离心筛,排出的空气由筛子顶部的排气管连续排出,这是一种比较简单有效的方法。

化学除气,是应用化学的技术除去纸料中的空气。这种方法是将消泡剂(有机硅化合物或聚硅酮)加入到产生泡沫的纸料或者白水中,这些消泡剂进入气泡的膜,并取代气泡膜中能够稳定泡沫的表面活性物质,降低泡沫的弹性和稳定性,使小的气泡破裂,比较容易合成比较大的气泡,大气泡能比较快上升到纸料或白水的表面,从而把气体除去。化学除气具有不用改变原来的流程和设备,节省投资等优点。

锥形除砂器的操作

锥形除砂器是造纸车间最常用的一种纸料净化设备,它利用纤维与杂质的相对密度不同使其分离。锥形除砂器的结构比较简单,主要由一个从上到下逐渐缩小的圆锥体以及固定在顶部的轴向管道、侧面的切向管道组成。需要净化的纸料,由浆泵输送,在一定的压力下由切线方向的管道进入除砂器内部,沿内壁作从上向下的涡旋运动,相对密度较大的重杂质下降,从下面的排渣口排出,相对密度较轻的纤维在锥形除砂器的中心向上做螺旋运动,洁净的纸料由顶部的出口排出。目前造纸厂使用的锥形除砂器型号,按直径大小主要有 623、622、606、600Ex 等几种。型号越大,锥体半径越大,净化效率越低,但纤维损失小,动力消耗低。对于纸机前的精选系统,除了某些高级纸张特殊要求外,一般多使用 606 型锥形除砂器,所使用的个数可根据除砂器的生产能力及需要处理的纸料量来确定。

纸料筛选设备的选择

用于纸料筛选的设备主要有振动筛和压力筛两类。

振动筛是一种敞开式结构的筛选设备,其工作原理是利用筛鼓或筛板内外的液位差和筛鼓(筛板)的振动达到筛选的目的,同时利用筛鼓(筛板)振动时的冲刷力及喷水对筛鼓(筛板)进行清洗。它的缺点是生产能力小,筛选效率低,噪声大,占地多,又因为是开放式操作,纸浆浓度不稳定,易产生浮浆和泡沫。振动筛按照其结构特点一般有振膜式平筛、外流式振鼓圆筛、内流振框圆筛三种。由于它存在诸多的缺点,被逐渐淘汰,目前只有部

分小型造纸厂使用。

压力筛又叫旋翼筛,是一种具有密闭结构的筛选设备。其工作原理是:借助筛鼓内外的压力差和旋翼的推动达到筛浆的目的,同时又利用旋翼的流线结构,形成瞬时负压,使筛鼓外良浆回冲,洗刷筛孔,使其不被浆团或粗大纤维所堵塞,从而保证筛浆操作的正常进行。与振动筛相比,压力筛的特点是结构简单,体积小,安装地点灵活,生产能力大,筛浆效率高,噪声低,纸料浓度稳定,同时还具有输送和分散浆料的作用。因此压力筛越来越多地被大中型纸机使用。压力筛可分为内流式、外流式及双鼓式三种。我国目前常用的是外流式旋翼筛,其存在的问题是旋翼的回转产生的离心力会把较重的颗粒压向筛板,容易导致筛孔堵塞,影响其筛选效率,因此越来越多的厂家选用内流式压力筛。国内常用的压力筛规格主要有Φ400毫米、Φ600毫米、Φ800毫米等规格,型号越大,生产能力越高。

根据筛板的开口方式可分为孔筛、缝筛、波纹筛、棒条筛等。最常用的为孔筛和缝筛。筛孔的直径一般为1.0～3.2毫米,筛缝宽度一般0.1～1.0毫米。筛孔的选择应根据纸料的性质及成纸的质量要求来考虑。对大、平、片状的杂质和长而薄的纤维束来说,用孔筛效果较好,而对于硬塑料、橡胶和很细的轻质颗粒等,则使用缝筛有效。筛板的孔径或筛缝宽度越小,筛选的效果越好,但容易产生堵塞,生产能力也会随之降低。

一般根据纸机的生产能力及纸料的状况选用压力筛的形式、规格及其筛板的开口方式和大小。

纸料精选流程的选择

纸料精选的目的是除去纸料中的尘埃和杂质。精选的方法有两类,一类是净化,根据杂质与纸料的相对密度不同进行分离,常用的设备为锥形除砂器。另一类是筛选,即根据杂质与纸料的形状大小不同而分离,常用的设备是旋翼筛。

在纸料精选过程中,为了达到较好的分离效果,通常将净化和筛选两类方法结合起来使用。由于精选后的良浆中有时还会残留一些杂质,而排出的尾渣中还混有一部分良浆,因此一般情况下,精选设备不是单台使用,而是采用多段精选或者多级精选。不过所采用的段数越多或级数越多,会增加动力消耗及设备投资,所以应根据造纸机的生产能力、纸料的性质和纸张的品种要求等因素合理设计和使用精选的流程和工艺。

图 14-2 所示的是造纸机前纸料精选的典型流程。它具有以下几个特点:

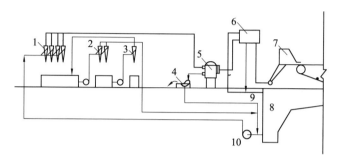

图 14-2　造纸机前纸料精选的典型流程图

1——一段 606 除砂器　2—二段 606 除砂器　3—三段 606 除砂器　4—高频振框平筛

5—旋翼筛　6—稳浆箱　7—流浆箱　8—网下白水池　9—由高位箱来浆　10—冲浆泵

(1)纸料先经过锥形除砂器净化后,再通过旋翼筛筛选,不但除渣效率高,而且具有稳定浆流和分散纤维的作用,并可以减轻旋翼筛的负荷,保护筛板不受杂质的损坏。

(2)利用锥形除砂器出口压力直接进入旋翼筛进行筛选,减少了一台浆泵,节省动力。

(3)利用振框式平筛回收旋翼筛排渣中的好纤维,可以减少纤维的流失。

十五、纸和纸板的抄造

纸和纸板常用的质量指标

在造纸工业生产过程中,由于采用了各种不同的工艺条件和加工方法,可以生产出各种具有不同特性的纸和纸板,使它们具有不同的用途。纸和纸板常用的质量指标一般有以下几个方面。

(1)物理性能:物理性能是纸或纸板的基本指标,需要专门仪器进行测定。

定量:每平方米的纸或纸板的重量,以克/平方米表示。

厚度:纸样在两测量板之间、在一定压力(通常为1.0±0.1千克/平方厘米)下测出来的厚度,以毫米表示。

紧度:指每立方厘米纸或纸板的重量,衡量纸张结构的疏密程度,以克/立方厘米表示。

透气度:一定面积的纸或纸板在一定的真空度下,每分钟透过的空气量或透过100毫升空气所需要的时间,以毫升/分钟或秒/100毫升表示。

伸缩率:表示纸或纸板受到外力拉伸直到拉断时长度的增长值与试样原来长度之比,以%表示。

抗张强度:单位宽度的纸或纸板在外力作用下断裂时所能承受的最大拉力,以千牛/米表示。

裂断长:重量相当于抗张强度的纸条本身的长度,或者说使由于纸或纸板本身重量而裂断时的长度,单位为米。

耐破度:单位面积的纸或纸板所能承受最大的压力,单位为千帕。

撕裂度:先将纸或纸板切出一定长度的裂口,然后撕到一定长度所用的力,单位为毫牛。

耐折度:纸或纸板在一定张力情况下能经受往复折叠的次数。

(2)吸收性能:纸和纸板的吸收性能包括施胶度、吸水性能、吸墨性能、吸油性能等。

施胶度主要反映纸或纸板的抗水能力,通常用鸭嘴笔蘸特制的标准墨水在纸面上画线,看在规定时间内不扩散、不渗透的最大宽度,单位为毫米。

吸墨性能:指纸或纸板吸收油墨的能力。

(3)光学性能:白度:指纸或纸板的洁白程度,通常以在波长为457纳米蓝色标准光源下的反射率表示,单位为%。

不透明度:即纸张阻碍光线透过的程度。若纸张的不透明度低,印刷后的字迹会在纸页的另一面映射出来。

纸和纸板的光学性能还包括亮度、光泽度、透明度等,均可通过光学仪器进行检测。

(4)表面性能:平滑度:指纸和纸板的表面凹凸的程度,以在一定的真空度下,一定容积的空气通过受一定压力的试样表面与玻璃面之间隙所需的时间表示,单位为秒。

表面强度:指纸或纸板的表层物质(纤维、填料、胶料等)相互结合的强度,体现了纸张在印刷过程中受到油墨剥离力的作用时所具有的抗掉毛、掉粉、起泡和撕裂的性能,用拉毛速度表示,单位为米/秒。

(5)适印性能:适印性能是印刷纸或用于印刷的纸板的一项重要质量指标,它是纸或纸板的表面吸墨性能、平滑度、松厚度、挺度、表面强度、尺寸稳定性、不透明度等各种质量指标在印刷过程中的综合体现。

(6)其他质量指标:纸和纸板的其他质量指标包括化学性能(如 pH 值、Cl^-、SO_4^{2-} 的含量等)、电气性能(如电气绝缘性、介电性能等)、水溶性等。

(7)外观质量:纸和纸板的外观质量指用肉眼可以观察到的外观质量缺陷,如匀度、尘埃、浆斑、孔洞、裂口、折子、针眼、透明点、卷边、色差等。

对于不同用途的纸和纸板所要求的质量指标也各不一样。如印刷纸要求有良好的适印性能和抗张强度,使印刷后的字迹清晰,套色准确,并在高速轮转印刷机上不断纸;书写纸则应该有良好的施胶度和合适的平滑度,才

能书写流利,墨水不"洇字";包装纸则要求纸质柔软结实,并且有较大的耐破度;电气电解纸需要具有较高的绝缘性能。

纸和纸板规格尺寸要求

根据使用的需要,纸和纸板可制成卷筒纸和平板纸两种规格。对于纸和纸板的尺寸,国家对其中的某些纸张如印刷纸、书写纸、打字纸等作出了一定的规定。

平板纸的幅面尺寸主要有 880 毫米×1 230 毫米、850 毫米×1 168 毫米、787 毫米×1 092 毫米等。纸张尺寸允许的最大偏差为±3 毫米。符合以上尺寸的纸张均为全开纸,其他小裁纸如复印纸、书籍等,都在全开纸基础上系列对折后形成尺寸,如 8K 纸、16K 纸等。其中 880 毫米×1 230 毫米为 A 系列国际标准尺寸,如复印纸中的 A3、A4 等是由该尺寸的纸张经过三次或四次对折形成的纸幅。其他幅面的纸张如 787 毫米×1 092 毫米、850 毫米×1 168 毫米等在国内还在使用,但逐渐以国际标准尺寸所代替,纳入国际规范化标准。

卷筒纸宽度主要有 1 575 毫米、1 092 毫米、880 毫米、850 毫米、787 毫米等,纸幅宽度允许的偏差为±3 毫米。

国家对卷筒纸的长度无统一的规定,但一般产品均有其习惯上的做法,如卷筒新闻纸和印刷纸的长度为 6 000 米,卷筒绘图纸为 20 米。还有一些产品的尺寸,根据用途另作规定,如纸袋纸宽度 1 020 毫米,长度 4 000 米;卷烟纸宽度 29 毫米或 29.5 毫米,长 4 000 米或 5 000 米。也有一些特殊用纸,根据其用途及用户要求协商规定,如浸渍装饰原纸宽度 1 270 毫米等。

纸和纸板的规格和尺寸,既是其用途的需要,又是造纸机幅宽的设计依据,同时关系到造纸设备的标准化和系列化。

造纸机的种类

造纸是一个加水和脱水的综合过程。在抄纸之前要加入大量的水将纸浆稀释,制成均匀的纤维悬浮液,在造纸过程中就要将大量的水脱去。造纸机其实就是一台脱水机,它利用各种手段,如过滤、抽吸、压榨、烘干等方法,将纤维悬浮液里的纤维分离出来,并形成组织均匀的纸页。

造纸机是一种结构复杂、连续工作的综合大型机器，由网部、压榨部、干燥部、压光机、卷纸机、传动部及相关辅助设备构成。根据网部形式的不同，造纸机可分为长网造纸机、圆网造纸机、夹网造纸机三种类型，其他还有斜网造纸机、多网造纸机等。其中长网造纸机和圆网造纸机是目前使用最为广泛的两类造纸机。

长网造纸机的特点是成形部由流浆箱和网案组成，可以生产大多数品种的纸张，车速最低为 20 米/分钟，最高设计车速目前已达到 2 200 米/分钟以上，纸机幅宽也发展到 10 米以上。长网造纸机是目前大中型造纸厂普遍使用的一种类型。

圆网造纸机与长网造纸机最大的区别是成形部。圆网造纸机的成形部是由圆网槽和圆网笼组成的。车速较慢，一般 30～120 米/分钟，产量低，结构简单，在我国多用于中小型造纸厂生产中低档产品。然而随着科学技术的发展，圆网造纸机的结构和性能都得到迅速发展。例如，我国某企业引进的新月形成形器圆网造纸机门幅达 5.6 米，车速为 2 000 米/分钟，用于高档卫生纸的生产，年生产能力达到 6 万吨。

夹网造纸机的成形部是由流浆箱及两条长网组成的，对纸页进行两面脱水，成纸两面差小，是一种车速较快，生产能力较高的造纸机，我国有许多企业引进这种纸机用于高档纸的生产。

斜网造纸机是近几年才发展起来的新型造纸机，成形器由流浆箱和斜网组成，斜网的角度可调。这种类型的造纸机上网浓度极低，可抄造的纤维较长，一般 8～10 毫米，最长可达 30 毫米，纸机脱水能力大，纸页匀度好，主要用于特种纸的生产。

造纸机分为左手机（Z 型）和右手机（Y 型）。其确定方法为站在造纸机的干燥部末端（或卷取部），面向伏辊，如传动设备在左边的，称为左手机（Z 型）；传动设备在右边的，称为右手机（Y 型）。一般安装或设计纸机时，造纸机的操作面应在采光较好的一面，如果安装二台纸机，则应选用左右手纸机各一台。

长网纸机纸页的形成过程

网部是造纸机的主要部分，纸页是在网部形成的。长网纸机的网部包括流浆箱和网案两部分。由供浆系统送来的纸料悬浮液通过流浆箱以稳定、均匀的速度喷射到网面上,通过网下脱水元件所产生的负压进行过滤,使纤维和辅料沉积在网面上,形成均匀的纸页,并在形成纸页的过程中脱去纸料带来的大部分水分。

这个成形和脱水的过程大致可以分为三个阶段。

第一段是上网区。流浆箱唇口喷出的纸料开始与网面接触,网下面是胸辊和成形板,要求喷射出来的纸料均匀分散且浆流平稳。

第二段为成形脱水区。纸页在此成形并脱去大部分的水分,脱水元件主要为案辊和脱水板。通常情况下,长网纸机的上网浓度为 $0.3\% \sim 1.0\%$,经过此区的脱水过程,湿纸页干度可达 $1.5\% \sim 3.0\%$,脱去纸料中水的 $65\% \sim 85\%$。在这过程中,前部(约在案辊前部分的三分之一)为纸页成形区,需要给纸料以一定的湍动,防止纤维絮聚,影响纸页的匀度,在低速纸机上,一般设有摇振装置以增加纸料的湍动。后部为脱水区,纸页已基本形成,应该尽可能地脱去多余的水分。

第三段为高压差脱水区。采用高压差脱水元件,如真空吸水箱和真空伏辊,对湿纸页进一步脱水。一般经过真空吸水箱强制脱水后,纸页干度可以达到 $10\% \sim 15\%$。再经过伏辊进行机械压榨或真空抽吸进一步脱水,纸页干度可以提高到 $12\% \sim 24\%$。此时湿纸页已经有了一定的强度,可以传递到压榨部进一步脱水。

流浆箱的作用和要求

流浆箱在成形网的前面,因此也叫网前箱。流浆箱是造纸机的一个极其重要的组成部分,是连接"流送"与"成形"两部分的关键枢纽。它的结构和性能对于纸页的形成、造纸机的抄造性能以及纸张的质量都有重要的影响。因此在造纸厂有人称它为"造纸机的心脏"。

(1)流浆箱是由布浆器、堰池、堰板三个主要部分组成。

① 布浆器是纸料的分布装置,由进浆总管、均布元件和消能整流元件组成。它的种类有单管布浆器、多管进浆分布器、多孔板布浆器和阶梯扩散分布器等。布浆器的作用就是将网前供浆系统送来的纸料,均匀地分布到流浆箱的堰池中,使上网的纸料沿纸机横向全幅均匀一致地分布,同时使纸料

产生适当湍流,防止纤维絮聚成团。

② 堰池是流浆箱的主体部分,一般由箱体、隔板、匀浆辊、溢流装置等部件构成。堰池的作用是根据造纸机车速的要求,保持纸料具有一定的静压头,以适应纸料的上网速度。在堰池内的纸料借助整流元件(如隔板、均浆辊)的作用得到进一步均匀分散。

③ 堰板,又叫唇板,是流浆箱的上网装置,由可以调整开口和角度的上唇板和下唇板构成。堰板的作用是使纸料均匀地以一定的速度和角度喷射到网子上面,是纤维在网子上形成均匀的纸页的开始。堰板的种类有喷浆式堰板、垂直式堰板、结合式堰板等多种。

(2) 流浆箱的功能和使用效果是由布浆器、堰池、堰板等部件综合体现的,其作用和要求主要有以下几个方面:

① 沿着造纸机的横向均匀地分布纸料,使上网成形的纸页全幅定量、水分、厚度均匀一致。

② 有效地分散纤维,防止絮聚,使形成的纸页具有良好的匀度。

③ 按照工艺要求,保持稳定的浆速和网速的关系,并且便于控制和调节。

④ 流浆箱的管道、箱体及各元件光滑无死角,无挂浆现象。

⑤ 占地面积小,结构紧凑,便于清洗。

流浆箱的种类

按照流浆箱结构形式及特点,流浆箱可分为敞开式、封闭式(气垫式)、满流式等三大类。另外,还有经过改进的稀释水流浆箱、多层流浆箱等。

(1) 敞开式流浆箱:敞开式流浆箱最主要的特点是堰池结构是敞开的,制造工艺简单,是目前国内造纸机上应用最为广泛的一种纸料流送设备。一般采用单管、多管或孔板进浆,用隔板或匀浆辊整流,通过调节堰池内的浆位控制纸料的上网速度。但是随着车速的不断提高,浆位会随之提高,势必加大流浆箱的高度和重量,从而使流浆箱的结构变得十分复杂,体积变得十分庞大。因此,敞开式流浆箱一般只能适用于中低速的造纸机上。

(2) 封闭式流浆箱:封闭式流浆箱也叫气垫式流浆箱,它的特点是流浆箱的堰池结构是密封的。在堰池内,恒定的浆位上方充满空气垫并形成一定的压力。通过控制纸料的液位使纤维得以分散,防止絮聚,控制压缩空气的压力保证稳定的上网浆速网速比,以获得均匀的纸页和定量分布。如果纸机车速发生变化,可以通过调节空气压力的大小,灵活、精确地调整浆速与之适应。封闭式流浆箱适应性强,体积小,结构紧凑,调节方便,一般用于车速较快、抄宽较大的长网造纸机上。

(3)满流式流浆箱:满流式流浆箱的特点是纸料充满短小的箱体,通过改变输浆泵的压力,或者高位箱的压力,或者气垫的压力来调节和控制上网纸料的速度。满流式流浆箱内没有传动装置(如匀浆辊等),体积小,效率高,可以使纸料的速度和分散更加均匀一致,纸张成形匀度较好。这类流浆箱一般用于夹网造纸机或高速长网造纸机。

(4)稀释水流浆箱:稀释水流浆箱具有满流式流浆箱的结构和功能,不同的是采用稀释水调节横幅纸料的浓度来调整纸幅的横向定量分布。传统的流浆箱对唇口喷出的纸料流量和纸页的纵横向定量波动的调节,都是依靠对上网纸料的压力进行控制,对堰板唇口的形状调节来实现的。这样会使浆流发生紊乱,影响纸页的质量。稀释水流浆箱是将总管来的纸料(浓度较高)送到集管后,再由集管分出的许多细管送入流浆箱,另外还有一个细的集管,用于稀的浆料和白水输送,它上面的许多细管分别与浓纸料集管上的细管相连,即通过添加低浓度的纸料和白水来调节浓纸料的浓度。与传统的调整方式相比,减小了横幅方向的定量变动,控制的范围增大,适应工艺条件变动后时间缩短。但是设备复杂,要求有很高的自动控制水平,投资较大。在近几年我国引进的高速夹网纸机和大型长网纸机中,部分采用了稀释水流浆箱。

长网部的结构及其作用

长网部是由一张无端的造纸网分别套在胸辊和伏辊上所组成的网案。它的作用是将喷射到网面上的纸料进行脱水成形,形成组织均匀的纸页。它主要由一系列的脱水元件组成。

(1)造纸网:造纸网是一张无端的筒状网子,是造纸机的贵重消耗品,具有承载纸料和脱水的作用,并且带动网部各种筒辊的运转。造纸网一般分为铜网和聚酯成形网两类。

铜网是由铜丝编织而成的,有单织、复织和捻织多种加工方法。铜网的滤水能力取决于其目数(每英寸宽度内经线的根数)和编织方法。

聚酯网是由聚酯单丝编织而成的,可分为单层网、双层网等,滤水性能和铜网一样与经线、纬线的密度及编织方法有关。聚酯网和铜网相比,具有重量轻、耐腐蚀、耐磨损、寿命长等优点,近几年来除了生产特殊要求的纸张用铜网外,大部分长网纸机采用聚酯网。

(2)胸辊:位于流浆箱唇板下面,是网案部分的开始,它起着承托造纸网及改变造纸网运转方向的作用,同时脱去上网纸料的一部分水分。

(3)成形板:成形板设置在胸辊的后面,一般情况下,从流浆箱喷射出来的纸料着网点应在成形板的前缘。它用来支撑造纸网,并控制网部前期脱水的速度,使纸页得到良好的成形。

(4)案辊和脱水板:案辊和脱水板都是位于中部的脱水元件,一方面用于支撑造纸网,一方面在造纸网的运转过程中产生吸抽作用脱水,案辊多用于中低速纸机,案板多用于中高速纸机,也有的纸机同时使用案辊和脱水板。

(5)真空吸水箱:真空吸水箱是设置在网案后部的高压差脱水元件,依靠真空泵在箱体内产生真空。当造纸网带着湿纸页经过真空箱面板时,一方面由于纸页上下的压力差使纸页被压缩脱水,另一方面由于空气穿过纸页内部空隙,把纤维上附着的水带入真空箱内,达到脱水的目的。

(6)伏辊:伏辊是网部最末端的辊子,带动造纸网运转,脱去湿纸页的一部分水分,并向压榨部转移纸页。普通伏辊由上下两根伏辊组成,由于效率低,操作困难,目前大部分长网纸机采用真空伏辊。

(7)水印辊:水印辊也叫饰面辊,是一个平直正圆形的空心网辊,它安装于造纸网面的上面,由造纸网带动运转,也可以自己带传动运转。它像擀面杖一样对网面上的湿纸页进行碾压抹平,提高纸张的匀度和紧度。如果在网辊的表面焊上特殊的图案,就会在湿纸页上形成厚薄不一的"水印",用于纸张的防伪和装饰。例如,我们常见的钞票纸、税票纸等纸张的水印,就是这样形成的。

另外,长网部一般还装置导网辊、校正辊、紧网辊、喷水管等,用于造纸网的调整和冲洗,在低速纸机上设置有网案摇振装置,用于加强上网纸料的

分散,提高纸页的匀度。

压榨部的作用

湿纸页虽然在网部脱掉了大部分的水分,但是从伏辊处引出来的湿纸页干度一般还不到20％,湿纸页的强度还比较低,若将这样的湿纸页直接送到干燥部进行干燥,一方面会因为湿纸页的强度太低造成纸幅断头,另一方面会消耗大量的蒸汽,增加生产成本。同时生产出来的纸页纤维结构不够紧密,表面粗糙,纸张强度低,无法满足质量要求。因此,从网部出来的纸页需要在压榨部利用机械压力进一步脱水后才能送入干燥部进行干燥。

造纸机压榨部的作用主要有以下几个方面:

(1)借助机械压榨尽可能多地脱去湿纸页中的水分,减少干燥部蒸汽的消耗,降低生产成本。一般纸张抄造过程中水分脱出的情况是:98.3％在网部脱掉,1.1％在压榨部脱掉,0.6％在烘缸部脱去。采用不同方式脱掉同样重量的水所需要的成本相差悬殊,在网部、压榨部和烘干部脱去相同数量的水所花的成本比例约为1∶70∶330。如果在纸机压榨部多提高纸页1％的干度,在烘干部可以减少5％的蒸汽消耗量。

(2)将网部揭下来的纸页,传送到烘干部去干燥。对于某些吸水性要求较高、紧度要求较小的特殊纸张,如滤纸、浸渍原纸、香烟滤嘴棒纸等,压榨主要起到传递湿纸页的作用,而不需要加压。

(3)在压榨脱水的过程中,同时增加湿纸页纤维的结合力,可以提高纸页的紧度和强度,减少纸机的断头,保证纸机的正常生产。

(4)改善纸页的表面性质,消除网痕,提高纸面的平滑度,减少纸页的两面差。

由于纸料性质、纸张品种、纸机抄速、压榨结构(压榨的形式、道数)、压榨压力、毛毯的滤水性等因素的影响,湿纸页在压榨部的脱水程度也不相同,而且差别较大。一般情况下,湿纸页经过压榨后的水分在70％~55％之间,采用新式的复合压榨,压榨后的水分可以降到50％~52％,如果增加蒸汽箱,提高纸页温度,纸页水分甚至可以降到45％。

另外,纸机横向的脱水应该均匀一致,使压榨后进入干燥部的纸页具有均一的横向水分。

双辊压榨、多辊压榨和复合压榨

压榨的种类很多,根据每道压榨的压辊数目可分为双辊压榨、多辊压榨、复合压榨等。

(1)双辊压榨:双辊压榨是目前造纸机使用较为广泛的一种压榨形式。双辊压榨由上下两根压辊组成,下辊附有传动装置,为主动辊,上辊为从动辊,湿纸页通过毛毯的托运进入两压辊之间受到挤压而脱水。

根据压辊的结构形式,双辊压榨可分为普通压榨、沟纹压榨、真空压榨、盲孔压榨等。

普通压榨即平辊正压榨。一般上压辊为石辊,可以使纸页比较容易剥离下来。下压辊为包胶辊,具有较好的弹性,可以使上下压辊之间的压力比较缓和,脱水比较均匀。普通压榨一般用于低速纸机。

沟纹压榨,上辊为石辊,下辊为刻有螺旋形沟纹的胶辊,沟纹的作用是使通过毛毯被挤出的水有一个良好的通道,从而提高压榨脱水的效率。

真空压榨:上辊为石辊,下辊为真空压辊。真空压榨可以利用真空的作用将两压榨辊挤出的纸页水分通过孔眼垂直地吸走。与普通压榨相比,真空压榨可以脱出更多的水分,有利于湿纸页干度的提高。

盲孔压榨:盲孔压辊是在包胶辊面上钻有一系列孔深10~15毫米、孔径2~3毫米的盲孔,比沟纹压榨有更大的孔隙容积,更有利于脱水。在高速运转状态下,盲孔借离心力可以自净,很少堵塞。目前多用于高速纸机或板纸机上。

双辊压榨若根据其功用又可分为正压榨、反压榨、光泽压榨、挤水压榨等。

正压榨是指湿纸页进入压榨的方向与纸机运行方向相同,湿纸页正面与上压辊相接触,反面与毛毯相接触的压榨方式,可以提高纸页正面的平滑度。反压榨则是湿纸页进入压榨的方向与纸机运行方向相反,湿纸页反面贴着石辊,正面接触毛毯。反压榨可以提高纸页反面平滑度,减少两面差。光泽压榨上面为包胶,下压辊为包铜辊,不用毛毯,主要是用于压平纸面,消除毯痕,提高纸页的紧度和平滑度,而不是用于脱水。挤水压榨则是用于毛毯的洗涤和脱水。

（2）多辊压榨：多辊压榨包括高强压榨及垂直三辊压榨等形式。

高强压榨是在上压辊（钢辊）与下压辊（胶辊）之间配有一个小直径不锈钢沟纹辊的压榨方式。这种形式压榨线压力小，但压强大，脱水效率较高。

垂直三辊压榨一般由上中下三根压辊组成，因为结构复杂，换毯困难，目前很少使用。

（3）复合压榨：复合压榨又称组合压榨或复式压榨，属于多辊多压区压榨，包括三辊双压区复合压榨、四辊三压区复合压榨等，它将真空辊、沟纹辊、石辊等压辊组合起来，可以提高压榨部的效率和湿纸页的干度，减少纸页两面差。复合压榨可以实现自动引纸，纸机断头少，一般用于中高速纸机。另外复合压榨还具有结构紧凑、占地面积较小的特点。

压榨辊加压及提升

在压榨装置中，如果仅依靠上压辊本身的重量使湿纸页在上下压辊之间获得脱水，这个压力就太小了，根本不能满足生产的需要，必须在上压辊上附加外来的压力，以提高两辊间的线压力来加强脱水效率。另外，在停机时，必须将上压辊提升起来，避免毛毯和包胶辊受压出现凹痕；更换毛毯时，也要将上压辊抬起来，以便毛毯套入或退出下压辊。因此造纸机的压榨部都设置有加压机构和提升装置，通常这两套机构是连接在一起的。

目前使用的加压提升装置一般有三种类型，即杠杆重锤式加压、气动式加压、液压式加压。

杠杆重锤加压提升装置通过操作手轮调节加压杠杆的力矩对上压辊进行加压或抬起，并依靠加减重砣来调整加压压力。这种方式劳动强度大，灵敏度较低，并且容易形成"死压"，对压榨辊造成伤害，目前只有老式造纸机还在使用。气动加压提升机构是利用压缩空气推动气缸或橡皮隔膜，带动杠杆使上辊升起或落下，通过调节压缩空气的压力来调节压辊间线压力的大小。而液压加压提升机构则是利用液体压力（油压）驱动加压油缸来带动杠杆使上辊起落，通过控制液体压力的大小来调节两辊间的线压力。

近代新型造纸机普遍使用气动或液压式加压提升机构，它与杠杆重锤式相比，上下压辊间的压力稳定，调节幅度较大，可通过附设的压力表读数，直接反映出上下压辊间的线压力，操作更直观、方便。另外，可以方便地抬

起上压辊,操作更加快捷。

压榨辊的压力、偏心距、中高

(1)上下压辊的压力:在压榨过程中,湿纸页的脱水主要是依靠上压辊的自重及附加压力对下压辊进行施压来达到的。上下压辊之间的压力通常以三种方式表示:

总压力:即上压辊自身重量与附加压力之和,单位以牛顿表示。

线压:下压辊单位长度所承受的压力。通过总压力除以上下压辊接触面的长度计算出来,单位以牛/米表示。

比压:上下压辊间单位面积所承受的力。即总压力除以上下压辊间的接触面积,单位以帕表示。

在正常操作中,是以加减重砣或改变杠杆力矩来变动上下辊之间的压力。在技术管理上,通常以线压表示压辊间的施压情况,而实际上比压才是影响纸幅脱水的关键因素。

(2)上下压辊间的偏心距:在造纸机普通压榨装置中,上压辊不是安装在下压辊的正上方,而是稍微偏向湿纸页和毛毯进入压榨辊的一方。上下压辊垂直中心线之间的距离,叫做压辊间的偏心距,偏心距的大小随纸的品种、纸料性质、纸机抄速、压辊直径、压榨道数等因素而定,一般在50～100毫米之间。

由于上下压辊间存在偏心距,当湿纸页被毛毯带入压榨脱水前,先和上辊接触,受到上压辊的预压作用提前脱水,避免了因突然受压脱出的水不能及时排出造成的湿纸页压花等纸病。

通常,纸机的抄速快、纸料脱水困难、湿纸页水分含量高的情况下,选用的偏心距应大些。对于多道压榨的纸机,第一道压榨辊的偏心距略大,第二道、第三道压辊的偏心距应逐渐减小。

(3)压榨辊的中高:在造纸机纸页压榨过程中,下压辊除自身重量外,还要受到上压辊所施加的压力和毛毯的拉力,使辊子中部向下弯曲,出现下垂现象。由于上辊是圆筒形的,当上辊水平压在下辊上时,上下辊只能在两端接触,中间会有一丝空隙而接触不着,造成纸幅受压不均匀,中间部分由于压力轻造成脱水能力差。为了使上下压辊均匀接触,必须将下压辊制成中央的直径略大于两端的直径,呈腰鼓的形状。这种中央凸起并逐渐向两头缩小的辊子叫中高辊,中高辊中部直径和两端直径之差叫中高。压榨辊的中高大小与压辊的直径、长度、本身材料及所受的外力大小有关。近几年来,可控中高辊在造纸机压榨部得到了应用,它可以在不同操作条件下保持压辊在全幅宽度上压力均匀一致,使纸页得到均匀脱水。

毛毯的种类

造纸毛毯(湿毛毯)又叫毛布,主要用在压榨部承托和运送湿纸页,作为湿纸页脱水的媒介,带动压榨部的其他组成部分,同时对纸页表面起到平整作用。因此,造纸毛毯应具有良好的尺寸稳定性、透气性、洁净度、柔软性和表面整饰性。

造纸毛毯有编织毛毯和针刺毛毯两大类。

(1)编织毛毯:编织毛毯是由经纱和纬纱编织而成的。所用的原料过去一般为纯羊毛,现在多采用毛涤混纺材料。编织毛毯的织法有多种,如平织、二分之一破斜纹、三分之一破斜纹等。编织方法对毛毯的性能影响较大,如果织造得紧密一些,毛毯的表面就致密平整,可以减轻纸张毯印,但滤水性会降低。如果毛毯织造疏松,可以提高毛毯的滤水性,但表面平整性及耐久性会降低。由于编织毛毯在使用上存在的局限性,逐步被针刺毛毯所代替。

(2)针刺毛毯:针刺毛毯使用高比例的合成纤维为原料制成,分为布基针刺毛毯和网基针刺毛毯两种。

布基针刺毛毯是用很松的毛布作基布,用针刺的方法在其两面各植入大量的纤维绒毛。在压榨过程中纸页接触的是纤维绒毛,可以减少纸页的毯印,并提高平滑度。基布的密度较小,可以减少排水的阻力,有很强的滤水性能,同时由于纤维绒毛是垂直刺入基布的,有利于垂直方向脱水。

网基针刺毛毯,又叫棕丝底网毛毯,它是将较粗的涤纶等合成纤维单丝织成底网,然后再经铺绒、针刺及热定型等工艺制成的。与布基针刺毛毯相比,它具有更好的滤水性能。由于所采用的单丝强度大,所以使用寿命也更长。

毛毯的选择、调整、洗涤

（1）毛毯的选择：在选用造纸毛毯时应根据造纸机的类型、抄速、生产的品种、纸料的性质、压榨部位等因素来选择。

在一般情况下，第一道压榨的纸页水分比较大，需要排出的水比较多，要求毛毯具有较好的滤水性和适当的弹性及平滑性，可以选用标重较小的平织毛毯。第二道压榨，纸页水分相对减少，压榨比压增加，需要毛毯的压缩性较低，平滑性略好些，可以选用标重略大的平织或斜纹毛毯。第三道压榨要消除第一、二道压榨的毛毯痕，应选用标重大些、平滑性良好、组织紧密的斜纹毛毯。

不同的纸张对毛毯的选用也有不同的要求，生产一般纸张时，第一道压榨可选用 600～700 克/平方米之间的平织毛毯，第二道压榨可选用 680～750 克/平方米之间的平织毛毯，第三道压榨可选用 800～850 克/平方米之间的破斜纹毛毯。如用于生产高级纸张时，可选用较薄一些的毛毯。

如果使用针刺毛毯，由于其滤水性能较好，选用毛毯的标重应比编织毛毯略高一些，如一般情况下，一压针刺毛毯可选用 700～800 克/平方米，二压毛毯可选用 800～1 000 克/平方米，三压可选用 900～1 100 克/平方米的针刺毛毯。

（2）毛毯的调整：普通毛毯沿横向都织有一条与毛毯纵向成直角而颜色不同的线，这条线叫标准线，或者"蓝线"。毛毯在正常运行中，标准线应和压辊保持基本平行。如果毛毯整个横幅松紧不一致，或压辊压力不均匀时，常会发生毛毯标准线凸进或凹退或全线倾斜的现象，使毛毯孔眼由方形变成菱形，缩小了有效脱水面积，影响脱水效率，也常会因此造成湿纸压花等纸病，缩短毛毯使用寿命。所以应该注意控制毛毯标准线，使其保持平直。

毛毯标准线如果出现凸前，主要是由于压辊的中高过大，中间的线速度比两边大或压辊压力不足造成的。调整的办法：一是把压辊研磨成正确的中高，二是适当加大压榨辊的线压力。在低速纸机上有时也可以选择适当的毛毯辊用垫纸的办法（即将毛毯辊两边卷上适当层数的纸页）来解决。

毛毯标准线如果出现凹后，这主要是由于下压辊中高不足，或者中高正确，但加压过大所造成的。如果中高不足，则可以通过研磨中高，或在适当的毛毯辊中间垫纸解决。如果因为压力过大,则应适当降低压力。

毛毯标准线发生倾斜,是因为毛毯两边松紧不一致或者压辊两侧的压力不一致造成的。可以通过设法拉紧毛毯松边或调节上压辊的压力进行调整。

(3)毛毯的洗涤:在生产过程中,纸料中的细小纤维、胶料、填料等物质及生产用水的杂质极易附着在毛毯上,污染毛毯,堵塞毛毯孔眼,降低毛毯的滤水性能,甚至产生纸页的压花、断头。因此毛毯的洗涤在生产上非常重要。

毛毯洗涤的方法分为生产中洗涤和停机洗涤两种。

生产中洗涤一般利用毛毯的清洁设备,如打毯器、喷水管、挤水辊、真空吸水箱等进行经常性洗涤。停机洗涤时,应放松毛毯,在爬行速度运转并使用毛毯洗涤剂进行清洗。

干燥部的作用及构件

由压榨部出来的湿纸页一般还含有 $50\%\sim70\%$ 的水分,这些残留的水分很难再用机械的方法除去。干燥部的作用就是用加热的方法使水分蒸发,进一步除去纸页中的水分。通过干燥,纸的水分一般达到 $5\%\sim9\%$,纸板的水分达到 $10\%\sim12\%$。在干燥脱水的过程中,纸页得到一定的收缩,纤维结合得更加紧密,增加了纸和纸板的强度,同时还可以提高纸页的平滑度,完成纸的施胶。

造纸机的干燥部主要由一至若干个烘缸组成。另外还有干毯、冷缸、通汽系统、排风系统等构件。

(1)烘缸:烘缸是造纸机干燥部的主体。它是用优质铸铁制造的封闭式薄壁圆筒,可以承受一定的蒸汽压力。烘缸的表面非常光滑,可以使纸页紧密地贴附于上面。多烘缸纸机的干燥部通常分上下两层布置,纸页两面可以交替与烘缸面贴附,以消除纸张的平滑度两面差,并防止向一面卷曲。根据工艺要求,全部烘缸一般分成若干组,每组烘缸共用一条干毯及一个烘毯缸。每个烘缸上都配有刮刀,用以除去黏附于烘缸表面上的纸屑、细小纤维等杂质,并防止纸页在烘缸上缠绕。

(2)干毯:干毯又称帆布,它用在纸机干燥部包绕于烘缸的表面,改善纸页与烘缸的接触,增加传热强度,提高纸页平滑度,防止纸页变形和起皱,同时传递纸页通过干燥部,并带动相关的干毯导辊。因此要求干毯具有足够的强度、透气度、吸水性及耐磨、耐热、表面平滑等特性。

干毯有帆布干毯、针刺干毯和干网等种类。目前常采用聚酯干网,其成本低,寿命长,耐酸碱,耐腐蚀,耐磨,但对热较敏感,容易降解。一般干燥前期使用帆布和针刺干毯,以减少毯印,干燥后期使用干网,提高干燥效率。

（3）冷缸:冷缸结构与烘缸相似,置于干燥部的末端,内部通冷水,用于降低纸的温度（从 70～90℃降至 50～55℃）,提高干纸的含水量（通常可提高1.5%～2.5%）,从而提高纸的柔软性和弹性,适应压光机的需要,提高纸的紧度和平滑度,并减少纸的静电。

（4）排风设备:纸页在干燥部水分从 50%～70%降到 5%～9%,蒸发出大量的水分,如果不将这些含水量大的湿空气排出车间,就会影响干燥部的干燥效果。一般在干燥部设置烘缸罩,并使其与通风管道及排风机相连,在排风机作用下,强制将烘缸罩内的湿空气排出车间,降低空气湿度,提高干燥效率。

另外,对于中高速纸机,在干燥部还配置有引纸绳,用于自动引纸。

干燥部通汽方式

在造纸机的干燥部,烘缸通汽的方式有两种,即无蒸汽循环的单段通汽和有蒸汽循环的多段通汽。

（1）单段通汽:蒸汽由总汽管分别引进每个烘缸,冷凝水通过连接排水管的阻汽排水阀排出,流入收集槽,用泵送入锅炉房,这种通汽方式称为单段通汽。它的优点是管线比较简单,操作方便,但热能利用较差,常用在烘缸数量较少的小型造纸机上。

（2）多段通汽:为了更有效地利用蒸汽热能,实现一汽多用、节约蒸汽,现代化多烘缸造纸机多采用二段或三段通汽方式。

三段通汽是根据干燥温度曲线的要求,把整个干燥部的烘缸分为三段,各段间进汽总管与泛汽总管用阀门隔开。通汽方式是首先将新鲜蒸汽通入要求温度高的一组烘缸中,将这些烘缸排出的冷凝水和泛汽导致水汽分离器,析出二次蒸汽,送入要求温度稍低的一组烘缸中,再将这一组烘缸排出的冷凝水和泛汽送至水汽分离器，再析出二次蒸汽，供最后一组烘缸使用。最后一组的烘缸是要求温度最低的，由最后一组烘缸排出的冷凝水和蒸汽也必须送到汽水分离器，将冷凝水（包括前二组烘缸排出的冷凝水）送到锅炉房回用。

为有效地排除冷凝水并运用二次蒸汽，各段烘缸之间的压力差应保持在 30 千帕以上。在三段通汽系统中，除了蒸汽自然循环外，在最后一段的冷凝水管上还设置真空泵来加强循环，以保持必要的压差，并排出进入烘缸的空气。

通常第一组烘缸占干燥部烘缸总数的 60％～70％，由干燥部中部的烘缸组成，第二组烘缸占 20％～35％，由干燥部后部的烘缸组成，第三组由干燥部前段几个温度比较低的烘缸组成。如果第二组的蒸汽压力偏低，不能满足要求时，也可以补充新鲜蒸汽。三段通汽是以干燥温度曲线为依据进行管道配置，与烘缸的分组不相干。根据生产纸种的不同，组合方式也不一样。

多段通汽管线比较复杂，但可以充分利用热能，降低蒸汽的用量，与单段通汽相比，吨纸耗汽量可以降低 10％～15％。

压光机的作用及形式

有些纸张如滤纸、吸墨纸等，从干燥部出来后已达到了所需的质量标准成为成品了，但是对于大多数纸种来说，由于表面粗糙、结构疏松，需要进一步提高其平滑度、光泽度、紧度，使其全幅纸宽上厚度一致才能满足要求。一般通过压光处理达到这个目的。经过压光的纸页，其性质会发生以下变化：① 紧度增加，厚度缩小且比较均匀，纸的适印性提高；② 纸页透气度、白度、不透明度有所降低；③ 纸的网印及毛毯痕减轻，光泽度和平滑度提高，两面差减小；④ 施胶度和强度下降。

纸页压光是在压光机上完成的。压光机一般有普通压光机、超级压光机和软辊压光机三种形式。

（1）普通压光机：普通压光机一般安装在造纸机干燥部的后面，与造纸机组合在一起，对纸和纸板进行压光，所以也叫纸机压光机。普通压光机一般由 3～8 个不同直径的钢辊组成。下辊是主动辊，其余的由辊子间的摩擦而转动。在进行压光时,纸页由上到下从这些辊子之间通过,受到辊子的压力和滑动摩擦,从而提高其平滑度、光泽度和紧度。普通压光机压辊之间是"硬对硬"接触,对于表面不平滑的纸页,辊面只压到其凸起的部分,凹处则压不到。接触的地方紧度增加,容易形成压光点,纸页表面特性不均匀。

(2)超级压光机:超级压光机的结构与普通压光机相似,不同之处在于超级压光机辊子数目较多,一般 12～16 辊,线压力较大,车速较快,除钢辊外,还有纸粕辊与之相间排列。纸粕辊由一种特殊的纸制成,主要成分是毛、棉、麻、硫酸盐纸浆和石棉等。在进行压光时,纸粕辊会产生变形,压区变宽,可以承受较大的线压力,可以使纸页得到更高的紧度、平滑度和光泽度。超级压光机不与纸机安装在一起,单独安装使用。

(3)软辊压光机:软辊压光机从上世纪 80 年代才开始用于造纸行业,可与造纸机安装在 起,也可以独立安装在造纸机以外。

软辊压光机每个压区由一根可控中高软辊和一根加热钢辊组成。软辊外面包覆聚氨酯弹性材料,钢辊可以通过热油加热,油温最高可达 220℃。在进行纸页压光时,软光压光机的压区较宽,比压较小,同时把机械能转化为热能传递给纸页,软化纸页纤维,使其更容易压光,增加平滑度。由于软辊辊面弹性好,可以适应纸幅不好的匀度和定量变化,使纸页具有均匀的平滑度和紧度。软辊压光机的另一好处是纸页即使有较高的水分,也不会出现压黑和色斑的现象。软辊压光机最普遍的排列是二组串联的形式。第一组软辊为顶辊时,第二组则软辊为底辊,这种布置可以使纸幅两面均受到相同的压光整饰,如果有的纸张只需要单面压光整饰,则只需要一个压区即可。

软辊压光机发展很迅速,多用于高级纸张的生产,有的地方可以代替超级压光机。

卷纸机的作用

卷纸机位于造纸机的末端,用来把纸页卷成纸卷。卷纸机性能的好坏直接影响纸卷的紧度和质量,并影响到纸卷的贮存和下一步的加工性能。如果纸卷太松,在存放时容易变形,失去原有的圆筒形状,在后面的复卷机或切纸机上退纸时会因转动不均匀造成纸幅震动和拉力不一致,增加纸页的断头。如果卷得太紧,退纸时会因纸页弹性变小而断纸。另外,卷纸质量不好,还有产生折子等纸病,影响纸页的质量和纸机的产量。

目前最常用的是水平圆筒卷纸机。它由卷纸缸、双支杆、卷纸辊等组成。其中卷纸缸为主动圆筒,其速度与造纸机的车速相同或略快,纸卷就是借它与卷纸缸之间的摩擦力带动卷纸。卷纸缸里面一般通冷水,用于冷却纸页和清除静电,因此有时也叫"冷缸卷取"。

在圆筒式卷纸机上,卷纸的紧度取决于纸卷与卷纸缸之间的压力。在卷纸缸两侧的支架上,设有调压螺杆,可以使卷纸辊轴颈作前后移动,调节纸卷对冷缸的压力,从而保持纸卷与卷纸缸压力的均匀一致。在新式纸机上多采用了气动加压和退开的装置,通过操作箱控制副臂及主臂的气压,来调节卷纸辊与卷纸缸的线压力,使造纸机下来的纸张卷成紧度均匀的卷筒纸。

长网纸机的传动

长网纸机的传动分为定速部分和变速部分。定速部分是指辅助设备的传动,包括搅拌器、筛浆机、摇振装置及浆泵、白水泵、真空泵等。这部分传动不因纸张在纸机上的运行速度变化而变动。变速部分是指纸机本身的传动,包括伏辊、下压辊、烘缸、压光机及卷纸机等。这部分传动的速度随纸料性质、纸张品种及纸机运行速度而改变。

纸机本身的传动一般有两种方式,即单电机总轴传动和多电机分部传动。

单电机总轴传动即采用一台大功率交流异步电机带动一根总传动轴。总轴有横轴和纵轴两种排列方式,用得较多的是纵轴传动方式。纵轴沿造纸机纵向排列,通过皮带轮与电动机相连,而各个传动点则通过锥形皮带轮、变速箱与总轴相连而转动。每个传动点还设有离合器装置。

多电机分部传动即在每个传动点都有自己独立的电动机,电动机与纸机传动轴之间通过减速器连接。调速通过控制直流电机的转速而实现。多电机分部传动的优点是传动稳定,结构简单,便于生产过程的自动控制和调节,维修方便,新式纸机多数采用多电机分部传动的方式。

无论采用哪一种传动方式,造纸机本身的传动必须保证造纸机的车速在一定的范围内获得平稳的调整。一方面,造纸机在运行时车速必须稳定,各部分不应因为该部分负荷变化而使车速发生改变,以免造成各部的速差发生变化,引起纸机"断头",或者影响纸页的质量。另一方面,为了提高纸机的适应性,要求纸机的传动能有较大的变化范围,对于品种单一、变化较小的纸机,变化范围一般为1:2。对于纸种和定量变化较大的纸机,变化范围应为1:6~1:10。同时纸机各部分的速度也应有10%~15%的调节范围。

为了便于检查、维修,各传动组还应设计有15~25米/分钟的爬行速度。

造纸机的白水的回收

在抄纸过程中,有大量的白水由造纸机的湿部排出,白水中含有大量的细小纤维、填料、胶料等物质。回收白水,不但可以回收其中的细小纤维和物料,降低清水用量,节约成本,而且可以减轻因废水排放造成的环境污染。

为了充分利用纸机上的白水,应尽量根据白水浓度的不同分级回收,因为从纸机不同部位脱出的白水的浓度和组成是不同的。例如:纸机网下真空箱之前的网下白水浓度较高,简称浓白水;而真空箱和压榨部脱出的白水浓度较低简称稀白水;另外还有洗毛毯水,因为其中含有毛毯毛,应该与网下白水分开回收。纸机白水循环利用的原则是在不影响纸机操作和成纸质量的前提下,尽量对白水加以处理和利用,并应根据白水的浓度不同分级回收,优先利用浓白水。

一般造纸机白水采用三级循环的方式来处理回收。第一级循环是采取网部的浓白水用于冲浆稀释系统,不但可以回收细小纤维,而且可以改善纸页匀度和施胶度。第二级循环是将第一级剩余的浓白水和稀白水经白水回收设备处理,将其中的物料回收;第三级循环是将第二级循环多余的水及其他的水经水处理设备回收处理,然后循环使用。

白水回收的方法和设备很多,一般分为沉淀法、气浮法、过滤法三类。在白水回收系统中,可以使用一种类型的设备,也可以使用两种或两种以上类型设备相结合处理。

沉淀法是利用纤维等物料相对密度略大于水的原理,使纤维和填料沉淀,从而达到回收纤维和填料并澄清白水的目的。为了加速沉淀速度,可以加入一定量的沉凝剂(如硅酸铝、聚氧化乙烯等)。沉淀法使用的白水处理设备有白水塔、沉淀池、加速澄清池等。它的缺点是处理周期长,设备庞大,占地面积较多。

气浮法是一种较为先进的白水处理方法,它是在一定压力下将压缩空气溶入水中制成溶气水,然后再经过特殊结构的释放器将溶气水释放到需要处理的白水中,产生无数的微气泡,这些微气泡吸附到细小纤维上,使细小纤维密度变小而浮出液体表面,形成纤维层,然后再用刮板收集回收。气浮法设备主要为气浮白水回收机,与沉淀法相比,气浮法简单高效,但要消耗一部分电能。

过滤法是采用各种型式的过滤介质处理白水的一种方法。处理设备主要有圆盘式过滤机、真空过滤机、圆网浓缩机等,其中圆盘式过滤机因澄清白水效果好,回收物料效率高,占地面积小,在高速纸机生产线上应用较多。

圆网造纸机的分类

圆网造纸机是由圆网部、压榨部、干燥部和卷取部等组成。与长网纸机相比,最大的区别在于网部结构和纸页成形方式的不同,其他部位的结构原理基本一样。圆网纸机的圆网部由圆网笼、网槽、伏辊等构件组成。圆网笼在网槽内回转,由于网内外水位差产生的过滤作用,把纤维吸附到网上形成湿纸页,湿纸页由毛毯经伏辊初步脱水后送到压榨部、烘干部进行脱水、烘干,从而形成纸页。由于圆网纸机网部结构的特点,所生产的纸页一般纵横向拉力比、纸页两面差大,同时因为脱水面积小及受离心力的影响,车速一般相对较慢,给进一步提高产量和扩大纸页品种带来一定困难。旧式的圆网纸机结构简单,占地面积小,投资低,上马快,在我国的中小型造纸企业应用比较广泛。

为了提高圆网纸机的车速、产量、质量和效率,国内外都对圆网部进行了许多研究和技术改进,出现了许多形式的新型圆网造纸机,如真空圆网、加压圆网、超成型圆网、快速成型圆网等,因而圆网机不再是低档次纸机的代名词。如国际上用于生产卫生纸的新月形成型器圆网纸机实际最高车速达到2 100米/分钟,甚至超过了长网纸机的最高车速。

圆网造纸机按照圆网及烘缸的数量一般分为以下几种类型:

（1）单圆网单烘缸造纸机：又称扬克纸机，常用于生产定量较低的单面光纸张，如有光纸、单面书写纸、印刷纸、包装纸及卫生纸等。

（2）双圆网双烘缸造纸机：可以改善纸页匀度，提高干燥性能，降低两面差，可用于生产50克/平方米以上的双面光纸张，如书写纸、凸版印刷纸等。

（3）多圆网多烘缸造纸机：主要用于抄造各种板纸和纸板，特别适合抄造分别以不同纸浆作为面浆、芯浆、底浆的纸板。

圆网笼的作用

在圆网造纸机的圆网部，圆网笼浸放于网槽中，其作用是利用过滤原理把进入网槽的纸浆脱去部分水分，在网上形成组织均匀的湿纸页，然后由毛毯带动伏辊脱水后进入压榨部。因此，圆网笼是形成纸页的关键设备。

圆网笼的结构是一个圆筒形的中空骨架，直径一般900～1 500毫米，通过轮辐与中心轴连接。网笼的外围包覆一层里网和一层外网，其中里网一般采用8～10目的铜网，外网则采用50～80目的铜网或塑料网。网目的选择应根据纸张的品种和纸料的性质而定。

圆网笼对纸页的质量和造纸机的运转效率起着非常重要的作用。因此，在结构上应运转灵活，脱水均匀，在湿纸页形成过程中及形成后，不许产生搅动，以免破坏已形成的纸页。另外，应有足够的强度和刚度，以承受伏辊及毛毯的压力和拉力，有准确的几何形状，安装应保持水平。

网槽的种类及原理

网槽由流浆箱和弧底槽两部分组成，流浆箱的作用是使流入网槽的纸料分散均匀而且有一定的流速。网槽过去一般由木材或塑料板制成，现在多采用不锈钢材料，表面十分光滑，防止纤维沉积和便于清洗。

圆网槽有两类，一类是顺流式网槽，浆流的方向与圆网笼回转的方向一致；另一类是逆流式网槽，浆流的方向与圆网笼的回转方向相反。其中顺流式网槽又包括顺流溢浆式、活动弧板式、喷浆式等。不同的网槽结构各有特点，对纸张的质量有不同的影响。

（1）顺流溢浆式网槽：顺流溢浆式网槽的结构如图15-2所示，特点是：纸料与圆网笼的有效接触面积较大，上网浓度低，纤维分散较好，生产的纸

张匀度较好,背面比较平滑,透气度低,纵横向拉力比较大。一般可以用于生产普通书写纸和印刷纸,也可以生产纵向拉力要求比较大的纸张。

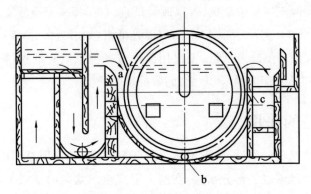

图 15-2　顺流溢浆式网槽

a—纸料入口　b—圆网垂直中心线部分　c—溢流口部分

（2）活动弧形板式网槽:这种网槽也属于顺流式网槽,结构如图 15-3 所示,特点是:它有一个可以调节的弧形板,可以方便调节纸料的流速和网速相适应,以适应纸张定量和品种的变化。它的挂浆弧长较短,滤水面积小,上网浓度较大。所生产的纸张纵横向拉力比略小,背面粗糙,但透气度较大,常用于生产薄型纸,也可以用于生产书写纸和印刷纸。

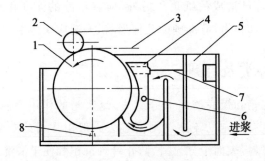

图 15-3　活动弧形板式网槽

1—圆网笼　2—伏辊　3—毛毯　4—活动弧形板　5—网槽　6—白水排出孔

（3）喷浆式网槽:喷浆式网槽的结构如图 15-4,特点是:纸料与圆网有效接触面积较小,滤水能力差,上网浓度高,所抄造的纸页纸质松厚,吸收性能好,纵横向拉力比较小,但匀度较差。可用于生产吸收性较好的纸或纸板,如卫生纸、包装纸等。

图 15-4　喷浆式网槽

1—堰板　2—唇板

（4）逆流式网槽：逆流式网槽的结构如图 15-5 所示，它的上旋侧为进料口，可以防止纸料浓度逐渐升高，网笼对网槽内纸料有轻微搅动的作用，纤维交织较好，所生产的纸页纵横向拉力比较小，纸质疏松，适用于多圆网纸机的纸板抄造。

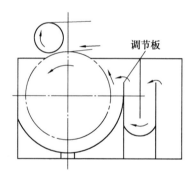

图 15-5　逆流式网槽

圆网纸机纸页的形成

圆网纸机纸页形成的过程是：纸料以一定的浓度进入网槽，并得到匀整和分散，使纸料保持均匀分布的状态和一定的流速。由于网笼外部水位高于内部的水位，当圆网转入网槽液面时，纸料中的水由圆网滤出，纤维就吸附在网面上。随着圆网的转动，吸附的纤维越来越厚，当圆网转出液面时，形成的纤维层在网面上继续脱水，直到与毛毯相遇，经伏辊轻压脱水后贴在毛毯上，随毛毯进入压榨部，而网笼继续转动，经喷水管冲洗后再次浸入纸料中。

圆网纸机纸页的形成是一个复杂的过程,除受到过滤作用外,还受到选分作用和冲刷作用等。

一般情况下,当圆网笼在网槽内回转时,纸料开始上网。开始时滤水速度快,比较粗长的纤维优先上网,细小的纤维易穿过网眼进入白水,当粗长纤维形成一个滤层后,细小纤维才会因表面积大、吸附强,附着到所形成的湿纸页上。这种圆网笼对纤维产生的选择性就是"选分作用"。

随着圆网笼的继续回转,网面纤维继续增厚,过滤作用减小,所吸附的粗长纤维比较疏松,会因纸料的摩擦被冲刷下来。这就是所谓的"冲刷作用"。由于冲刷作用在圆网笼离开液面时,网面最外层纤维又因重力关系而往回滑落。选分作用和冲刷作用会影响纸页的匀度,使纸页产生成两面差。

纸的完成和整理

从卷纸机上下来的纸虽然具备了一些所需要的性能,但还不是最终产品,需要进一步的完成和整理。其目的主要有:裁切成一定规格的平板纸或卷成一定宽度且松紧一致的卷筒纸,以适应不同纸种的不同用途;将在造纸过程中产生的影响使用的纸张挑选出来;对具有特殊用途的纸张进一步加工,如提高纸面平滑度、光泽度、改善纸页外观;对纸张进行包装,适应贮存和运输的要求。

纸张的完成和整理流程随纸张的种类及要求而定,一般过程如下:

卷筒纸完成整理流程:

卷纸机 —→ 复卷机 —→ 包装机 —→ 封头机 —→ 入库

↓ ↗

超级压光机

平板纸完成和整理流程:

卷纸机 —→ 切纸机 —→ 选纸、数纸 —→ 包装 —→ 打件 —→ 入库

↓ ↗

超级压光机

(1)纸的超级压光:纸的超级压光是在超级压光机上完成的,目的是进一步提高纸的平滑度、光泽度和紧度,改善纸页的厚度均一性。用于超级压

光的纸可以是经过普通压光的,也可以是未压光的,也可以是经过涂布加工的。根据需要,也可以用软辊压光机处理纸张。

(2)卷筒纸的整理:从造纸机下来或经过超压的纸卷一般比较松软,两边不齐,宽度不适合用户使用,同时卷筒时还有断头和纸病,所以需要将纸卷重新复卷一次。复卷是在复卷机上完成的。复卷机的作用就是切去纸幅的毛边,纵向切成一幅或几幅规定尺寸的纸幅,并将纸幅卷在标准内径的纸芯上,成为一定直径、宽度、紧而均匀、两边整齐的卷筒纸,以满足轮转印刷或加工的需要。在复卷过程中,可以剔除纸病,并接好断头。

复卷后的卷筒纸需要进行包装,低速纸机一般人工完成,现代化大型纸机一般配备自动包装系统,可以自动完成卷筒纸的包装及粘贴封头工作。

(3)平板纸的整理:对于大多数的书写纸、印刷纸及纸板,根据使用和印刷的要求,需要裁切成一定规格尺寸的平板纸。平板纸的裁切在切纸机上完成。最常用的切纸机为回转式切纸机。裁切的平板纸应切边整齐无偏斜。裁切后的平板纸需要人工选纸,根据纸张质量要求将带有外观纸病的纸张挑出来,把选过的纸张整理整齐,然后按 500 张一令进行数纸,最后再按要求进行包装打件。

十六、加 工 纸

加工纸生产的目的和作用

由本书前面的内容我们了解到了以天然植物纤维为原料，由湿法在造纸机上抄造生产纸张的原理和过程。但由于植物纤维本身的局限性，使直接由湿法生产的植物纤维纸，具有很多不足之处。比如由纤维交织而成的表面，不可能具有很高的平滑度和光泽度；植物纤维缺乏耐水性和湿度变化时的尺寸稳定性等，这些缺点使普通的纸张不能满足高级印刷的要求。另外，由于耐水、防潮、气密性及外观等的不足，又使它满足不了包装装潢的要求。普通的植物纤维纸，在它固有的文化和包装两个应用领域内，已经不能满足工农业发展和人类物质文化生活提高的需要了，更不用说在一些特殊的应用领域内所要求的特殊性能了，所以需要对原纸进行各种方式的再加工。纸张经过再加工后，有的可以改善其表面性能，提高印刷适应性；有的可以改善纸的外观，增强装饰效果；有的是为了赋予纸张一定的防护功能；有的纸通过特殊处理，可以做成各种木材代用品和建筑材料等等。

那么，现在我们对纸张加工的目的，概括出以下几条：

（1）改善纸的表面性能，提高印刷适应性，以满足印刷和包装行业的需要。用来印刷商标、杂志封面的铜版纸，就是通过对植物纤维纸进行颜料涂布来达到目的的。

（2）改变和提高纸张的物理化学性能，以达到各种特殊的使用要求。例如用作冷冻食品、油脂、干湿食品的包装纸的植物羊皮纸，就是用植物纤维抄制的原纸用硫酸处理后，使其改变原有性能的一种变性加工纸。

（3）改善纸的外观，以达到美观、装饰等目的。如餐巾纸、木纹纸，是用机械轧花加工后，改善了纸张外观，增强了艺术感，改进了包装装潢的效果。

（4）赋予纸及类纸以一定的形状，使之符合各种使用要求。如瓦楞纸、彩色皱纹纸，是对瓦楞原纸、皱纹原纸进行起楞、起皱而改变了外观形状的。

我们可以给加工纸这样一个解释：根据所要求的使用特性，以原纸为基材进行各种方式的再加工所得到的纸种。或者，再进一步具体地说，以纸为基础，经涂布、复合、成形、变性、整饰加工，使之改变或提高纸张原有形状、外观和物理化学特性，通过这类手段制成的纸产品。

加工纸的分类

近几年，加工纸工业发展很快，品种越来越多，用途也愈加广泛。目前，加工纸的应用已涉及工业、农业、国防工业、科学研究、医疗卫生、美术装潢、日常生活等各个领域。据统计，目前世界上纸张品种已达 1.2 万多种，其中半数以上属于加工纸，而且其品种、用途又相互交叉重叠，要对加工纸进行确切的分类，比较困难。在此，我们仅从加工纸的定义出发，根据原纸的加工方法，将加工纸分成以下几类。

（1）涂布加工纸：涂布加工纸是指采用各种涂料对原纸进行涂布加工所制得的纸类。不同的涂料，可以得到不同特性的涂布加工纸，所以这类加工纸在数量及品种上占有量最大。例如以白色颜料为主的涂料，可提高纸张白度、不透明度，改善纸的表面性能，从而提高适印性，主要用于各种印刷纸的加工，如铜版纸、涂布白板纸、铸涂纸；以树脂为涂料，可以提高纸张强度以及耐水和耐油等防护性能，用于各种包装纸的加工，如油毡纸。

（2）复合加工纸：复合加工纸是指经过层合和裱糊作业，将纸或纸板与其他薄膜材料贴合起来所制得的纸类。由于纸或纸板与各种薄膜特性互补，使加工后的成纸既有防水、防油、气密、热封等保护性能，又有足够的强度，因此可以用来加工各种纸容器，适用于各种物料的包装，如商品的防潮包装纸、面包等食品的包装纸。

（3）变性加工纸：变性加工纸指原纸经化学药剂的处理，而显著改变了特性的纸类。由于物理化学性质的变化，使这种加工纸具有许多特殊的用途，如植物羊皮纸，经硫酸液处理后，纸页具有不透油、不透气性、半透明性等原纸所不具有的特性。

（4）浸渍加工纸：顾名思义,浸渍加工纸就是以浸渍液浸渍原纸所得到的一类纸。浸渍液可以是树脂、油类、蜡和沥青等物质。浸渍液不同,所得到的浸渍纸的性能和用途也不同,主要用于防护类加工纸的生产。例如以沥青为浸渍液,可得到沥青浸渍纸,如油毡纸;以石蜡为浸渍液,可得蜡纸,如面包包装纸。

（5）机械加工纸：将原纸、纸板以及经涂布、浸渍、复合、变性等加工后的各类加工纸进行起楞、起皱、压花和磨光等机械加工,所得到的纸类称作机械加工纸。机械加工的目的主要是改善外观,增强纸张的艺术感或满足特殊要求。如瓦楞原纸经起楞加工后得到瓦楞纸,主要用于制造瓦楞纸箱。纸和纸板经机械加工后,可以改善外观,改进包装效果,如木纹纸等。

颜料涂布加工纸

在"加工纸的分类"中,我们了解到,用不同成分的涂料,对基材（原纸）进行涂布加工,就可以得到具有不同特性的加工纸,所以涂布加工纸种类很多,用途很广,如按用途可分为印刷类、防护类、感应记测类、装饰类、黏合类等,而其中用于印刷的颜料涂布加工纸,是涂布加工纸中用量最大、形成涂布加工纸主流的产品,在整个涂布加工纸中占有非常重要的地位。颜料涂布加工纸,是以原纸为基材,将以颜料、黏合剂和各种辅助剂调成的涂料,用涂布机涂在纸面上,而后经过压光、整饰等制成的加工纸。颜料涂布的目的,就是使产品获得一些性能,如纸的光泽度、平滑度、白度、不透明度和油墨吸收性等,以满足印刷单色或多色的美术图片、插图、画报、杂志商标的需要。所以,人们已习惯于称之为印刷涂布纸。

颜料涂布加工纸的生产流程表示为：

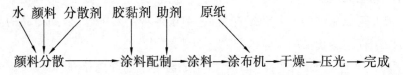

涂布纸分单面涂布和双面涂布,质量等级有 A、B、C 三级,A 级质量水平最高。

从涂布量来分,有铜版纸、普通涂布纸和低定量涂布纸。铜版纸的涂布量最高,每面在 20 克/平方米左右,用于高档美术品印制和精美美术书刊;普通涂布纸的涂布量在每面 10 克/平方米左右,用于产品样本、广告画、日历等商业印刷品;低定量涂布纸单面涂布量 5～10 克/平方米,用于杂志正文、彩色书页、商标、广告单印刷等,此类纸张的定量和涂布量正向更低化方向发展。

印刷涂布纸的规格有平板和卷筒之分,可根据用户(印刷机)需要而定。

印刷涂布纸定量范围一般在 60～250 克/平方米,现在的微涂纸也有定量低于 60 克/平方米的。

印刷涂布纸最重要的技术指标是其表面性能,即光泽度、平滑度、白度、印刷表面强度和油墨吸收性,所以比不涂布的印刷纸,具有优良的印刷性能和印刷效果。

涂布颜料的作用及常用涂布颜料

颜料是涂料的主要成分,在一般的颜料涂布涂料中占 75%～90%的比例,所以颜料涂布纸的性质,主要取决于颜料。由前面介绍的知识,我们知道,颜料涂布纸具有高的白度、不透明度和光泽度及细腻、光滑的表面,吸墨性好,适应印刷等特点,所以我们可以把颜料的作用总结概括为:一是填平凹凸不平的原纸表面,使之变成匀整和吸收性均匀的印刷表面,以提高涂布纸的平滑度,改善对油墨的吸收,以适应印刷;二是增加涂布纸的白度、不透明度和光泽度;三是改善成纸的外观质量。

为了适应纸张涂布的需要,颜料必须具有一定的物理、化学性能,如白度、不透明度和折射率要高;吸水性能低,摩擦损耗低,化学稳定性好,需用的胶黏剂要少,纯度高,粒径分布均匀适当,与涂料中其他组分适应性好;水中易分散,悬浮液的黏度要低等。目前尚无一种颜料可以这样十全十美,同时具有上述所有性能,而且各种颜料各有其独特的优缺点。所以实际应用中,很少单独使用一种颜料,一般是根据要求选择数种颜料混合使用,以发挥各种颜料的优点。另外,实际生产中还要考虑价格因素,以取得经济、合理的最佳配比。

现在常用的颜料有高岭土、碳酸钙、二氧化钛、氢氧化铝、锻白、硫酸钡、二氧化硅等，这些都是白色颜料，其他还有发光颜料、有色颜料、合成颜料，白色颜料用量要占总量的 70% 以上，目前用量最大的是高岭土，其次是碳酸钙，其他一般只作功能性颜料使用，用量较少。一般涂料中，高岭土占颜料的 60%～70%，碳酸钙 20%～40%，其他几种颜料比例一般不超过 20%。

高岭土是一种天然含水硅酸铝，因晶体结构特殊即六角片状，故可制备高浓低黏且流动性好的涂料，所得涂布纸的光泽、平滑度高，可单独使用也可配用。碳酸钙一般不单独使用，大多是与高岭土配用，其特点一是经济，二是利于提高纸张白度、不透明度和吸墨性。氢氧化铝、二氧化钛、锻白、硫酸钡、二氧化硅等，由于其本身特性和价格方面的限制，只在特种纸或涂层较薄时使用。

涂布胶黏剂的作用及要求

胶黏剂作为除颜料之外的另一个主要组分，与颜料一样，是决定涂布纸质量的重要物质，对涂料性质影响很大。

（1）它的主要作用：

① 使颜料粒子之间及颜料与原纸牢固结合。

② 作为涂料液的胶体保护剂，使涂料液稳定。

③ 作为涂料的介质，给涂料以流动性，以利于涂布作业。

（2）胶黏剂的种类很多，但能够用作涂料胶黏剂的，必须具备以下条件：

① 对颜料的黏结力要强。如果因黏结力差而增加用量，会造成涂料白度、不透明度和油墨吸收性的降低，涂层的可塑性降低，影响压光效果。

② 与颜料的适应性好，不损坏颜料的性质。

③ 稳定性好，用其制备的涂料稳定而不变质，具有适当的流动性，以利于涂布作业，提高涂层白度。

④ 要有适当的黏度和成膜性，以防涂料液过分渗入纸层内，影响涂层的质量。

⑤ 应保证涂层有适当的吸墨性；有适当的塑性，以利于压光；颜色要浅，不含杂质。

⑥ 资源丰富，价格便宜。

应该指出的是，和颜料一样，单一的胶黏剂很难满足上述所有要求，因此一般采用几种胶黏剂配用,但配用时必须注意胶黏剂之间的适应性。目前较多的是合成树脂胶乳与变性淀粉配用或者与羧甲基纤维素配用。

纸张涂布用的胶黏剂有天然品和合成品两大类。天然品中目前较多使用的是变性淀粉和纤维素两种;合成品中最多使用的是丁苯胶乳,其他的有丙烯酸胶乳、苯丙乳液、醋酸乙烯乳液等。

丁苯胶乳是目前使用最多的涂布胶黏剂,其用量占颜料量的10％以上。它具有流动性好、黏结力强、耐水性好的优点,可提高涂布纸干湿强度,减少纸的变形性;具有热可塑性,可提高涂层的压光效果;涂布纸的柔软性好,可提高成纸的适印性等。近年来,随着涂布机车速的不断提高,涂料固含量也越来越高,由于合成胶乳的低黏度,其配用比例越来越高,使用100％合成胶乳的涂料配方正在被普遍使用。

变性淀粉与合成胶乳比,其黏结强度稍差,且稳定性不好,不能像合成胶乳那样,形成抗水性涂层,但由于价格便宜,流动性好,有较好的保水性,它仍是当前使用最多的胶黏剂之一,且随着淀粉品种和性能的不断改进,涂布适应性越来越好,淀粉与合成胶乳混用,具有协同效应:淀粉有利于提高纸页挺度和表面强度,胶乳有利于改善光泽度和平滑度。所以在目前的涂料配方中,变性淀粉的用量仅次于合成胶乳,占颜料量的6％～10％。

涂布原纸(涂布基材)的性质及要求

涂布原纸作为颜料涂布纸的涂布基材,其质量对涂布纸质量有着决定性的影响,因为涂布虽然可以改善原纸的某些性能,但同时也会加重原纸的某些缺陷。如果原纸质量不好,即使涂布设备很好,涂布技术很高,也难以得到质量满意的涂布纸。所以必须根据加工过程和涂布纸质量要求,提出对原纸的性能要求。一般总的要求是:在涂布机上能满意地涂布;涂层均一,并有良好的性能;用最少的胶黏剂,能获得良好的纸页与涂层间的结合;用最少量的涂料,获得合乎要求的、最均匀的涂布纸。

(1)组成:原纸的组成取决于涂布纸的类别及使用要求。不同的类别和使用要求,其原纸组成也有区别。它可以含20％～50％的长纤维,40％～70％的短纤维或机械浆及10％～20％的矿物颜料和其他胶料、助剂等,其中纤维原料结构是最重要的,长纤维提供纸页的机械强度,其配比取决于成纸的强度要求,短纤维提供松厚度、回弹性及外观,有助于纸张横幅的物理均一性及为涂布提供一个平整的表面;加填可以增加涂料的吸收性能,有助于提高纸的光学性能;施胶可以调节原纸的吸收性,影响涂料胶黏剂的迁移,施胶剂用量取决于涂布方式、涂料固含量和涂布纸用途。

(2)均一性和整饰度:所谓均一性,就是指纸横幅上的定量、厚度、水分、纤维组织等的均一程度,原纸的定量、厚度不均匀时,会造成涂布不均,干燥不匀,并因为变形不一而产生褶子,压光后平滑、光泽也不均匀。原纸匀度不好易产生厚薄不均的涂层,导致纸面的油墨吸收、光泽、平滑的不一致。若水分不均,对涂料的吸收也不匀,导致涂层表面性质不匀,影响印刷效果。原纸的整饰度,是指纸页的平整性和合适的表面粗糙度。若平整性不好,虽经涂层覆盖,仍将不同程度地保留纸面的不平整性;过于平滑,会影响涂层和原纸的结合;过于粗糙,会造成胶黏剂过多地向纸内部迁移,也影响涂料的均匀分布。总之,原纸的均一性是涂布表面均一的一个首要的必要条件,同时,原纸还必须有适当的整饰度和平滑度。

(3)强度:原纸在涂布时和涂布纸在压光及使用印刷过程中,都对原纸的机械强度有较高的要求,若强度不能满足要求,会引起断纸,生产不能顺利进行;除此之外,原纸还应有好的表面强度,表面强度不好,会在涂布和印刷时掉毛掉粉,影响涂布和印刷。

(4)白度和不透明度:对于大多数涂布纸来说,涂层是比较薄的,因此原纸的白度影响涂布纸的白度。原纸的白度应与涂层白度接近,二者之间的白度差别,往往会加重涂层中的花涂、漏涂或其他的缺陷。不透明度对双面印刷的涂布纸来说是非常重要的,这主要是由于原纸不透明度高低决定了印刷时是否会出现透印。提高原纸的不透明度会比通过涂层提高成纸不透明度更经济、更有效。

涂布添加剂

除了颜料和胶黏剂外,涂布纸的涂料中还含有其他组分,这些组分是作为辅助剂来添加的。添加的目的是改善涂料或涂层的某些性能,以满足涂布生产及产品的要求。添加剂的种类较多,但用量仅占颜料的 5% 左右。这些辅助剂包括分散剂、耐水剂、消泡(抑泡)剂、润滑剂、防腐剂等。对于不同的涂料,添加剂的作用、用量、品种、数量也不尽相同,应按需要加以选用。它可能是作为涂料的基本部分,也可能是在发生问题情况下才使用。

(1)分散剂:多数用于纸张涂布的无机颜料是疏水的,它们不会明显地为水所润湿,它们的晶粒在水中保持原有的大小和形状,这种状态的颜料不能制备稳定的、流动性良好的涂料液。化学分散剂的作用,就是增湿颜料粒子,调节颜料粒子的表面电荷,防止颜料的沉降和絮聚,保持其分散状态,以改善涂料的流动性能及颜料与胶黏剂的混合性,提供涂料的稳定性。目前使用最多的是聚丙烯酸钠分散剂,也有使用多聚磷酸盐的。

(2)耐水剂:涂层的耐水性或耐湿摩擦性是胶版印刷涂布纸所必须具有的,但涂布纸或纸板采用的都是水性涂料,其胶黏剂尤其是天然胶黏剂成膜后,对水敏感,不利于成纸的各种耐湿性能,所以需要用耐水剂来克服,以提高涂层的抗水能力。

耐水剂的作用机理是通过化学反应封闭了胶黏剂分子上对水敏感的基因,从而提高了涂布纸的耐水性。由此产生的主要功能有两个:一是减少颜料、胶黏剂干燥成膜后的水溶性或对水敏感的程度;二是提高涂布纸的抗湿摩擦和抗湿强度,并在胶版印刷的压力牵引或再湿水的作用下,表面不受损,不会引起印刷掉毛掉粉现象。

目前耐水剂主要种类有醛类(甲醛、乙二醛)、胺基树脂类、聚酰胺聚脲和碳酸锆铵等。随着人们环保意识的增强、印刷速度的提高、油墨品种的变化、水性凹版和水性湿版液的使用等,对纸的抗干、湿强度的要求更高,对耐水剂的使用也有更高的要求。含甲醛或释放甲醛的耐水剂,正在逐步被淘汰,无醛抗水剂正在被广泛使用。纸张用途不同,对涂层的耐水性要求也不同,耐水剂品种要根据胶黏剂性质而定。

(3)润滑剂:在涂料中加入润滑剂的目的,一是增加涂层的可塑性,以提高涂布纸压光后的光泽度和适印性;二是改变涂料液的表面张力,改进涂料流动性;三是降低超压时涂料中组分间的摩擦系数,预防和减少成纸在压光、切纸、印刷过程中的掉毛掉粉。常用的是硬脂酸钙、石蜡乳液、聚氧化乙烯、磺化蓖麻油等。

(4)消泡剂:在制备涂料过程中,由于机械及化学的原因,会产生大量泡沫,这些泡沫若不及时消除,不仅会影响涂料性质,而且会影响到涂布作业和产品质量。为了消除和抑制泡沫,需要使用消泡剂。化学消泡剂的作用是降低界面张力,从而使进入的细小空气泡发生附聚作用而变成大的、不引起麻烦的泡沫,或者使气泡在液体内破裂而不逸出至表面。

消泡剂有抑泡和消泡两种,抑泡剂起抑泡和防泡作用,一般在颜料分散或制备过程中加入;消泡剂则起破碎泡沫的作用,一般用于制备好的涂料中。常用的消泡剂种类有酰胺类、有机硅类、酯类、聚醚类。

（5）其他添加剂:在涂料制备过程中,除加入适量的上述助剂,有针对性地改善涂料的某些性能外,还需使用一些其他助剂,如为了调节涂料流动性,添加流动性改良剂;为了防止涂料腐败加入适量的杀菌或防腐剂;为了改善涂料白度,加入一定量的增白剂及为了调节涂料 pH 值,而加入的 pH 值调节剂。这些助剂,应根据实际生产情况调整,它们虽然用量很少,但在涂布纸中的作用是重要的。

颜料涂布纸的涂料的制备

涂料是颜料涂布加工纸的主要组成部分,涂料制备是制备涂布纸的开端,是涂布纸生产中一个重要的步骤,它对涂料的性质和质量有直接影响,并最终关系到成纸质量和涂布操作。

（1）涂料配方:涂料配方是指涂料中各成分的品种和数量,其设计原则是获得适宜的涂料性能和所要达到的成纸质量。具体设计时要考虑涂布原纸、涂布工艺（方式）,并兼顾生产成本的要求,尽可能地达到涂料性能、成纸质量及生产成本的最优化。涂料配方中,颜料和胶黏剂是两种主要成分,根据涂料性质和涂布设备的不同,这两种成分比例也不同,一般颜料占 75% ～ 90%,胶黏剂占 10% ～ 25%,总固体物 30% ～ 70%,其他助剂适量。一般的涂料配方中,均采用混合颜料,以求获得两种或更多种颜料的性质。例如高岭土和碳酸钙可以配合使用,以求取得高岭土的高整饰度和碳酸钙的白度、不透明度;胶黏剂一般是采用合成胶乳和变性淀粉配合使用,二者具有协同效应,淀粉有利于提高成纸挺度和表面强度,合成胶乳有利于提高纸的光泽度和平滑度。

（2）涂料的配制:所谓涂料的配制,就是根据涂料配方的要求,按照一定的顺序,在特定的容器里,加入规定数量、品种的涂料成分,调制成符合工艺要求的涂料。

涂料配制需要经过几个步骤来完成,一般由颜料分散、水溶性胶黏剂的制备、涂料混合三个步骤,前两步是为第三步作准备的。

① 颜料分散:前面提到的分散剂现在要用到了。在"分散剂"的介绍中,我们知道了颜料为什么要分散和分散剂的作用,这里还要告诉大家,颜料的分散是在带有高速搅拌轮的特定设备中进行的,这种高速搅拌起到机械分散作用。搅拌轮的形状、转速、分散剂的用量、分散液固含量、分散时间等,均影响颜料分散液的质量。加料顺序和分散过程表示如下:

水+分散剂→开动搅拌→颜料→分散→过筛→测试→贮存池(分散液)

② 水溶性胶黏剂的制备:合成胶乳可在计量后直接加入,而淀粉、CMC等需要预先溶解、熬制。种类不同,制备条件也不同,所以要根据胶料的要求,控制熬制温度和时间,并根据工艺要求,严格控制胶料固含量。制备过程表示如下:

水→开动搅拌→胶料→加热、保温→胶液

③ 涂料的混合:这是涂料制备的最后阶段,将颜料分散液、胶黏剂及各种辅助剂,按一定的顺序在带有搅拌器的混合桶中搅拌均匀,一般顺序是:

颜料分散液→消泡(抑泡)剂→水溶性胶黏剂→合成胶乳→助剂→调pH→贮存桶(涂料)。

涂料性质

从颜料涂布纸的质量和涂布作业的角度看,对所调制的涂料应有三个要求:一是涂料应有适当的黏度和流动性,以保证涂于纸面上的涂料能很快流平,使涂层均匀而平整;二是涂料要有适当的保水性,以控制涂料对原纸的渗透和胶黏剂的迁移,使涂层与原纸有良好的结合;三是涂料稳定性要好,且没有泡沫,以利于涂布作业。要达到这三项要求,应控制以下几个质量指标。

(1)涂料的流变性:流变性是指流体受力时的变形和流动特性,不同的流体,其流变性也不同。几种不同流体的流变特性如图 17-1 所示。涂料的流变性,取决于所采用的颜料、胶黏剂和助剂的性质、用量及它们之间的适应性。涂料的流变性,对涂布作业和涂布纸质量具有重要影响。对于一种涂料来说,应使其具有什么样的流变特性,主要应视涂布设备的型式而定。如气刀涂布机应采用牛顿型涂料,因其流平性较好,不会在涂层上形成麻坑。辊式涂布机则应采用有较高屈服点,最好为触变型的涂料,而刮刀涂布机则要求采用牛顿型或稍带假塑性的涂料。

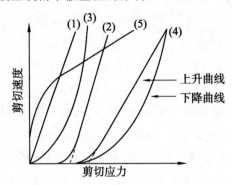

图 17-1　不同流体的流动特性曲线

(1) 为牛顿型流体,曲线　(2) 为塑性流动,曲线　(3) 为假塑性流动,曲线

(4) 为塑性触变性流动,曲线　(5) 为胀流性流动

(2) 涂料的固含量:涂料固含量指涂料中颜料、胶黏剂和各种助剂的绝干量占涂料总重量的百分比。它的大小直接影响到涂料的黏度和流动性。固含量高,意味着涂料中含水量低,在相同涂布量下,干燥部需要蒸发的水分就少,有利于减少干燥负荷,提高车速,同时对涂层强度也是有利的。但过高,会使涂料黏度增高,流动性变差,会影响纸页质量。所以,应根据涂布机种类和涂布方式确定固含量。

(3) 涂料的保水性:保水性是衡量涂料保持自身水分的能力,它直接影响水分向原纸的渗入和胶黏剂向表面的迁移,所以保水性须适当。过高的保水性,涂料不易渗入纸页,从而影响涂层与纸页的黏结强度,也不利于涂层的干燥;保水性过低,涂料大量渗入原纸,一方面降低原纸湿强度,不利于涂布作业,另一方面涂层中胶黏剂大量走失,降低涂层自身强度。

(4) 涂料 pH 值:涂料 pH 值对涂料稳定性有直接影响,另外 pH 值还对涂料黏度、稳定性、涂料黏结力及成纸质量均有影响,涂料 pH 值应控制在 8.5～9.0 为宜。

涂料质量与产品质量的关系

涂料质量好坏对产品的质量影响极大,主要表现在如下几个方面:

(1)涂料固含量波动:涂料固含量波动会影响到涂布量的波动,进而影响到涂布纸的白度、不透明性、平滑度、印刷油墨吸收性,甚至有可能影响到涂层强度。

(2)涂料流动度波动:涂料流动度波动将直接影响到涂料的流变性和流平性,从而影响涂布量及涂布品质,造成涂层不匀。

(3)涂料 pH 未控制好:涂料 pH 直接影响涂料流动性、稳定性和涂布质量。从印刷油墨干燥的要求来看,pH 值太高、太低均不好。涂料 pH 过高会增加涂布混合物渗入原纸中的数量,还有损于纸张纤维,影响纸张的强度和耐久性。

(4)涂层强度差:涂层强度过低,印刷时会造成严重的掉毛、掉粉、分层,使成批产品报废。

(5)涂料白度不一致或达不到标准要求:涂料白度直接影响成纸白度,白度不一致或达不到标准要求,会降低成纸使用价值,造成印刷品的白度不一,品质低劣。

(6)涂料中含有油类或脂肪物:涂料中含有油类或脂肪物使涂料对纸张的湿润性降低,将使纸张产生油脂斑点。

涂布作业

涂布就是在涂布机上将涂料均匀地涂于纸面上的操作,涂布量和均匀度是直接影响涂布质量的两个重要因素。涂布量是指涂布到纸页上涂料的多少,它取决于纸幅的吸收性、涂料黏度和固含量、涂料温度、涂布设备的上料装置、涂布车速等因素;均匀度是指涂料在纸面上的匀整平滑的程度,它与涂料黏度和流动特性、纸幅吸水力和涂料保水性之间的平衡、涂布量、涂布装置等因素有关。

涂布机依据其装设位置的不同,分为机内涂布和机外涂布,前者一般装设在造纸机烘干部之后,或压光机与卷纸机之间,比较适宜于单一品种的生产。机外涂布机是独立设置的涂布设备,灵活性大,容易适应涂料和涂布量

197

的变化。目前,机外涂布使用较多,它是由涂布器、干燥设备、卷纸机等组成。涂布机的形式(名称)一般是以涂布器的特征(计量方式)而命名的。主要的涂布机形式有气刀式、刮刀式和辊式。

气刀涂布器的工作原理是由涂布辊将过量的涂料涂布于原纸表面上,然后由气刀将纸面上的涂料喷布均匀,并吹去多余的涂料。由此可见,气刀是气刀式涂布机的计量匀布装置。气刀涂布的涂布量取决于气刀风压及相对于纸幅的位置(角度)、纸幅速度、涂料固含量和黏度等,气刀涂布量一般每面 10~30 克/平方米,固含量 30%~55%。气刀涂布是非接触式涂布,不易产生刮刀和辊式涂布机的条纹等纸病,缺点是仅适用于低浓、低黏涂料。

辊式涂布的形式很多,它们分别适应于不同的车速、涂料固含量、涂布量,所以成纸用途也不尽相同。但辊式涂布大多用于机内涂布,产品档次低于刮刀涂布纸。辊式涂布机都是以涂布辊向纸面施以涂料的。现以门辊式涂布机说明之(如图 17-2 所示)。它主要包括 6 只辊筒,上下各 3 只,涂布辊、内门辊和外门辊。涂料经由内、外门辊的压区,然后由内门辊传递给涂布辊,纸幅在上下涂布辊间通过时,涂布辊面上形成的一定量的涂料膜就转移到纸幅上完成涂布。涂层厚度主要取决于辊间线压,也可通过调节门辊速度、涂料固含量来控制。门辊涂布可以使用浓度较高的涂料,固含量可达65%左右。也可用于施胶,可单面涂布,也可同时双面涂布。近年来,门辊涂布主要用来生产微涂纸。门辊式涂布对原纸和涂料要求不像刮刀那么高,损纸少,成本低,还具有占地少,投资省,操作维护方便等优点。

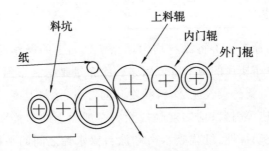

图 17-2　门辊涂布机结构示意图

刮刀涂布器的刮刀种类很多,一般有软刃刮刀和硬刃刮刀之分。其作用原理是通过上料辊将涂料涂覆在纸幅上,然后用刮刀将多余的涂料刮去,使其平滑。由于刮刀涂布具有将原纸表面的凹凸处填平的不随形涂布特点,因此涂层相当平滑,具有良好的印刷效果,且适应于高浓和高速涂布,与气刀涂布相比,固含量大大提高(50～70%),车速没有上限,所以刮刀涂布是目前发展最快,应用最广泛的涂布设备。刮刀厚度、刮刀突出长度、刀刃形状和压力、涂布速度、刮刀与原纸角度及涂料浓度、黏度、保水性、原纸的平滑度、吸收性等,是涂布量的影响因素。刮刀涂布的不足之处是刮刀寿命短,需经常停机更换,涂布面易出现线状道子等。

涂布纸的干燥和整饰要求及操作

(1) 涂布纸的干燥:涂布纸干燥的目的,可以概述为两个方面:

① 除去涂料中多余的水分,使涂层产生固化并形成一层功能性的表面。

② 使涂料中的化学组分产生应有的抗水和成膜性能,为使涂布纸进入压光机或最终加工工序,具有适当的条件。由于涂布后的纸或纸板涂层中含有 30%～45% 的水分,要除去这些水分的途径只有一条,即干燥使水蒸发。

在"涂布作业"中,曾讲过涂布头和干燥器是涂布机的重要组成部分,足见涂布纸干燥的重要性,即使选用同一原纸,同一涂料配方,仅涂布条件和干燥条件不同,因胶黏剂的迁移不同,涂布纸性能也不尽相同。

根据涂布纸的特点,干燥器不仅需有除去水分的能力,而且要求不损伤纸页,能够全面均匀地干燥,干燥的程度能充分地控制;纸页在干燥时不应该产生卷曲、皱褶、永久变形、张力瞬变等现象,这就决定了对流辐射干燥是涂布纸干燥的主要方式,即以空气为载热体,加热后再用以干燥涂布纸。

我国现用的涂布纸专用干燥器有:垂帘式干燥器、桥式干燥器、气罩式干燥器、气垫式干燥器、红外线干燥器、烘缸干燥等,其中气垫式干燥器是目前使用较多的一种干燥器。应该指出的是,一台涂布机内,可能有几种干燥器组合使用,目前从国外引进的一些涂布机的干燥部分,一般都是由两到三种干燥器组合在一起的,如烘缸干燥器与气罩干燥器组合;红外线干燥器、气垫式干燥器和烘缸干燥器组合。

(2) 颜料涂布纸的整饰:压光整饰是涂布纸生产过程中重要环节,合理的压光工艺可使涂布纸获得更为理想的表面性能和印刷效果。

颜料涂布纸的整饰方法,包括超级压光、软辊压光、抛光、磨光等,其中大多数印刷涂布纸,主要是采用超级压光处理,目前软辊压光的使用日渐多起来。故这里主要介绍超压和软压。

① 超级压光:从涂布机上干燥过的纸张,表面多是粗糙和不平整的、无光泽的,涂层也不够紧密。为了制得光滑、紧密而表面平整的涂布纸,进行超压是必要的。涂布纸的压光效果,除了受一般印刷纸的压光因素如纸页性质、湿分含量、压光机辊子数目和温度、线压力及纸粕辊的机械物理性质影响外,还有涂布纸的特殊因素,如涂层的塑性、颜料和胶黏剂品种、胶黏剂对颜料比率等。不同品种的颜料和不同品种及数量的胶黏剂,所产生的压光效果是不同的。

② 软辊压光:软辊压光是 20 世纪 80 年代国际新技术,已广泛用于涂布纸的整饰。经软辊压光整饰的纸,不仅光泽平整,紧度也是均匀的,因而在印刷时,油墨在全幅得到均匀的渗透,不会产生深浅不同的斑点,超级压光(刚性压光)和软辊压光的效果对比如图 17-3 所示。

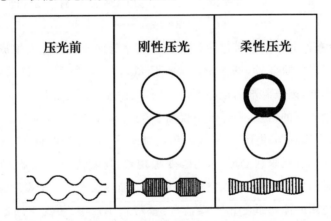

图 17-3　刚性压光与柔性压光效果对比

从图 17-3 中的对比可见,经刚性压光后,纸幅厚度趋于一致,原来纸面凸出的部分被压平,因而局部紧度较高;而软辊压光后,纸张凸出的部分被展平,厚度仍有差异,但紧度却是一致的。刚性压区线压高,纤维被压溃,破坏了纤维间的结合,纸页强度下降,而软辊压光,纸页被压实,纤维之间结合得更好,成纸强度也较好。由图 17-3 可见,后者要比前者平整得多,且紧度没有明显增加,这对保持纸张强度和弹性提供了保证。

颜料涂布纸的性能

颜料涂布纸的作用在大多数情况下是作为传递图文信息的一种媒介，所以，涂层表面质量是涂布纸最重要的性能。而像抗张强度、撕裂、耐破等强度性能则是次要的性能。所以，颜料涂布纸的最重要性能是白度、不透明度、平滑度、整饰性、油墨接受性、油墨保持和拉毛强度。在某些应用中，涂布纸的孔隙度、抗泡性、印刷不透明度、抗水性和耐用性等也是重要的。

（1）涂布纸的白度：白度值在多色印刷纸中是特别重要的，因为作为中性基调的白色可排除任何油墨色料受底调的干扰，即使在黑色印刷时白色涂层也可赋予更好的反差，增强视觉印象。涂布纸不同的等级，白度要求是不同的，级别高的，白度指标也高。颜料涂布纸的白度和原纸白度有密切关系，原纸白度应尽量接近于涂层的白度，否则会产生不良的杂色斑纹。提高涂布量、采用多次涂布、选用折射率高的颜料等，可以提高涂布纸的白度。涂料成分中，颜料、胶黏剂、助剂及其相对比例，都对涂布纸白度有影响。

（2）涂布纸的不透明度：不透明度是以纸通过光的量来测定的。通过光的量为 0 时，纸张相应的不透明度为 100％。影响不透明度的主要因素是颜料、胶黏剂、颜料和胶黏剂的相对比例、原纸、原纸覆盖率及整饰度等。适于提高不透明度的白色颜料的最佳粒径是 0.2～0.35 微米，它们均匀排列与涂布面平行。涂料配方中胶黏剂的用量影响不透明度。颜料涂层中空隙的多少和大小决定了光散射系数，所以在满足纸张使用要求前提下，减少对胶黏剂用量是有利的。另外压光时，压力过大，也会导致不透明度的降低。

（3）涂布纸的平滑度：涂层的平滑度对所有印刷方法都是重要的。因平滑的表面可使印刷版面和纸面之间获得更好的接触。不规则和不连续表面能导致图文失真和不均匀的外观。网版印刷中，粗糙的表面能造成差的图像或漏印点和半色调点。对于大多数涂布纸，平滑度和压光的关系最密切，平滑度取决于可压缩性，首先是原纸的可压缩性，其次是涂层的可压缩性。涂料配方中，颜料种类、胶黏剂种类和用量是直接影响涂层塑性的重要因素。

（4）涂布纸的整饰性：整饰性作为涂布纸的质量指标是近几年来提出来的，它的含义比先前的光泽度内容更丰富。近几年出现的无光泽整饰纸和低光泽整饰纸,具有优越的平滑度和印刷效果。影响涂布纸光泽度的因素是颜料的粒径、粒子形状、粒子定向性、胶黏剂种类和用量、涂布量及原纸覆盖程度。

(5)涂布纸的油墨接受性:油墨接受性和油墨吸收性是涂布纸两项非常重要的性能。原纸进行颜料涂布所获得的最大优点是改进了油墨的接受性。许多因素影响油墨接受性,其中最重要的是涂料中胶黏剂用量,用量越低,油墨接受性越高,颜料种类是另一重要影响因素。油墨接受性并不是越高越好,只是希望涂层表面适当地接受。涂布纸的油墨接受性必须根据印刷方法调节。通过调整胶黏剂用量,油墨接受性容易得到控制。

(6)涂布纸的拉毛强度:拉毛强度是指涂层在印刷过程中不从原纸上被黏掉或被拉掉的能力,拉毛强度与胶黏剂用量有关,但胶黏剂用量不能过量,因为会在提高成本的同时,给光学性能和印刷性能带来不利影响。

(7)涂布纸的其他性能:

① 折叠性能:经受印刷和黏合工序中的折叠。

② 湿拉毛性能:胶印过程是含水作业的,为避免胶黏剂迁移,须赋予涂层以抗湿拉毛强度。

③ 耐用性能和抗老化性能:主要是指纸张的变质问题。这点对涂布书刊纸特别重要。

颜料涂布纸常见纸病及处理

纸张的外观上缺陷,在造纸行业称之为"外观纸病",这些纸病通常是看得见、摸得着的。它的存在不仅影响外观,也影响纸张的使用。只有内在质量和外观质量的统一,才能算是一张合格纸。在涂布纸生产过程中,经常会出现一些纸病,如条痕、暗斑、透明点、吸墨不匀等。

(1)条痕:对于不同的涂布方式,条痕纸病的产生原因及特性是不同的,处理方式也不同。气刀涂布属于非接触式涂布,条痕的产生往往是由于涂料粒子或某些杂质干固到气刀刀口部位,使气流的局部压力和气流量发生变化,从而在纸面上形成固定的凸出的线条痕。处理方法:涂布前清理刀口,如发现条痕应暂停涂布,用专用工具清理干净。刮刀涂布属于接触式涂布,条痕的产生往往是由于涂料中粗粒子或原纸表面的纤维束、砂粒及杂质等被夹在刀刃与原纸之间,随着涂布的进行,在纸面上形成凹陷的线状痕,其宽窄不一,正面观察与纸面颜色不一,且随着刮刀的摆动,条痕在纸面上位置也发生了变化。通常的处理方法:一是暂停供料,依靠刀片与原纸表面的摩擦将其带出;二是使用专用工具点压刀片背面的条痕部位,通过增加摩擦力将其除去。

(2)暗斑:暗斑是超级压光以后的纸面所表现的明暗相连的无定形细斑。通常应从以下几方面调整:

① 加强涂布器的工艺参数的合理控制,并保持各参数间的平衡与稳定,保持涂层的均匀性。

② 严格配料操作,保持涂料质量均一,并有好的流动性。

③ 保持适宜的压光条件,首先是压前纸页水分不低于 $5\%\sim6\%$,保证纸页一定的塑性;其次是应具备足够的工作压力,合适的纸粕辊硬度和一定的压纸温度,以使纸页获得足够的塑性变形,从而有效地消除暗斑纸病。

④ 选择纤维组织均匀、表面细腻、纸页疏松、吸收性均一的原纸,也是保证涂层均一,减轻暗斑的有效方法之一。

(3)透明点:透明点是涂布纸生产中常见的纸病,种类很多,产生的原因及本身的特征各不相同。一般将纸样在静止的情况下透光观察,会发现透明或半透明的小圈点,大小和形状有所区别。

① 通常这类纸病的产生有以下原因:原纸在抄造时产生的气泡眼、树脂点、分散不良的胶点及其他杂质等;涂料内气泡消除不彻底或因使用过程的搅拌作用造成大量气泡混入;某些消泡剂分散不良,往往会产生油点。

② 应从以下几方面调整:严格控制消泡剂用量;加强对原纸质量的把关,保证上机产品质量;尽量减少涂料循环及流动路线,避免大的冲击发生,防止泡沫的形成和积聚。

(4)斑点:

① 斑点产生的原因:除原纸本身造成的影响外,在涂布过程中,一般有以下原因:因气刀角度或风压控制不当,造成返料后在纸面形成料斑;因纸面上带入料块等杂质,发生脱落后留下斑痕或直接在超级压光时造成斑点;因原纸上孔洞造成漏料,使涂布背辊粘上涂料后即在纸面上形成斑点;压光过程中,某些小纸片、压光辊上积聚的杂物等落在纸面上,经压光后形成亮

斑等。

② 减轻各种斑点纸病的产生,应做到:加强操作控制,掌握好气刀角度等关键参数;加强对背辊等有关设备的清理;保持压光辊子的清洁等。

(5) 吸墨不匀:主要表现在印刷以后图案颜色亮度不均匀,从以下几点解决:

① 涂布生产过程的过干燥现象,导致胶黏剂向涂层表面迁移是主要原因之一,应严格控制干燥速率,避免过干现象。

② 由于涂层本身不均匀,造成纸面光泽、平滑的不均匀性,导致吸墨不匀,应加强涂布工艺控制,保证涂布纸有适宜的水分,均一的涂层。

③ 适当配用碳酸钙等吸墨性好的涂布颜料,以提高涂层的吸收性能,也有助于获得良好的吸墨效果。

铸涂纸

铸涂布是印刷类涂布加工纸中,除上面提到的"涂布纸"外的另一个重要品种,由于其加工方法和产品性能的特殊性,常把铸涂纸划归到特种加工纸一类中。

我们平常见到的一种光泽度、平滑度极高的涂布纸,它有点像铜版纸和蜡光纸,但又不完全相同,这就是高光泽铸涂纸。它的高光泽高平滑是由于其特殊的加工方式而产生的,即铸涂法。所谓铸涂法,就是把以颜料和胶黏剂为主的水性涂料涂布在纸面上,当涂层在润湿或半湿润时,立即贴压在经过高度抛光处理的、具有镜面般光泽的加热的镀铬烘缸缸面上,经干燥、剥离,从而使涂布纸表面获得与缸面完全一致的高光泽整饰面。

铸涂纸实际上是一种高度整饰的涂布纸,它的特点是纸张的表面具有镜面般的光泽,由于不采用其他机械整饰方法来制造,故纸张的紧度比铜版纸低,涂层松厚,油墨吸收性好,使用这种纸张印刷后画面色彩鲜艳、图像清晰、光泽好、有立体真实感。它多用于高级商品的包装装潢,也用来印刷各种精美的美术画片、美工制品、广告、请柬、名片和标签等。高光泽铸涂纸所用涂料组成与一般的涂布纸基本相同,但从生产工艺和产品质量的要求来说,应优于一般涂布纸。涂料由颜料、胶黏剂、剥离剂及其他助剂组成。高光泽铸涂所用颜料,要比一般涂布纸要求高,不但覆盖性要好,而且涂层的光泽要高。需选择粒度较细的高岭土配用二氧化钛或锻白;胶黏剂用量比一般涂布纸要高,并且保证涂层有好的油墨接受性和高的松厚度。常用的胶黏剂有干酪素、丙烯酸胶乳、羧基丁苯胶乳。涂料中除了一般涂布纸常用的涂布助剂外,还需使用剥离剂,目的是使铸涂后涂布纸能顺利地脱缸,避免涂层产生黏缸问题。剥离剂多数用矿物油和蜡类化合物。

高光泽铸涂纸的品种和规格很多。定量轻的有 60 克/平方米,重的有 280 克/平方米,有单面和双面涂布纸,分 A、B、C 三个级别,一般都为平板纸,一般定量 220 克/平方米以上的铸涂纸叫铸涂白板纸。

铸涂纸的性能要求除同一般铜版纸要求外,对纸张挺度和涂层耐折性也有专门的技术要求。

植物羊皮纸

植物羊皮纸属于变性加工纸的一种,同属这类加工纸的还有钢纸和乙酰化纸。变性加工纸的中心环节,是用化学药品处理植物纤维原纸,而使原纸的性质发生变化。植物羊皮纸是用硫酸处理植物纤维原纸,而改变了原纸性质的加工纸,也称硫酸纸。

纸页经硫酸处理后,气孔大大减少,不透气性增强,并有不透油性、半透明性、难燃性及弹性等。可用作描图纸、书皮纸、防潮包装纸等。由于硫酸的杀菌作用,还可用作食品包装纸。

羊皮纸的生产流程为:

原纸→羊皮化→脱酸→水洗→中和→塑化→干燥→卷取

羊皮化是羊皮纸生产的中心环节,它是使原纸通过硫酸溶液,并在瞬间完成原纸的羊皮化过程。羊皮化程度如何,首先取决于原纸的性质。原纸应具有较高的吸收性、机械强度及良好的外观质量,纤维原料应是纤维素含量较高的棉浆或精制化学浆。为保证原纸的吸收性和多孔性,宜采用游离状打浆方式,压榨压力要轻,并在干燥初期进行剧烈干燥。另外,网部成型要好,纤维组织应均匀。

羊皮化程度直接影响产品质量。酸液浓度、羊皮化时间和温度是羊皮化过程中的重要影响因素。酸液浓度过高,会因硫酸迅速溶解纸页表层,使表面焦化而不能溶入纸页内部,导致纸页内部羊皮化不充分;浓度过低,虽然渗透好,但作用缓慢,会降低羊皮化程度,酸液浓度一般控制在 $52\sim55$ 波美度之间。作用时间过长、过短,将分别造成纤维素分解的增加和羊皮化不充分,一般控制在 3 秒左右。酸液温度过高,也会造成纤维素分解,所以羊皮化槽一般设有冷却装置,控制酸液温度 $15\sim17℃$,当然,羊皮化时间和温度还应视原纸厚度及吸收性而定。

脱酸、水洗、中和的过程,目的是除去羊皮纸中余酸的过程。脱酸实际上是采用多段逆流洗涤的方法将其去除,并达到回收硫酸的目的。水洗和中和,则是进一步去除少量残酸的过程。一般用碳酸钠来中和这部分残酸,碱液浓度一般控制在 $0.1\%\sim0.4\%$。

塑化的目的是使纸页柔软富有弹性。一般以甘油为塑化剂,浓度 $10\%\sim12\%$ 为好。根据羊皮纸的特性,羊皮纸的干燥温度不能过高,以防发生剧烈收缩,产生气泡和扭曲。羊皮纸种类不同,干燥曲线也不尽相同,但一般最高温度在 $85℃$ 左右。

钢纸和乙酰化纸

(1) 钢纸:用浓氯化锌处理原纸,使纤维素发生剧烈润胀和胶化,进而使部分纤维素水解,聚合度迅速下降而转变为纤维素糊精,这种糊精具有很高的黏着能力。将纸页在胶化烘缸上层层粘合起来,再经老化、洗涤(脱盐)、干燥、整形,即得再生纤维素的致密材料即钢纸。经氯化锌变性后,与原纸相比性质发生了质的变化,使产品具有许多新的特性。

钢纸以其机械强度高而得名。它坚硬而质轻,具有高的机械强度、介电强度和弹性,又有加工成型、耐磨、耐热和耐腐蚀性等,所以钢纸制品具有耐久、质轻、美观、价廉等优点,可制得电气工业和化学工业中的各种垫片、绝缘体;机械工业中的高速无声齿轮、轴套等,在汽车、航空、纺织等工业及日常生活中也有广泛用途。

原纸作为钢纸的生产原料,其质量和加工适应性非常重要。一般要求原纸能较好地吸收氯化锌溶液,并能和氯化锌较好地反应;要有一定的强度,纤维组织要均匀,尘埃度和金属离子含量应控制在一定范围内;原纸染色要均匀,染料不与氯化锌反应。

钢纸的生产过程基本上可分四步:胶化、脱盐、干燥、整形。生产流程为:

钢纸原纸→胶化复合→老化→脱盐→洗涤→干燥→整形→裁切、包装

ZnCl₂液　　　　　　　ZnCl₂回收

原纸的胶化是生产钢纸的最重要工序,工艺条件的控制对钢纸质量影响很大,其中,氯化锌浓度最关键,应根据钢纸的厚度和原纸的吸收性而定。其他如胶化液温度、烘缸温度、胶化时间、胶化液中杂质含量等因素,都对胶化过程和产品质量有影响,应严格控制。

老化,即胶化后的原纸在空气中冷却的过程。老化时间需要根据钢纸厚度而调整,一般随钢纸厚度的增加而延长;脱盐就是将钢纸内部多余氯化锌浸出的过程,目的是提高钢纸的绝缘性,使纸层更紧密,同时回收部分氯化锌。脱盐后钢纸内氯化锌含量影响钢纸的绝缘性和紧密性,一般应控制氯化锌含量低于 0.2%。脱盐后的干燥、整形,目的是干燥纸页,提高表面平滑度和紧度。

(2)乙酰化纸:乙酰化纸是由纸与醋酸酐在催化剂存在下,相互作用而制成的。纸与醋酸作用,纤维素中的羟基被乙酰基所取代,生成纤维素的醋酸酯,称为乙酰化纤维素,一般的乙酰化纸的乙酰化度以 30%~40% 为宜。

经乙酰化处理之后,纸页的吸水率明显降低(一般是处理前的 1/2~3/5),同时热稳定性提高,使乙酰化纸成为电气工业的一种优良电绝缘材料。如可做成电话绝缘纸。目前一般是以 100% 硫酸盐木浆抄造乙酰化原纸。

浸渍加工纸

广义地说,浸渍加工属于涂布加工纸生产的一种方法。用树脂、油类、蜡质、沥青等物质对原纸进行浸渍吸收,即制得浸渍加工纸。原纸经浸渍后可获得防油、防水、防潮、绝缘、耐磨等保护性能。

浸渍剂和原纸是浸渍加工纸的主要原料。浸渍剂有:合成树脂、沥青、干性油、石蜡等几类。不同类型的浸渍剂,形成浸渍液的方式不同,有的是以熔融方式,有的是以有机乳液形成浸渍液。用于浸渍加工的原纸,可以是植物纤维纸、合成纤维纸或有机纤维纸,也可以是合成纸。无论何种纸,要求是一致的,即有良好的吸收性。一般采用打浆、压榨与压光程度均较低且不施胶的纸;要有一定强度,以适于加工作业。

(1)树脂浸渍纸:经合成树脂或合成橡胶的乳液浸渍,可以改善表面性质,增加物理强度,获得防水、防油、耐磨等特性。用作人造皮革、衬垫材料及特殊印刷纸等,若用折射率与纤维素相同的树脂或油浸渍纸页,可获得光学均匀性,增大透明度,用作描图纸和感光复印纸等。若用醛酚树脂等热硬性树脂浸渍原纸,可制得刚性层压制品,用作电气绝缘板和家具、天花板的装饰层等。

(2)沥青纸、油纸和蜡纸:沥青纸是原纸经沥青浸渍的制品,其特点是具有耐水性,可用作油毡纸和防水包装纸。另外有一种防潮纸,是用沥青将两层薄原纸粘贴在一起形成的。

油纸是原纸经油浸渍所得的制品,具有耐水性、防潮性,并由于油的氧化和干燥,可增加透明性和强度。一般用作水果、肉类、金属等包装。用油的种类,可根据用途不同而定。常用的有桐油、亚麻仁油、橄榄油或某些矿物油。

蜡纸是原纸浸以石蜡、黄蜡、白蜡等蜡类物质而制得的加工纸,具有耐水性和不透明性。一般用于特殊包装。

机械加工纸

将原纸、纸板及经过涂布、浸渍、复合、变性等加工后的各类加工纸进行起皱、起楞、压花和磨光等机械加工,所得到的纸种称之为机械加工纸。机械加工的目的主要是改善外观,增强纸张的艺术感或满足特殊要求。机械加工的方式有起楞加工、起皱加工、轧花加工和磨光加工等。

(1)起楞加工:起楞加工是在起楞机上进行的,用于制造瓦楞纸箱的瓦楞纸就是采用起楞加工生产的。瓦楞纸板一般是由两层纸板间夹一层瓦楞纸,借助于胶黏剂黏合而成的纸板,压楞纸芯的作用,一是使纸板厚度增加,二是增加了纸幅横向的耐压强度,使瓦楞纸箱具有减震的作用,以保护商品在运输和贮存过程中不受破坏。

瓦楞形状和瓦楞尺寸是影响瓦楞纸质量的两个主要因素,根据需要可将瓦楞形状做成 U 形、V 形或 UV 形,也可调节瓦楞高度和瓦楞间距。

（2）起皱加工：纸页起皱的技术在加工纸中得到多方面的应用，如彩色皱纹纸、皱纹卫生纸、皱纹沥青防潮纸等都应用起皱的方法。彩色皱纹纸是一种装饰或艺术包装用纸，用于美工布置、制作纸花和其他纸装饰制品。彩色皱纹纸的生产工艺流程如下：

皱纹原纸→染料→起皱刮刀→一号烘缸→二号烘缸→染料→分切及切边→卷纸→切平张→选别包装→成品

原纸一般是用硫酸盐漂白木浆或用部分漂白草浆抄造而成，纸质应柔软，富有弹性，不施胶，以利吸附染料。染料颜色有大红、紫红、粉红、鹅红、橘红、品兰、深蓝、翠绿等，经染色的纸叫做染色纸。通过起皱刮刀和起皱烘缸的作用，使纸面出现连续不断的皱纹。皱纹的密度和深度可以用调节刮刀与起皱烘缸间的角度来控制。

（3）轧花加工：用机械压轧的方法，在纸和纸板表面上形成凸凹的图案、商标、字样等，这种机械加工的方法通常称之为轧花加工。

纸和纸板经轧花加工以后，使印刷的图案、商标、字样更醒目，更鲜明，从而改善了纸和纸板的外观，增强了艺术感，改进了包装效果。如细面照相纸、高级木纹纸、餐巾纸等。现在印刷纸的轧花和软包装材料的压花，也很普遍。前者是为了提高印刷品的质量，后者则是为了提高装潢效果，提高商品的价值。

压花机的基本形式是由金属辊和弹性辊组成，可水平排列，也可垂直排列。通常金属辊上雕刻花纹，起阳模作用，弹性辊起阴模作用。制品经过两个辊筒间挤压，就形成了各式各样的轧痕。雕刻辊可以采用人工雕刻或化学蚀刻的方法制得各种图案。

（4）磨光加工：磨光是对纸或纸板进行机械加工的另一种形式。磨光是在磨光机上进行的，现在用的多是辊式磨光机，由两个纸辊、中间夹一根中空的钢辊组成。钢辊转速比纸辊快2～3倍，利用转速差和温度差起到磨光作用。纸页经磨光之后可获得光泽，如蜡光纸，就是在单面涂有彩色涂料的涂布机上进行磨光制得的。

无碳复写纸

无碳复写纸属于涂布加工纸的一种，主要在信息记录领域使用。从其用途和涂料成分及涂料制备方面,与颜料涂布纸相比,既有共性,又有许多不同的特点。所以可以把它称之为特种涂布加工纸。无碳纸的主要用途有:各种多联的表格、票据、计算机终端用纸,办公自动化和产业信息化常用的连续账票或一般业务账票用纸。

无碳纸是具有上页、中页、下页三层结构式的无碳纸,上页纸(代号 CB)背面涂布含有力敏色素的微胶囊(发色层),下页纸(代号 CF)的正面涂布含显色剂的涂料,中页纸(代号 CFB)的正面涂料与 CF 相同,反面与 CB 同。使用时,须 CB 面与 CF 面相对应,三种纸按上、中、下顺序进行重叠。在书写压力下,CB 面的微胶囊破裂,色素逸出并与 CF 面显色剂反应而显色,达到复印效果,可根据所需要的复制张数调配使用。

无碳复写纸由原纸和至少两种不同成分的涂料即显色层涂料和微胶囊涂料组成。微胶囊涂料需要特殊的配方和制备方法,而显色层涂料可以是水性的,也可是溶剂型的,其制备方法与其他涂布纸基本相同。微胶囊涂料由力敏色素、力敏色素载体(不挥发性油)、乳化剂、保护胶体等组成。涂料的制备,就是微胶囊的制备过程。力敏色素是无碳纸生产的基础,微胶囊化技术是无碳纸的核心技术,在很大程度上左右着无碳纸的质量。显色层涂料是由显色剂、胶黏剂和其他助剂组成。使微胶囊中力敏色素显色的物质叫显色剂,所以要求显色剂在满足本身应具备的条件同时,还要与力敏色素有好的适应性。无碳原纸在质量和定量方面,比其他涂布原纸有更严格的要求。不同纸种即对生产 CF、CB 和 CFB 的原纸及成品用途不同的纸种,有不同的要求。为防止微胶囊的损坏,CB 面涂布一般采用无接触式涂布,CF涂布既可采用气刀、刮刀,也可使用辊式,另外无碳纸的涂布设备,还要求不设外压装置,且对干燥方式和干燥温度也有特别的要求。

无碳复写纸的发展方向是与其他记录方式合并使用,如与静电记录的复合使用,与光敏记录的复合使用。

热敏记录纸

热敏记录纸就是在热的作用下,能达到记录效果的信息用纸,也就是说,热敏记录纸是在纸的表面给予能量(热能),使物质(显色剂)发生物理或化学性质变化而得到图像的一种特殊的涂布加工纸。

热敏记录纸主要有两大类型,即利用热能引起物理变化型和化学变化型两大类,具体的分类如下示:

热敏记录纸约有50%用于传真机,其次是热敏标签印刷、心电图用纸、计算机终端输出用纸,以及各种医疗计测仪器,各种热工检测仪表的记录用纸。

物理型热敏记录纸的发色原理(以熔融透明型为例)是(如图 17-4 所示):在白色的纸基上,涂上一层黑色的涂料,再在黑色涂层上涂上一层热敏涂料,成为遮盖黑色的白色热敏记录层。由于记录热笔的热能,使与之接触的热敏记录层熔融透明,呈现出下层的黑色而构成图像。这类记录纸广泛用于医疗上的心电图、脑电图或工业上一般计测器的画线记录,由于纸表面的不透明蜡层易被硬物碰划,记录温度高等缺点,而使其应用受到限制。

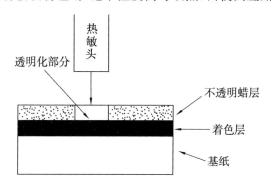

图 17-4　熔融透明型热敏记录纸结构图

化学型热敏记录纸的发色原理(以无色染料法为例)是(见图17-5)基于含有内酯环的无色染料与显色剂混合,在热的作用下,熔点低的(通常为显色剂)先熔化,二者发生反应,无色染料的内酯环打开而发色,这类记录纸外观与普通白纸相似,选用不同的无色染料和酚类还原剂,可以制成各种颜色鲜明的记录纸。由于其加工方便,质量稳定,成本不高等优点,已成为热敏记录纸的主流。无色染料型热敏纸是一种特殊的涂布加工纸,其热敏涂料的主要成分有无色染料、显色剂、增感剂、胶黏剂、颜料、稳定剂及其他助剂。制造工艺为:将上述热敏材料分散制成涂料,然后涂布于原纸上,经整饰加工、印刷打孔、分切等工序而制成成品。

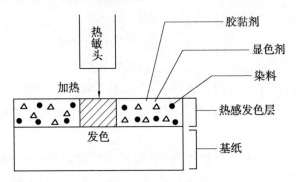

图 17-5　无色染料型热敏记录纸结构

　　热敏纸的用途不同,应有不同的质量标准和要求。如发色温度,发色速度,成像密度及满足用户机器运行的物理指标。这类热敏纸存在着保存期短、抗退色能力差、图像分辨能力差、不能写上铅笔字等缺陷而受到了新产品的挑战,目前高保存型热敏纸和再生热敏纸正受到欢迎和重视。

静电记录纸

　　静电记录纸是 20 世纪 30 年代中期由日本研制发展起来的,它是在支持体上(大部分是纸或薄膜)加以导电处理,然后在它的上面设有电感应涂层,具有普通纸样的记录纸。

　　静电记录纸的成像原理见图 17-6。

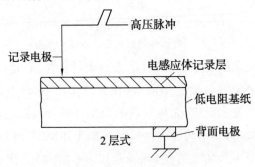

图 17-6　静电记录纸结构(2 层式)

静电记录纸通过一电场时,记录电极在记录纸的界面上加上了脉冲电压,使界面层带上了静电荷产生静电潜像,然后用带有相反电荷的着色显影粉使显影粉吸附显影,再通过加热,使图像固定在静电记录纸上,这样就可以得到图像。除图示的二层式外,还有三层式和双面式。

静电记录纸由电感应记录层(绝缘层)和低阻抗基纸(导电层)组成。电感应记录层是在导电处理层上涂布了 $3\sim6$ 微米厚的绝缘性薄层,它的表面电阻是 $10^{13}\sim10^{16}$ 欧·厘米。涂布所用树脂必须具有容易带电且电荷消失慢的特性,也可在树脂中加入二氧化钛白色颜料,使记录纸富有自然感。低电阻基纸是对 $60\sim70$ 微米厚度的优质纸用导电剂浸渍处理而得的,处理后体积电阻是 $10^6\sim10^8$ 欧·厘米。选择的导电剂应尽可能是在空气湿度变化时阻抗变化小的材料。常用的低阻抗物质有无机电解质、高分子电解质。

静电记录纸的特点是:能高速记录、超高速扫描记录;图像鲜明,质量好;记录能量低,信息存取时间短;记录时无臭味、烟雾、气体等;纸张的自然性好,记录时噪声小,记录的永久保存性好。缺点是记录时受温、湿度影响,一般在 $20\%\sim90\%$ 的相对湿度和 $-20\sim40℃$ 温度下记录。

静电记录纸适应于高速传真扫描(GⅢ机)、电子计算机高速输出记录体系。目前出售的扫描传真机中有 37%、电子输出打印器有 30% 是使用静电记录纸的。

静电记录纸在使用时,要控制室内温湿度,最好在 $20\sim25℃$、$60\%\sim65\%$ 相对湿度下操作,相对湿度过大会使静电性能变差,记录不出图像,但通常静电记录纸是比较稳定的,记录复印件能长期保存。

另外,一些新型静电记录纸,其性能在普通静电记录纸基础上又有改进。如采用特殊导电剂作为低阻抗处理剂的不受温湿度影响的全天候静电记录纸、两层能同时记录的静电记录纸、含有热感发色成分的热增感记录纸、能获得彩色复印的静电记录纸、利用光静电感应进行复印记录的氧化锌静电记录纸等。

特种感应类记录纸

感应类记录纸通常是利用各种对光、电、热、力、磁、射线敏感的物质,配制成涂料涂布在纸基上而制得的产品。它们具有适应各种记录速度和高灵敏记录的特性，它们种类很多，用途涉及的范围也很广，这里介绍几种特种感应纸。

（1）放电记录纸：在 50～60 微米厚的白色原纸上，涂上炭黑或金属粉末的导电层，然后再在它的上面涂上白色金属氧化物颜料类半导电性的记录层。记录时针状电极施加信号电压而放电，在记录层表面灼烧，按原稿图形扫描则可以得到灼烧成微孔的薄膜，然后撕掉原纸即可用来印刷。

（2）电解记录纸：有干法和湿法两种，湿法记录纸记录时无火花、烟雾，气味少，反差好，不需显定影，但也存在一些缺陷，主要是记录后有变色现象，记录图像出现渗透扩散现象。为了克服这些现象，发展了干法记录纸。它是在镀有铝膜的原纸上，涂上有机半导体电解发色材料，它是以氧化锌为主体、加入一些催化剂而成的通电后而发色。

（3）干银记录纸：用长链脂肪酸银盐以及少量的卤化银及还原剂、增感剂等作为记录层。它的记录原理是利用感光后的卤化银产生光分解，再由于加热作用，光分解的银与有机银在还原剂作用下，被还原成黑色的银而构成图像。这种反应是在完全干的情况下进行的，所以非常简便，而且有较高的反差值。其缺点是放置时间久了会发生变化，稳定性较差。广泛用于电子计算机的终端输出显示记录、电视扫描印刷等方面。

（4）通电热感记录纸：在原纸上镀以铝膜作为导电层，在其上面涂上感热发色剂和导电性材料，记录时用记录针进行通电，由于通电的地方产生的热与感热发色剂作用而发色。

重氮晒图纸

重氮晒图纸又叫重氮型感光纸或重氮型复印纸，通常简称为晒图纸。它主要是用来晒印机械设计、建筑设计等工程图纸，也用于晒印档案材料和一般性的文件复制。

重氮晒图纸的晒图原理如图 17-7 所示。

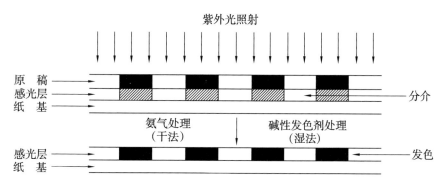

图 17-7　重氮晒图纸晒图原理图

　　把透明的原稿和晒图纸重叠在一起,在晒图机上先经紫外光照射曝光,再把曝光后的晒图纸经过氨气蒸或用含有偶联剂的碱性溶液处理显影,即得到所需的复制品。在上述曝光过程中,紫外线透过原稿上没有文字和线条的部分,照射到晒图纸的感光层表面上,这时,被照射到的表面上的重氮发生分解,原稿上的黑色文字和线条阻止了紫外线的通过,因而被遮盖的感光层表面上的重氮盐不发生分解作用,当把曝光过的晒图纸放入含有偶联剂的碱性溶液处理时,重氮盐发生分解的部分不发生偶合反应,不发色,而重氮盐不发生分解的部分则与偶联剂发生反应,生成有色的文字或线条,这些文字或线条是相对于原稿的,因而得到所需的复印品。

　　从晒图纸的使用方法可见,晒图纸的"复印"原理,其实是晒图纸上的感光材料所发生的一系列变化,即光分解作用和偶合作用。在重氮晒图纸中使用的主要材料,是光敏性芳香族重氮盐和酚类化合物(偶联剂)。重氮盐有两个重要特征,一是对紫外线敏感,紫外线照射下即行分解;另一个特性是在高 pH 值条件下,可以和酚类化合物发生偶合反应,生成有色的偶氮染料。晒图纸所用染料,也即光敏涂料,就是利用这两种特性,把由光敏偶氮化合物和偶联剂及必要的助剂配制的药液,涂布于纸基上,经干燥后即制得重氮型晒图纸。

　　晒图纸也属于涂布加工纸类,它是复印感光类涂布加工纸,它的基本组成也包括涂布原纸和涂料,只是原纸和涂料的性能不同于颜料涂布纸。其生产流程包括:原纸制造、涂料配制、涂布、干燥、卷取、包装等工序。

感光药液　　　　抗卷曲药液

↓　　　　　　　↓

原纸→正面涂布→干燥→背面涂布→干燥→卷取→裁切→包装

晒图纸的主要质量指标有：感光速度、色泽最大密度、耐晒性、耐水性、显影速度等。另外还要求感光层涂布均匀，晒图时线条清晰，在拆封前应有不小于 6 个月的保藏期。

合成纸

合成纸属于非植物纤维纸的一种。随着生产技术的发展，用植物纤维所抄造的纸张，在很多方面不能满足工业技术上的需要，如电气绝缘性、耐强酸碱性和抗腐蚀性、防水性、防火性、防潮性等。利用非植物纤维，如合成纤维或合成高分子物质为原料或配用部分植物纤维，对纸的性能会有很大的改变。

合成纸与普通的植物纤维纸一样，具有印刷性、书写性和加工性能，但与普通纸相比，具有吸水性小、耐水性强、尺寸稳定性好、耐腐蚀性强、耐光照老化性强等优点。合成纸可作证件纸、薄页纸、特殊包装纸、电气绝缘纸、耐酸碱滤纸、滤油纸等，也可作层压加工的复合材料，生产无纺布等。

合成纸的生产分三种类型，即合成纤维纸、薄膜型合成纸、合成浆造纸。

（1）合成纤维纸：合成纤维纸主要使用粘胶、聚酰胺、聚丙烯腈、聚酯等纤维。合成纤维纸的生产有两种方法，即干法和湿法，干法就是把纤维用机械或气流的方法制成纤维网，然后用胶黏剂黏结起来。湿法就是把经过切短的纤维形成水悬浮液，然后用普通的造纸法成形。由于合成纤维和植物纤维在物理化学性质上有很大差别，特别是由于合成纤维的憎水性和不能产生细纤维化，而影响纤维的分散和交织、结合，目前一般使用分散剂，解决在水中的分散和絮聚问题，使用胶黏剂解决合成纤维的交织问题。

（2）薄膜型纤维纸：薄膜型合成纸也叫聚合物纸、塑料纸，是以合成高分子物为主要原料，经过加工赋予纸的各种性能，主要原料是聚乙烯、聚氯乙烯、聚酯等，薄膜型合成纸的制造工艺过程，大致为石油原料合成高分子物质、塑料薄膜化、薄膜延伸纸状加工。

（3）合成浆造纸：所谓合成浆，就是由合成高分子物质制得的，在纤维形态上及制纸性能上与植物纤维浆料相类似的合成纤维浆料，可按普通的方法打浆、帚化、抄纸，也可以和不同配比的植物纤维配用，所得纸张具有优良的湿强度和尺寸稳定性，废纸也可回收。合成浆的出现，在解决合成纤维分散和结合方面的问题上，迈出了关键性的一步。合成浆可以显示植物纤维所没有的一些特性，如透气性、防水性、热封性等。

玻璃纤维纸

玻璃纤维纸是用玻璃纤维为原料抄成的纸，属于无机纤维纸。玻璃纤维纸的性质取决于玻璃纤维自身的性质。玻璃纤维具有的性质是：较高的抗张强度和化学稳定性、尺寸稳定性；耐水、耐油、耐酸、耐腐蚀性等；耐热、不燃性；热传导性小、电绝缘性好等。

玻璃纤维可轻度打浆，经疏解或适当切短，可采用100％玻璃纤维抄纸，但需采用胶黏剂。如果能合理地选择胶黏剂，可以充分发挥玻璃纤维的这些特性，使纸页具有相应的特性，如可用作气体和液体的净化滤纸，特别是过滤腐蚀性的液体更加有利，又可作吸音及绝缘材料、电绝缘材料及合成树脂制品的增强材料等。也可在植物纤维中加入少量玻璃纤维混合抄纸，这样不但可以提高纸页滤水速度和干燥速度，而且可以提高纸页的强度、吸收性、松厚度及尺寸稳定性等。但加入量要适当，一般不超过2％，超过2％，纸张的耐破强度和抗张强度会降低。

玻璃纤维的细度对纸页强度影响很大，细度越小，强度越好。玻璃纤维的打浆温度和pH值也需要控制，一般温度控制在35℃，pH值3～5。胶黏剂的选择也应考虑产品的性质和用途，一般多用合成树脂类胶黏剂。作为耐火和耐腐蚀性的玻璃纤维纸，可以采用水玻璃和硅藻土作胶黏剂。

除玻璃纤维外，还有矿棉纤维、陶瓷纤维、金属纤维、碳纤维等，也可用来抄造某些特殊纸，如陶瓷纤维纸可以经过层合、折叠、冲切等各种加工，加工成一定的形状，在1 200～1 300℃高温下烧成多孔纸状陶瓷。这种纸状陶瓷具有精细的结构，具有多孔性，可用作吸附剂、催化剂的载体、过滤介质、耐热绝缘体、电热烤炉的衬里、陶瓷工艺品等，具有广泛的用途。金属纤维纸具有导电、导热性。

复合加工纸

在一种基材的表面上层合上一层或多层纸、薄膜等材料而构成新材料的一种加工过程,称为复合加工。以纸与其他薄膜复合生产出的复合材料,称为平面复合加工纸。复合加工纸属于防护性用纸。

纸与其他薄膜的复合,不仅使加工后的纸获得了该薄膜材料所提供的特性,而且纸也弥补了薄膜材料的不足。所以,复合加工纸具有更广泛的实用意义。就产品的特性而言,纸与不同的薄膜材料复合后,不仅可以使制品的强度、防水性能、防潮性能、防油性能、气密性、保香性和其他保护性能得到提高,而且可以获得热封性、导电性、遮光性、耐热性等许多特殊性质。不仅广泛用于一般食品和商品的包装,而且可以加工成各种纸容器,用于液体、糊状及膏状物料的包装;不仅可用于常规的包装方法,而且也适用于真空包装、充气包装及杀菌包装等。

与纸复合的薄膜材料种类主要有布类、金属箔和各种塑料薄膜。既可双层复合,也可多层(3~5层)复合。复合加工纸制造方法有热熔复合、贴塑、溶剂涂布及挤压复合,其中以挤压复合应用最广,工艺合理,制成的复合材料质量稳定。挤压复合就是将塑料经挤塑机加热熔融,并经过塑模,呈膜状喷出。该膜在热熔状态下与纸页挤压复合,冷却固化后即成复合加工纸。

复合纸产品种类可分为单面复合、双面复合、夹层复合、多层复合。

国内外加工纸发展现状

加工纸的发展,经历了漫长的历史进程。据史料记载,在16世纪之前,人们就能在纸张表面涂布某种东西,进行光泽加工,也就是说,早在机制纸出现的300年前,就有了涂布加工技术。在16世纪,日本人将桐油涂在和纸上,做成包装纸和雨衣。美国某公司在1860年开始生产涂布加工纸(壁纸);植物羊皮纸始于1846年,并且于1858年在法国巴黎开始工业规模的生产;钢纸于1895年在美国开始生产。同样,我国在加工纸的历史上也有极其辉煌的一页。早在公元105年,蔡伦发明造纸术不久,加工纸的生产就开始了。据记载,在1 600年前,我国就有了使纸张长期保存的加工技术。古人将一些具有杀虫、防蛀功能的植物煎成汤,涂在纸上,达到避蠹防虫的目的,使许多古书至今仍保存完好。到唐宋时期,加工纸已经很盛行,当时已经对纸进行涂布、染色、裱糊、印花、磨光与压花等加工。在清代,我国已能生产多种涂料纸,而且已具有一定的工艺技术水平,其中以硫酸钡、碳酸钙、群青为颜料,以牛皮胶为黏合剂,并在纸的背面涂有抗水的光亮树脂漆的涂布加工纸,在涂刷匀度、表面光泽度、平滑度和抗水性等方面,已不亚于现代的一般涂布印刷纸的水平。

加工纸的快速发展,却是近几十年的事。我国真正的工业化生产,起步于 20 世纪 20 年代。1922 年上海出现用进口纸基生产的蜡纸,1929 年上海首次生产晒图纸,结束了晒图纸全部依靠进口的历史。1946 年上海华丽铜版纸厂进口超级压光机和原纸,利用国产颜料和动物胶配制涂料,生产单面涂布纸,用于香烟的包装。

建国后,我国加工纸的产量、质量、品种又有了进一步的发展。1958 年后,国家在调整加工纸布局的同时,扩建和新建了一批骨干纸厂,使我国的加工纸工业又有了较大发展。在此期间,上海铜版纸厂采用铸涂工艺生产了高光泽印刷涂料纸,还进行了多品种研制,如力感、热感、电感、光感记录和装潢、包装、防护用纸等,使我国加工纸品种由数种增加到 200 多种。

20 世纪 80 年代末至今是我国加工纸发展的又一个高潮期。产品品种集中在颜料涂布纸和无碳复写纸。从国外引进的具有先进水平的生产线陆续投产,其装备水平、产品质量水平、产量大幅提高。由于加工纸技术是一门跨学科的综合技术,且随着科学技术的发展,一些特种加工纸应运而生,所使用的加工基材和化工材料非常广泛,涉及的技术领域更多,加工工艺和方法更为特殊和复杂,所以就综合水平来讲,我国与欧美等发达国家还有差距。据统计,世界上纸的品种大约 1.2 万多种,其中半数以上属于加工纸,北美等国加工纸产量占纸品总量的 30% 以上。我国只有不到 10%。从人均拥有量、品种、产量、质量、产品用途上讲,我们都落后于欧美和日本。所以,从整体水平看,我们还需努力开发、创新、拓展新的品种及新的应用领域,更好地为人民生活和科学技术的发展服务。

十七、造纸化学助剂

化学助剂在现代造纸工业中的作用

造纸工业是以纤维为原料的化学加工工业。在制浆、漂白、打浆、抄造及成纸后加工这一工艺全过程中,均离不开各种化学助剂的应用。造纸用化学助剂就是指那些加入量虽不大,但往往起关键性作用的各种化学添加剂,它不包括通常大宗用量的苛性钠、硫化物、液氯、滑石粉、高岭土等。这些化学助剂的添加量虽然仅占纸张总量的 1%～3%,但对纸张及其生产的经济性却起着决定性的作用。它能使生产过程优化、纸机运行速度提高,能用较差的纤维原料生产出更薄、更白、更强的纸,不但有很高的经济效益,而且具有大幅度改善环境污染的优点。

尤其是像我国这样的造纸大国,草浆占有很大比重,所制得的纸浆中短纤维含量较高,因此对助剂有更大的依赖性,例如草浆中助留剂的使用将大大减少短纤维和填料的流失。

为了节约木材资源,保护生态环境,再生纸的利用已越来越受到人们的重视。再生纸的应用也离不开造纸化学助剂。经过印刷的废纸回收需要脱墨,推动了脱墨剂和脱墨技术的发展;废纸在回收前后受到细菌的侵蚀、紫外光的照射、空气的氧化,降低了纤维的强度,需要专用的增强剂;同时,二次纤维处理过程还会产生大量的细小纤维和填料,这就需要专用的助留、助滤剂及其应用技术;在废纸中有许多胶黏剂等杂质,处理不慎在抄造时会导致黏缸、黏网等情况发生,造成抄纸障碍,这就需要应用树脂障碍控制剂。

新型涂布化学品也是一个热门的课题,随着现代印刷技术的飞速发展,

涂布化学品的功能、特性急需提高。例如,随着彩色喷墨打印技术的发展,对彩色喷墨打印纸提出了新的要求,故用于彩色喷墨打印纸的涂布化学助剂成为必需。

随着生活水平的提高,人们对生活用纸的品种、质量要求迅速提高。开发卫生、优质、舒适的生活用纸,需要用到各种化学品:提高匀度需要分散剂;提高白度需要增白、助白剂;提高柔软性需要柔软剂;妇女卫生巾和小孩的尿不湿需要高吸水性树脂等等。而且由于生活用纸直接与人体接触,所有这些化学品都应具有较高的安全性。

又如,随着塑料快餐盒的禁止生产销售,造纸行业开发了一次性可回收纸杯和快餐盒,这些产品更需要安全可靠的防油、抗水、黏合、抗热等特殊性能的专用化学助剂。

进入 21 世纪,造纸企业从制浆到造纸全过程都要做到清洁生产或称为绿色工艺生产。这就需要采取一系列的环保措施,其中离不开环保专用化学助剂。如采用蒸煮助剂减少制浆蒸煮时间以及碱的用量;对造纸黑液进行分离、回收木质素等有机高分子产品;对造纸白水进行化学处理以做到清洁排放;以及开发安全、高效、新型的漂白助剂等。

由此可见,化学助剂在现代造纸工业中的作用非常大,其应用也越来越广泛。随着造纸工业的蓬勃发展,制浆造纸化学助剂也必将显示出其越来越广阔的发展前景。

制浆造纸化学助剂的分类及其发展趋势

制浆造纸化学助剂的主要品种按照在造纸过程中的用途分为四大类:

(1) 制浆用化学品:

① 蒸煮助剂:蒽醌及其衍生物等。

② 废纸脱墨剂:多种表面活性剂复配而成。

(2) 造纸过程添加剂:

① 助留:阳离子淀粉、聚丙烯酰胺、阴离子淀粉、多元助留体系等。

② 消泡剂:有机硅型、聚醚型或脂肪酰胺型表面活性剂等。

③ 防腐剂:有机硫、有机卤化物等。

④ 絮凝剂:聚合氯化铝、聚丙烯酸钠、聚丙烯酰胺及其改性产品等。

⑤ 树脂障碍控制剂：阳离子聚酰胺等。

⑥ 纤维分散剂：聚氧化乙烯等。

（3）功能性添加剂：

① 浆内施胶剂：酸性抄纸用（pH 值＜7）：皂化松香、强化松香、乳液松香胶、阳离子松香胶等；中性抄纸用（pH 值＞7）：AKD、中性松香胶、ASA 等。

② 干增强剂：阳离子淀粉、聚丙烯酰胺、两性淀粉、多元改性淀粉等。

③ 湿增强剂：三聚氰胺甲醛树脂、聚酰胺环氧氯丙烷树脂等。

④ 表面施胶剂：聚乙烯醇、氧化淀粉、阳离子淀粉、苯乙烯—马来酸酐共聚物等。

（4）涂布加工纸用化学品：

① 涂布黏合剂（黏料）：羧基丁苯胶、淀粉磷酸酯、醋—丙共聚乳液、苯—丙共聚乳液等。

② 印刷适性改进剂：阳离子或两性水溶性高分子等。

③ 颜料分散剂：六偏磷酸钠、聚丙烯酸钠、丙烯酸钠与丙烯酰胺共聚物等。

④ 润滑剂：硬脂酸钙分散液（乳液）等。

⑤ 抗水剂：低甲醛三聚氰胺尿素甲醛树脂、改性蜜胺树脂等。

⑥ 消泡剂：聚醚、酰胺类等。

⑦ 防腐剂：异噻唑啉酮类等。

今后我国造纸化学品行业将重点发展以下几种产品：

（1）草浆配套用化学品：我国造纸工业以非木材纤维为主要原料，非木浆纤维达 60％，由于大量使用纤维短、强度差的草类纤维，以致在纸和纸板的产品质量上受到很大限制。因此，以草木并用生产高档纸和其他纸品的配套造纸化学品结构，将转向以草浆为主或全草浆生产高档纸及其他纸品的配套造纸化学品结构。重点是开发增强剂、助留助滤剂、增白剂、施胶剂等系列草浆配套化学品。

（2）纤维再生所需化学品：国内由于木材纤维资源的缺乏，纤维的再生利用已逐步受到重视。国内引进了多套利用进口废纸生产高档纸的设备，及利用进口废纸再生制浆设备。因此，应大力研制生产配套废纸脱墨剂，尤其是浮选法脱墨剂。另外，应做好废纸再生纤维制高档纸所需化学品如增

强剂、施胶剂等助剂研制、开发和应用推广工作。

（3）逐步进行中性施胶剂用化学品的开发和应用：根据造纸工业从酸性施胶转向中性施胶这一世界发展趋势，应开发生产中性施胶剂及其配套的各类化学品。由于我国松香资源丰富，发展乳液松香及近中性乳液松香施胶剂仍为现阶段主要任务。

今后几年我国应重点发展助留剂、助滤剂、增强剂、施胶剂等，主要品种包括变性淀粉，中性施胶剂 AKD、ASA、湿增强剂、松香乳液，以及氧漂工艺相配套的化学品如乙二胺乙酸（EDTA），二乙撑三胺五乙酸（DTPA）等。

助留助滤剂的使用目的和要求

造纸湿部的纸页成型与过滤过程类似。造纸网可以看做是一个连续的过滤器，在这个网上，纸料中一定比例的固体物留着在网上，其余的固体物随着大量滤液流走形成了白水。长纤维的留着率通常是很高的，接近 100%，而细小纤维和填料的留着率仅为 $30\%\sim70\%$。过低的单程留着率会导致纸页横向分布的不均匀及显著的两面性。因此，研究造纸湿部留着机理，利用助留助滤剂有效的控制细小纤维和填料的留着是非常有意义的。

助留助滤剂是纸张抄造过程中的一种重要添加剂，其使用目的是用来提高纸料中的细小纤维和填料的留着率，使白水中固体物的含量下降，同时改善纸料的滤水性能。在制浆造纸过程中，高效的助留助滤剂可提高纤维和填料利用率，减少白水负荷，废水污染以及造纸网的磨损。

使用助留助滤剂的经济效益是十分明显的：

（1）可提高纸料中细小纤维和填料的留着率，使浆耗降低约 $1\%\sim2\%$，填料留着率提高 20% 左右。

（2）使白水封闭循环系统正常运行，发挥最大效率，可降低生产成本，节约纤维原料，且由于白水中填料和细小纤维含量减少，白水易于澄清，可减轻排水污染，降低流失白水浓度约 40%，并降低废水中的盐类含量和 BOD，减少排污费用。

（3）保持毛毯清洁，使纸机更好的运转。

（4）使纸机网部滤水性加快。一般来说，具有助留作用的高分子也具有助滤作用，只不过其作用有所侧重。助留剂的目的主要是提高纸料中细小纤维和填料留着率,而助滤剂主要是为了提高从抄纸网部来的湿纸的滤水性、脱水速度。滤水作用与助留作用在促进纤维和填料的凝聚这一点上是相通的。故加入助留剂可在不增加絮凝剂等的用量下,提高白水回收装置的效率。

(5)可改善成纸的质量,如增加其不透明度、均匀度、印刷适印性和吸收性等。

助留助滤剂的分类

常用的助留助滤剂有三大类,即无机盐、天然高分子聚合物和合成高分子聚合物,后两种有时也称为聚合电解质。

(1)无机盐助留助滤剂:无机盐助留助滤剂主要有硫酸铝和氯化钙,其中硫酸铝用量最大。在造纸逐步转向中性抄造的现阶段,硫酸铝的消费量虽然正逐年减少,但仍不失为一种主要的助留助滤剂。硫酸铝的主要的用途是用作松香胶的定着剂,同时也具有提高滤水速率和留着率的作用。此外,硫酸铝还有降低浆料 pH 值,使电位接近于零的效果。其缺点是提高了纸页酸度,降低了纸张的耐久性。

(2)天然有机聚合物助留助滤剂:天然有机聚合物主要有阳离子淀粉、阳离子瓜豆胶和壳聚糖等,其中阳离子淀粉是用量较大的一种,它对促进全程留着率和细小组分留着率均有重要的作用。

(3)合成有机聚合物助留助滤剂:合成有机聚合物可分为非离子型、阳离子型、阴离子型和两性型等 4 类。其代表是聚丙烯酰胺类聚合物,由于其价格相对较低及多种改性产品的研制成功,使其成为有机高分子电解质的主要品种。在中性抄纸中,以单独或合用阳离子型淀粉和聚丙烯酰胺为主流。这类助留助滤剂还有聚胺、聚乙烯亚胺、聚酰胺和聚氧化乙烯等。其主要特性如下。

① 电荷密度:低电荷密度 $1\% \sim 10\%$,中电荷密度 $10\% \sim 40\%$,高电荷密度 $40\% \sim 80\%$,特高电荷密度 $80\% \sim 100\%$。

② 平均分子量:低相对分子质量 $(0.1 \sim 10)$ 万,中相对分子质量 $(10 \sim 100)$ 万,高相对分子质量 $(100 \sim 500)$ 万,特高相对分子质量 500 万以上。

在造纸工业的实际应用中,以高分子量、低电荷密度的合成聚电解质作为絮凝剂,用于高剪切力和湍流条件下的细小组分的助留;而以低分子量、高电荷密度的阳离子产品作为低剪切力系统中的助留剂。

在实际生产中,可添加一种助留助滤剂,也可将几种助剂结合起来组成一个助留助滤体系。常用的聚电解质助留助滤体系有单组分体系、双组分体系(有时也称为二元组分体系)、微粒子体系和网络絮聚系统等。

干强剂的作用和机理

干强剂是一种用以增进纤维之间的结合,以提高纸张的物理强度而不影响其湿强度的精细化学品。一般来说,可溶于水并带有氢键的聚合物,可作为干强剂,理想的干强剂应该是:线性大分子,其氨基能够充分接近纤维表面;相对分子量大,具有成膜能力,对纤维有足够的黏合强度并能在纤维间架桥;分子链上有许多正电荷中心和羟基,便于和纤维形成静电结合和氢键。事实上,木材纤维已含有天然的干强剂—半纤维素。没有半纤维素的存在,难以取得纤维间的结合强度,如棉浆纤维中,没有半纤维素,用其造纸时就会出现强度问题。

一般认为,干强剂的增强作用是通过以下机理实现的:

(1)纤维间氢键结合和静电吸附是纸张具有干强度的原因,特别是氢键结合点多,结合力强,是干强度产生的主要原因。加入干强剂(天然、改性和合成高分子)后,这些高分子含有各种活性基,可以和纤维上的羟基产生强的分子间相互作用及氢键结合。

(2)一些含有阴离子基的干强剂,可通过 Al^{3+} 等和纤维形成配位结合。如果纤维经特殊处理后含有羟基等,也不排除存在离子键的可能性。长链高分子可同时贯穿若干纤维和颗粒之间,物理结合吸附能够起到某种补强作用。

(3)干强剂往往也是纤维的高效分散剂,能使浆中纤维分布更均匀,导致纤维间及纤维与高分子间结合点增加,从而提高干强度。

(4)干强剂可以增加纸中纤维间的结合力,因而提高了以结合力为主的强度指标,如裂断长、耐折度、Z向强度、挺度、表面耐磨性、表面拉毛速度、抗压强度等。但一般不能增加撕裂度,甚至使撕裂度、压缩性、柔软度等降低。

常用干强剂

常用干强剂有以下几种：

（1）变性淀粉干强剂：纸用变性淀粉干强剂的品种主要有阴离子淀粉、氧化淀粉、磷酸酯淀粉、羧甲基淀粉、淀粉黄原酸酯、非离子淀粉、阳离子淀粉、两性淀粉以及淀粉与乙烯基单体的接枝共聚物，这些产品性能各异，基本上可以满足不同纸张不同强度的要求。因此其用量近几年占造纸化学品总量的 80%～90%。各种变性淀粉干强剂只有在与纤维形成有效和快速吸附才能达到最佳效果，其电荷密度、加入量应在合适的范围内，同时不能与体系中的其他添加物有副反应。淀粉加入量较大时，往往可提高干强度，但未吸附的淀粉会集结在白水系统，故一般用量应控制在 1% 以下。目前对淀粉变性的研究正朝着两性和多元变性的方向发展，生产成本更低，应用效果更明显。

（2）聚丙烯酰胺干强剂：聚丙烯酰胺（PAM）是一种多功能水溶性高分子聚合物。PAM 中羧基含量与纸张强度的关系是，羧基含量为 10% 左右时，抗张强度、耐破强度、耐折度达顶点，即 PAM 的分子量为 50 万～70 万和羧基含量为 10% 左右时，是纸张强度干强剂的最佳值，生产使用中发现聚丙烯酰胺在提高纸页干强度方面几乎对所有浆种都有效。

（3）壳聚糖干强剂：壳聚糖作为天然阳离子大分子，单独使用及改性物都具有显著的增强作用，同时有优异的助留助滤性，近年来关于其在造纸湿部的应用的报道很多。

壳聚糖在造纸湿部主要用作干强剂、助留助滤剂和絮凝剂。另外，阳离子淀粉与壳聚糖作为双助剂共用，能有效提高纸张的物理强度和填料留着率。强度提高主要是由于双助剂增加了纤维间的结合面积及结合强度。最常用的双助剂干强剂是壳聚糖和磷酸酯淀粉。随着壳聚糖分子量的增加，双助剂作用效果也随着增加，表现在纸张各项物理指标均随壳聚糖分子量的增加而有所提高。

（4）树脂胶：作为增干强剂，有应用价值的主要是田菁胶。生产方法是由田菁种子内胚乳中提取出植物胶粉，再根据应用要求进行改性。田菁胶主要添加于纸浆内，可提高卷烟纸的强度与匀度，降低浆耗，提高强度指标。

用于非木材纤维抄造胶印书刊纸,也可改善纸张匀度,提高留着率,具有明显的增强效果,且可减少印刷过程中的掉毛掉粉现象及断头数。

(5)瓜耳胶:主要成分是由豆科植物种子胚乳中提取。实验表明,其对纸页增强效果十分明显。

湿强剂的使用目的和作用机理

普通纸被水润湿后,纤维润胀,施胶剂被溶解,纤维间结合力减弱,纸张的强度基本失去,使纸张发挥不了应有的作用。在工农业技术、医疗卫生、国防科技、日常生活的实际应用之中,不少纸张如无碳复写纸、照相原纸、地图纸、医用纸、育苗纸、钞票纸、茶叶袋纸、食品包装纸、水砂原纸等均要求具有较高的湿强性能,因此必须以化学湿强剂来提高纸张的湿强度。

湿强纸的含义不难理解,植物纤维为亲水性的,纸页完全被水浸透或被水饱和时,其强度损失 90%～96%,余下的强度称为湿强度,为 4%～10%。加入化学助剂,其湿强度达到或超过 15%,我们称其为湿强纸,加入的化学助剂为湿强剂。

加入纸张中的湿强剂通过纸的干燥处理发生化学变化,使纸张在水中不易润胀,从而产生湿强度,其作用机理主要包括以下几个方面:

(1)加入纸浆中的湿强树脂一般为低分子且溶于水的初期缩合物,进入纸浆能渗透到纤维的表面和内部,并缩聚成高分子聚合物,使得树脂与相邻纤维间的部分羟基结合,形成抗水的亚甲基醚键等共价键,使纸张产生一定的湿强度。

(2)湿强树脂的部分高分子聚合物沉积于纤维间,与相邻纤维间树脂分子构成网状结构的无定型交织,限制了纤维彼此间活动,相应地就减少了纤维的润胀和纸页伸缩变形等性能,从而增加了纸的湿强度。

(3)部分湿强树脂分布于纤维表面,由于树脂成熟后具有持久不变且不溶于水的性质,从而阻止了水分子深入纤维空隙中,避免纤维因吸水膨胀而破坏纤维结合,因而增加了湿强度。

湿强剂增强机理应从纤维结合强度来分析,要使湿强度提高,必须使纸中纤维同纤维的结合更能抵抗水的破坏作用。

常用湿强剂

湿强剂在不同的应用环境中,产生的效果不一样,一般加入量在0.5%～1.0%(对绝干浆)。常用的湿强剂有如下几种:

(1)脲醛树脂(UF):UF树脂在造纸工业中的应用始于20世纪30年代,是最早做湿强剂的合成树脂,一般用于照相原纸、地图纸和招贴纸等。

UF树脂及改性产品特性:

① 只适用于酸性条件下使用;

② 减少纸的吸水性,降低其透气度;

③ 易分解产生游离甲醛,经过一定时间后纸的湿强度开始降低;

④ 固化速度低,若其完全发挥湿强作用需2～3周;

⑤ 价格低廉。传统的UF树脂由于游离甲醛的危害,近年来,国外已开始禁用。

(2)三聚氰胺甲醛树脂(MF):MF树脂于20世纪30年代应用于造纸工业,是一种热固性、酸性固化的氨基树脂,由三聚氰胺甲醛在酸性条件下缩合而成。MF树脂作为湿强剂,主要用于钞票纸、海图纸等纸张的生产。

MF树脂特性:

① 含较多羟基官能团,每单位树脂能使纸张产生更高的湿强度;

② 酸性条件下使用;

③ 固化速度较高,纸张湿强度形成快;

④ 分解速度较慢,也产生有害甲醛;

⑤ 其湿强纸具有透气度低、耐折度高、挺度好、湿强度高的特点。

(3)聚酰胺环氧氯丙烷(PAE):PAE树脂于20世纪60年代应用于造纸工业,是由三元胺反应,生成水溶性的长链聚胺,然后再与环氧氯丙烷脱氯化氢缩合而成的一种水溶性、阳离子型热固性树脂。作为湿强剂,PAE树脂主要用于一次性的生活用纸和医疗用纸,如手巾纸、婴儿尿布纸、药棉纸等。另外,也用于照相原纸、壁纸原纸、液体包装用纸和食品包装用纸中。

PAE特性:

① 无毒无味,不含甲醛类的湿强剂;

② 可在pH值4～10的范围内广泛使用;

③ 具有高效湿强效果。当用量在 0.5％～1.0％时,相对湿强度可达 14％左右,因而用量少;

④ 其损纸回收容易,可在 pH 值为 10 条件下进行打浆;

⑤ 具有良好的吸附性能,较高的干强度和湿强度;

⑥ 含 PAE 的纸页刚度低。PAE 树脂及其改性产品在中性、弱碱性条件下固化,可减轻废水污染,避免了纸张随日久而返黄的特点,也对人无害,因此被广泛应用。但该类产品成本较高。

(4) 新型环保湿强剂:上述常用的湿强剂增湿强效果较好,但是都有一些缺点。例如用量最大的 PAE,湿强效果令人满意,但价格昂贵,与阴离子不相容,固化后不易降解,损纸回用困难。另外 PAE 中有机氯含量高,不利于环保。而 MF、UF 由于有游离甲醛的危害,近年来国外开始禁用。总之,由于传统的湿强树脂对环境的不良影响,日益引起人们的关注,造纸工业正在开发环境友好湿强剂。如壳聚糖和聚羧酸便是其中的两种。

消泡剂的作用和原理

泡沫是制浆厂、造纸厂以及废液处理中的一个较为严重的问题,也是食品、印染等行业中经常遇到的问题。缺乏对泡沫足够的认识和控制可能导致减产或降低产品质量,还能造成环境污染。因此,如何消除和抑制上述工业生产过程中的泡沫是一个很重要的课题。实践证明,使用化学消泡剂和阻泡剂是一种有效地控制泡沫的方法。这类化学助剂已广泛应用于制浆造纸及其他行业中,利用该方法控制泡沫形成,比其他方法如机械法要有效、方便还不需要设备投资。

在造纸工业中,所谓的消泡剂是指用于消除制浆、造纸和涂布加工等过程中出现泡沫的化学品。造纸过程的工艺比较复杂,各工序条件也不一样,所以形成泡沫的原因也是多方面的。例如,各工艺设备形式、机械设备形式、施胶种类、浆料 pH 值、化学品添加、纸机车速、纸浆输送等均对泡沫的产生与形成有影响。因此必须对各个工序中物料的性质、产生泡沫的原因及消泡的要求弄清楚,有目的地选择使用相应的消泡剂,才能取得预期的效果。

消泡剂的作用原理主要是降低液体的表面张力,即消泡剂能在泡沫的液体表面铺展,并置换膜层上的液体,使得液膜层厚度变薄至机械失稳点而达到消泡的目的,泡沫是气体分散在溶液中的分散体系。

作为消泡剂来说,对其应有几点要求:

(1) 成泡倾向低,否则被加入后也会起泡。

(2) 在水中的溶解性好,有移动气—液界面的倾向。

(3) 与起泡剂相反,有正铺展系数。

(4) 使用条件(pH 值、温度等)下化学稳定。

消泡剂的分类

消泡剂的种类很多,从普通的烃油、硅酮油、脂肪酸及其盐,到聚氧化乙烯醚类系列等,常将他们分成几类,常见的有按消泡剂的化学组成分类,还有按造纸工序分类,下面简述这两种方法的分类情况:

(1) 按消泡剂化学组成分类:

① 高级醇类;

② 脂肪酸及其盐类;

③ 磷酸酯类;

④ 烃油类;

⑤ 聚醚类;

⑥ 有机硅聚合物;

⑦ 酰胺类。

(2) 按造纸工序分类:按造纸工序可将消泡剂分为制浆消泡剂、造纸消泡剂、涂布消泡剂三大类。

① 制浆消泡剂:该类消泡剂是指消除制浆过程中泡沫所用的化学药品。如在未漂碱法、硫酸盐法制浆中,含有大量可溶性有机物,废纸浆经脱墨后也含有皂化物,在洗涤、筛选和漂白过程中,往往会聚积大量泡沫,黑液在蒸发浓缩时,也会产生严重的泡沫,影响洗涤和浓缩效果。由烃油类溶剂和亲油性表面活性剂组成的化学品用于制浆消泡,具有耐碱、耐高温特性,加入纸浆或黑液中,可减少或消除泡沫,提高洗涤、筛选和浓缩效果,节约用水,并提高纸浆脱水后的干度。

② 造纸消泡剂:是指用于消除造纸机上泡沫的化学品。在造纸过程中,由于不合理的施胶及洗涤不良纸浆,酸性系统中使用碱性填料,以及过量或

其他不适当浆内添加剂等均可能使在造纸机沉砂槽、高位箱、网前箱、白水坑等湿部系统积聚泡沫。含有泡沫的纸料,上网抄纸,则会在纸面形成泡沫纱点或透帘等,所以需要添加消泡剂。用于造纸机的消泡剂,要求在纸面不会形成油点或影响抗水性,通常选用硅油、脂肪酰胺钙(钠)皂或环氧丙烷衍生物等组成的乳液型消泡剂,也有用以非离子型表面活性剂为主体的脱气剂等。这些消泡剂可以减少纸面针眼,提高平滑度,加强滤水性和有利于提高纸页的湿强度。

③ 涂布消泡剂:是指纸张在涂布加工过程中,使用的消除泡沫的化学品。有阻泡和消泡两种,用于防止涂布过程中吸收空气而产生泡沫的为阻泡剂;消除在涂布系统中已产生泡沫的为消泡剂。这些消泡剂要求干燥后涂布纸无"鱼眼",不影响涂层亮度和印刷性能,常用的有有机磷酸酯:磷酸三丁酯、磷酸三丙酯等,还有脂肪酰胺与聚氧乙烯酯、醇、醚等多种表面活性剂复配而成的消泡剂。

防腐剂的使用目的和要求

由于纸浆中含有多种营养物(如糖类),且温度适于细菌生长,制浆和抄纸过程中的微生物极易繁殖。环境 pH 值 4～6.5 有利于真菌繁衍,pH 值6～8 适应于细菌生长。近年来,随着传统的酸性抄纸逐渐向中性抄纸过渡,各种废纸(二次纤维)的大量使用,以及纸机采用白水封闭循环系统,造成了生产车间各种设备和管道中沉积物的积累,使得微生物快速生长,引起腐浆障碍,尤其在夏季气温偏高的环境下这一问题尤为突出。一旦混入腐浆的纸料上网,轻者影响纸机网部滤水,污染毛毯,使得出伏辊的湿纸页干度下降、强度降低,进而提高干燥部的负荷;重者造成断纸,影响纸机生产效率,并且易在成纸表面产生各种颜色的斑点和"孔洞"等纸病,以及纸页尘埃超标、纸品等级下降等问题。为了保证纸机的正常生产,减少清洗次数,提高生产效率,有必要在浆料中加入杀菌防腐剂,以减少或基本消除腐浆障碍。

在涂布加工纸生产过程中,因涂料制备时加入多种诸如改性淀粉等有机物质,并且涂料和颜料的 pH 值均在碱性范围内,涂料在制备过程中由于高速搅拌的作用使得涂料温度较高,这些都有利于细菌的生长和繁殖。微生物的存在和生长会影响涂料黏结和流动性能,并使涂料品质劣化,颜色变深,最后导致涂布纸的表面强度降低,表面产生污斑。

造纸工业使用的理想防腐剂应该具有以下性质:

(1)高效、快速、广谱的杀菌和抑菌能力,使细菌在短时间内被杀死或使其细胞失去生长和繁殖能力。

(2)应具有低毒、易分解和一定的溶解性,用后在一定条件下自行分解,不会或很少对环境造成污染,对产品用户不会造成伤害。

(3)无刺激性异味,对环境无严重污染或对操作者不会形成不良影响。

(4)对微生物有较长时间的效能,细菌不会在短时间内产生耐药性而对其失去作用。

杀菌防腐剂主要是通过杀死细菌或使其失去生长繁殖能力来保证物料在使用过程中不产生腐败变质,杀菌防腐剂可使微生物中的蛋白质变性,消灭细胞的活性而使细胞死亡;此外,杀菌防腐剂也可使微生物的细胞遗传基因发生变异或干扰细胞内部酶的活性,使其难以繁殖生长,从而对微生物起到抑制作用。防腐剂的杀菌和抑菌作用往往与其浓度和作用时间有关,同一防腐剂,浓度高或作用时间长可以杀死细菌,浓度低或作用时间短则只能起到抑菌作用。另外,同一防腐剂对不同微生物的作用也完全不同,对某种微生物可起到杀灭作用的防腐剂对另一种微生物可能只有抑制作用。

常用防腐剂

目前,杀菌防腐剂的种类很多,但可分为两大类:无机防腐剂和有机防腐剂。

无机防腐剂主要可分为两类,即氧化型杀菌防腐剂和还原型杀菌防腐剂。还原防腐剂由于它的还原能力而具有杀菌作用和漂白作用,如亚硫酸及其盐,故其主要做漂白剂;氧化型杀菌防腐剂是借助它本身的氧化能力而起杀菌作用,其杀菌消毒能力强,但化学性质较不稳定,易分解,作用不能持久,且有异臭味,所以多用于对设备、容器、半成品及水的消毒杀菌。主要包括氧制剂和过氧化物,如次氯酸盐、氯胺、过氧化氢、二氧化氯,其使用量较大、对造纸产品性能有一定影响,对设备管道亦有腐蚀作用。

有机杀菌防腐剂具有高效、低毒、生物降解性好等优点,国外使用的杀菌防腐剂大多为有机杀菌防腐剂。在国内,众多厂家也开始重视有机杀菌防腐剂的开发利用。过去使用的醋酸苯等有机汞、三丁基氧化锌类杀菌防腐剂虽有很高的杀菌防腐效果，但因有剧毒，已被禁止使用；氯酚衍生物类如无氯苯酚、对氯—二甲基苯酚等，虽有良好的杀菌效果，但也有一定的毒性而被限制使用。目前主要有有机硫、有机溴和含氮硫杂环化合物。近年来新出现的异噻唑啉酮类（又名卡松），这类杀菌防腐剂的高效性、广谱性、环保性，也已被世人公认，可应用于纸浆、纸机白水和造纸涂料的杀菌防腐。

脱墨剂的使用目的和要求

废纸在 20 世纪出开始作为造纸工业的再生资源，亦称"二次纤维"，其用量及其在造纸原料中的比例逐年增加。进入 90 年代以来，由于人们要求改善环境、保护森林、节约能源及原材料、降低造纸成本的呼声日益高涨。再加上环保要求越来越严格，造纸原料价格不断上涨和能源压力，废纸作为再生资源，已引起世界各国政府及企业的重视。这主要是因为，利用废纸原料制浆与直接使用纤维原料制浆相比，废纸制浆除能够大量节约能源、节约植物纤维原料、降低产品成本外，还可以节约设备投资、减轻环境公害。利用废纸制浆的关键工序是脱墨，脱墨所用的化学药品称为脱墨剂。

脱墨剂是能使附在纸张上的油墨、颜料颗粒及胶黏物脱落所用的化学药品。以往多以氢氧化钠、碳酸钠、硅酸钠等碱性物质作为脱墨剂，但效果较差。碱类物质对皂化油脂虽有效，但对紧密吸附于纤维间的油墨很难除去，并易使纸浆返黄。当前使用的废纸脱墨剂应具有使油墨润湿、渗透、发生润胀，减少对纤维的结合力，并使油墨乳化、分散，与纤维脱离，防止再沉积在纤维上的多种功能的复配型混合物。例如，以聚氧乙烯烷基酚醚、聚氧乙烯烷基苯醚等非离子型表面活性剂为主体，配有其他助剂组成的脱墨剂，可有效除去书刊、杂志和报纸的印刷油墨，现已被广泛应用。具体复配组分要根据废纸种类以及对脱墨制浆质量的要求而不同。

脱墨剂的作用，主要是降低脱墨温度、节约能源；加速脱墨反应、缩短脱墨时间，并减少纤维受机械作用的损伤；减少碱的用量，减少纤维强度的降低，从而提高脱墨效果，并尽可能取得高质量的回收纸浆。

废纸脱墨是通过脱墨剂的作用使废纸纤维恢复或超过原来的净化度、白度，原纤维的柔软性及其他特性，使纸浆具有较好的抄纸性能，并达到所需要的产品指标。所以要求脱墨剂应具有以下性质：

（1）有助于废纸的疏解及不产生脱墨后的再吸附现象，有利于除去与分离油墨。

（2）有利于降低纸浆含碳量，提高白度，洗涤或浮选时，碳分能顺利地洗去或随气泡跑掉。

（3）不影响制浆造纸的得率，不影响抄纸机的生产，能在废水处理中起良好的作用。

脱墨剂的种类

大多数脱墨剂实际上都是一些具有表面活性的物质，是由某种或某几种表面活性剂组成。脱墨剂是组成废纸脱墨过程中所使用的化学药品的重要部分，其作用效果的优劣程度在一定程度上也体现一种脱墨工艺的先进性。

目前在脱墨过程中使用的脱墨剂一般为阴离子型和非离子型两大类表面活性剂。下面就对目前市场一些常用脱墨剂作一简要介绍。

（1）天然脂肪酸型脱墨剂：制备天然脂肪酸型脱墨剂的主要原料为天然动植物油脂。将其催化裂解，经分离后得到脂肪酸化合物，脂肪酸一般由饱和或不饱和的碳氢脂肪链或羧酸基团组成，其中的脂肪链使脱墨剂在脱墨过程中产生疏水作用，而羧酸基及羧酸盐基则使脱墨剂在脱墨过程中呈现亲水作用。

（2）合成型脱墨剂：合成型脱墨剂是指完全采用人工合成的表面活性物质为原料制造的脱墨剂，主要有阴离子型和非离子型两种。典型的合成型阴离子表面活性剂产品有烷基苯磺酸钠、烷基硫酸钠等，这类产品在使用过程中往往泡沫丰富，但对油墨粒子的黏附选择性差，并且还会在循环水回用过程中产生大量的泡沫累积而导致无法回用。所以目前合成型脱墨剂的制造原料一般选用非离子型表面活性剂。典型的有壬基酚聚氧乙烯醚、环氧丙烷的共聚物、脂肪醇聚氧乙烯醚等。近年来，长链脂肪醇衍生物脱墨剂在国内也得到了应用，该类脱墨剂比其他常规脱墨剂具有更强的渗透能力和油墨离子的凝聚力，因而脱墨效果好。

（3）生物酶脱墨剂：生物酶脱墨技术已在北美欧洲等地广泛应用。生物酶脱墨技术可适应任何类型废纸的油墨，对激光打印、静电复印等热固性油墨尤其有效。

目前，用于脱墨的酶制剂有脂肪酶、酯酶、果胶酶、淀粉酶、半纤维素酶、纤维素酶和木素降解酶，其中使用较多的是纤维素酶和半纤维素酶。酶法脱墨的原理是：采用生物酶进攻油墨或纤维表面，其中脂肪酶和酯酶能够降解植物油基性油墨，而果胶酶、淀粉酶、半纤维素酶、纤维素酶和木素降解酶则通过促进纤维的润胀，使纤维与油墨之间的连接减弱，再通过适当的机械处理，使油墨粒子比较完整地从纤维表面脱离，经洗涤或浮选过程脱除。生物酶脱墨优点是能够减少油墨粒子经高温、高压的机械作用而被渗透到纤维内部的现象，同时可增加油墨粒子的疏水性，减少油墨在纤维表面的二次沉积，从而有利于浆料白度的提高。生物酶脱墨后的纤维暴露出的新鲜表面，增强了纤维的柔软度，有利于纤维之间的结合，提高成纸的强度性能。

蒸煮助剂使用的目的和意义

造纸工业中蒸煮是在蒸煮锅内控制一定的温度和压力，使含化学药品的蒸煮液与纤维原料发生作用，使原料纤维分离的过程。在这个过程中，蒸煮液的化学组成起着重要的作用。这些蒸煮液中除了常用的酸、碱、盐蒸煮剂外，为了提高蒸煮速度，减少蒸煮药剂的用量，提高纸浆得率或强度，还添加一些辅助化学药品即蒸煮助剂。由于这些辅助化学药品的加入，大大提高了蒸煮效率，再加上工艺设备的不断改进，使蒸煮能力不断提高。目前，单台设备的蒸煮能力已由开始的日产十几吨发展到当前日产 400～500 吨，甚至高达 1 200 吨/天。所以，在研究改进蒸煮工艺和设备的同时，必须加强蒸煮药品和辅助药品的研究开发。特别是目前，蒸煮工艺和设备已达到相当程度后，要想再提高效率，深入研制新的蒸煮药品和辅助蒸煮药品显得更为重要。

蒸煮助剂的种类

在化学法制浆过程中，蒸煮助剂在很大程度上影响木素脱除的速率、成浆的质量、纸浆得率等，并影响着后续漂白的效果。目前在造纸中广泛应用的传统蒸煮助剂有蒽醌及其衍生物，近些年开发的新型助剂如绿氧、改性蒽醌、多硫化物等在生产中得到应用并逐步推广，最近有新的研究表明，把表面活性剂和磷酸盐作为蒸煮助剂应用到制浆过程中，能取得良好的效果。

（1）蒽醌及蒽醌类蒸煮助剂：蒽醌是一种传统的蒸煮助剂，因其具有能降低烧碱用量、缩短蒸煮时间、保护碳水化合物、节省纤维原料和加快脱木素速度、降低生产成本等优点被广泛应用在化学浆生产中。目前，利用蒽醌作为蒸煮助剂的制浆方法有：氢氧化钠－蒽醌法、硫酸盐－蒽醌法，多硫化物－蒽醌法，中性（碱性）亚硫酸盐－蒽醌法等。

由于蒽醌难溶于水，难与蒸煮液充分混合，近年来又开发研制了易溶或较易溶于水的改性蒽醌及蒽醌衍生物，与添加蒽醌的工艺相同，蒸煮效果与添加蒽醌时的效果接近，且可降低生产成本。

（2）绿氧：绿氧是一种合成高分子材料，其本身是一种氧化剂。目前，利用绿氧开发成功的制浆方法有烧碱－绿氧制浆、亚铵－绿氧制浆、亚钠－绿氧制浆等，绿氧最大特点是溶解性好，使用方便，黑液负荷少，蒸煮时能降低物耗（烧碱、亚铵、亚钠），缩短蒸煮时间，提高纸浆强度和白度。

（3）多硫化物：添加多硫化物可提高纸浆得率，并具有在蒸煮过程中深度脱木素的功能，这是由于多硫化物具有氧化性，能将碳水化合物还原性末端基氧化为羧基。

（4）表面活性剂：一般表面活性剂具有洗涤、润湿、渗透、分散、柔软、消泡等方面的作用和功能。表面活性剂应用到蒸煮中，主要是利用其润湿、渗透和分散的特点。它可以促进蒸煮液对纤维原料的润湿，加速蒸煮化学品和其他化学品的渗透和均匀扩散，从而增进蒸煮液对木材或非木材中木素和树脂的脱除，还能起到分散树脂的作用。

生物酶的应用及种类

生物技术的发展为造纸工业降低能耗、清洁生产开辟了新的天地，是制浆造纸工业中的一个新的重大研究开发领域。与传统的生产工艺技术相比，应用生物技术具有以下优点：

（1）不用和少用化学药品，简便、安全。如废纸脱墨过程中无须加入烧碱、硅酸钠、过氧化氢、螯合剂等化学药品。

（2）工艺简单。许多生物技术在造纸工业中应用，不需改动和添置设备，甚至可以简化设备。

（3）降低成本，提高性能，改善生产条件。经生物酶脱墨的纸浆，滤水性好，泡沫少，有利纸张抄造，而且抗张强度、裂断长均有提高，白度增加。

（4）能耗低，纸浆得率高。用生物制浆，可大幅度降低能耗，提高纸浆得率。

（5）对环境友好。生物酶本身无污染，另外化学品的少用也减轻了企业对废水处理的负荷。

造纸工业用酶包括纤维素酶、半纤维素酶、木素降解酶、淀粉酶、脂肪酶、果胶酶、漆酶，其中应用较多较重要的酶为纤维素酶、半纤维素酶、果胶酶、漆酶。

我国是造纸工业大国，传统造纸工业是耗能和环境污染大户，而生物酶在造纸工业方面的深入研究与逐步应用，不但能解决原料短缺、污染严重和能源紧张问题，而且会带来良好的经济效益，实现造纸工业的清洁生产。对造纸工业的发展和环境保护都具有重要的现实意义，因此，生物酶在造纸工业上的应用技术一定会有广阔的发展前景。

生物酶在造纸工业中的应用

（1）木素的生物降解：天然的造纸原料有草类、木材、麻类、棉花等，这些原料主要由三部分组成即纤维素、半纤维素和木素。造纸厂的蒸煮过程就是用化学药品溶出、脱除木素的过程，一般的化学法制浆，不但要用到各种化学药品，而且成本高、能耗大。而用生物酶降解木素，方法简单，对环境无污染。用于木素降解的酶，主要有漆酶、木素酶（木素过氧化酶、锰过氧化酶）。漆酶是一类含铜的胞外氧化酶，漆酶可以让木素生物降解。造纸原料，特别是木材经过木素生物降解可以去除原料中的大部分木素。基本机理为：原料的木素经过酶的降解成低分子质量木素，增加了木素的溶出和被抽提的能力，从而实现木素与纤维素、半纤维素的分离。但这种降解过程比较费时，需要与化学或机械制浆的过程结合才能满足现代生产的需求。

（2）生物制浆：经过木素生物降解的原料，结合化学、机械制浆和其他生物酶再进一步分离出纤维原料的过程叫生物制浆。不同的原料会用到不同的生物酶，如韧皮纤维会有果胶质，可选用果胶酶分解果胶质，释放出纤维素。而草浆和木浆均含有较多的木素，可以通过木素降解酶与化学制浆、机械制浆相结合的方式来制浆。生物硫酸盐制浆和生物亚硫酸盐制浆就是将造纸原料先进行生物处理,再进行硫酸盐和亚硫酸盐制浆的方法,是生物法与传统的硫酸盐制浆的结合。

生物制浆的基本工艺:

木片——→酶或菌处理 30 天——→化学或机械制浆

生物化学浆和生物机械浆与传统的制浆比较,能耗低、环境压力轻,耗碱量大幅下降,据报道可以降低 40%,制浆得率提高,残碱降低、强度性能好,已有一些工厂开始工业化生产,但由于缺乏提供稳定的商业酶的厂家,使这一有良好发展前景的技术应用目前受到限制。

(3)纸浆的生物漂白:生物漂白就是利用微生物或其产生的酶与纸浆中的某些成分作用,改善和提高纸浆白度的过程。生物漂白的目的是不用或少用化学漂白剂来改善纸浆的性能和减少漂白的污染。

大量的研究结果表明,不管是阔叶木浆还是针叶木浆,是硫酸盐浆还是亚硫酸盐浆,利用半纤维素酶预处理助漂都能改善纸浆的可漂性,减少后续漂白剂用量。另外还可以增加漂白纸浆的产量,降低漂白废水中的 AOX 的含量。半纤维素酶对纸浆的辅助漂白应用很成功,但半纤维素酶不能直接降解浆中残余木素,而微生物(白腐菌)可以直接与浆中的残余木素作用而达到脱木素和漂白纸浆的效果。木素过氧化酶、锰过氧化酶、漆酶能直接氧化和降解纸浆中的残余木素,降低纸浆卡伯值,提高白度而被用于纸浆的生物漂白。

纸浆的生物漂白已从实验室发展到工业化生产,芬兰、西班牙及新西兰已有造纸厂使用生物漂白替代化学漂白工艺。

(4)造纸废水的生物处理:自然界中有大量的微生物依靠有机物生存,它们能将有机物转化为对环境无害的无机物和简单的有机物。制浆造纸污染物主要是有机物,是木质纤维氧化降解产物,可作为微生物的碳源、氮源和潜在能源。利用微生物降解和转化有机物的能力,人为地创造适合于微生物生存、繁殖的条件和环境,使特定种类的微生物大量繁殖,提高其降解和转化有机物的效率,从而达到适应处理大容量制浆造纸废水的能力,是生物技术处理废水的主要内容。当然,还可以利用一些特异性植物如水生植物、陆生植物对废水进行处理,但植物处理的效率相对较低,占地面积大,所以微生物是废水处理的主要种类。

图书在版编目(CIP)数据

奇妙的造纸术/张金声主编. —济南:山东科学技术
出版社,2013.10(2020.10 重印)
(简明自然科学向导丛书)
ISBN 978-7-5331-7035-6

Ⅰ.①奇… Ⅱ.①张… Ⅲ.①造纸工业—青年读物
②造纸工业—少年读物 Ⅳ.①TS7-49

中国版本图书馆 CIP 数据核字(2013)第 205811 号

简明自然科学向导丛书
奇妙的造纸术
QIMIAO DE ZAOZHISHU

责任编辑:王培强
装帧设计:魏　然

主管单位:山东出版传媒股份有限公司
出　版　者:山东科学技术出版社
　　　　　　地址:济南市市中区英雄山路 189 号
　　　　　　邮编:250002　电话:(0531)82098088
　　　　　　网址:www.lkj.com.cn
　　　　　　电子邮件:sdkj@sdcbcm.com
发　行　者:山东科学技术出版社
　　　　　　地址:济南市市中区英雄山路 189 号
　　　　　　邮编:250002　电话:(0531)82098071
印　刷　者:天津行知印刷有限公司
　　　　　　地址:天津市宝坻区牛道口镇产业园区一号路 1 号
　　　　　　邮编:301800　电话:(022)22453180

规格:小 16 开(170mm×230mm)
印张:15.75
版次:2013 年 10 月第 1 版　2020 年 10 月第 3 次印刷
定价:29.80 元